Zur Geographie der Republik Guatemala

I. Teil

Beiträge zur physischen Geographie von Mittel- und Süd-Guatemala

(Wissenschaftliche Ergebnisse einer im Auftrage der Geographischen Gesellschaft in Hamburg in den Jahren 1925 — 1929 ausgeführten Forschungsreise)

Von

Franz Termer, Hamburg

Mit 13 Textfiguren und 7 Tafeln

Sonderdruck aus: Mitteilungen der Geographischen Gesellschaft in Hamburg, Bd. XLIV, 1936

Inhalt.

Tafeln

Einleitung.

Die Länder des nördlichen Mittelamerika gehören nicht mehr zu den unbekannten der Neuen Welt. Seit ihrer Einschaltung in die moderne Weltwirtschaft und dem damit verbundenen Strukturwandel ihrer wirtschaftlichen Produktion sind sie aus der Abgeschlossenheit ihrer kolonialen Epoche hervorgetreten und haben die Aufmerksamkeit der europäischen Staaten sowie der nordamerikanischen Union dank ihrer weltpolitisch wichtigen Lage auf sich gelenkt. In einem gewissen Gegensatz hierzu steht ihre wissenschaftliche Erforschung, die niemals eine gleiche Zahl von Reisenden, Forschern und für die Länderkunde tätigen Missionaren auf den Plan gerufen hat wie Südamerika. Die Anfänge der wissenschaftlichen Durchdringung werden in der ersten Hälfte des 19. Jahrhunderts bemerkbar. Schon damals sind es Völkerkunde und Archäologie, die fremde Reisende ins Landesinnere locken. Die geographische Forschung verfolgt anfangs geologische Probleme, um erst gegen Ende des 19. Jahrhunderts sich auch anderen Zweigen der physischen und Kulturgeographie zuzuwenden[1]). Die kartographische Landesaufnahme ist bis zu derselben Zeit äußerst mangelhaft, erhält durch die Aufnahmen von K. Sapper ihre zeitgemäßen Grundlagen, läßt aber auch heute noch manche Lücken offen[2]). Im allgemeinen ist festzustellen, daß seit dem 12jährigen Aufenthalt von K. Sapper in Mittelamerika (1888—1900) die geographischen Arbeiten nur spärlich durch Forschungen im Felde gefördert worden sind. Vielmehr sind es Archäologen und Ethnologen, vor allem nordamerikanischer Herkunft, die in wachsender Zahl in den letzten 30 Jahren das nördliche Mittelamerika bereist haben, ohne daß über ihre einschlägigen Arbeiten hinaus die geographische Kenntnis wesentlich befruchtet worden wäre.

Die Erfordernisse der Gegenwart in diesen Gebieten sind vertiefte Einzelforschungen, die auf den von Sapper gelegten Grundlagen sich aufbauen müssen. An anderer Stelle ist bereits hierauf näher hingewiesen worden[3]). Als die Geographische Gesellschaft in Hamburg mir den Auftrag erteilte, von 1925 bis 1929 das nördliche Mittelamerika, insbesondere die Republik Guatemala, zu bereisen, war damit der Wunsch verbunden, bestehende Lücken unserer Landeskenntnisse auszufüllen und die Forschungen von K. Sapper zu erweitern. Es waren hiermit Aufgaben gestellt, die für die deutschen Belange in den mittelamerikanischen Ländern deshalb so wichtig waren, weil dadurch die deutsche Beteiligung an ihrer geographischen Erforschung in der Gegenwart weiter fortgeführt werden konnte. Finden wir auf dem Gebiete der Archäologie Mittelamerikas, deren Grundlagen einst verheißungsvoll ebenfalls von Deutschen gelegt wurden, heute überwiegend nordamerikanische Gelehrte tätig, so ist durch das Entgegenkommen der Geographischen Gesellschaft in Hamburg und die Unterstützung vonseiten der Notgemeinschaft der deutschen Wissenschaft der frühere Einfluß der deutschen Forschung auf dem Gebiete der Geographie von Mittelamerika erhalten geblieben.

Einzeluntersuchungen über moderne geographische Probleme in unseren Gebieten erfordern ausreichende Karten und geologische Kenntnisse. Ohne sie bleibt alles Werk unvollständig und weitgehend hypothetisch. Aber nach beiden Richtungen hin sind wir über Vorarbeiten nicht hinausgekommen, in ihnen zu arbeiten ist ein dringendes Erfordernis der Wissenschaft. Daher habe ich eine meiner besonderen Aufgaben darin gesehen, Material für eine neue topographische Karte von Guatemala und El Salvador zu sammeln. Durch zahlreiche Routenaufnahmen in den Binnengebieten wurde dieses zusammengetragen und dabei neben anderen Landesteilen erstmalig das Gebiet des Nordwestens von Guatemala mit den Altos Cuchumatanes sowie die Montaña del Mico mit dem Cerro San Gil aufgenommen. Durch die Itinerare von K. Sapper lag schon ein Routennetz vor, dessen Maschen durch eigene Aufnahmen verengert werden konnten. Als ihr Ergebnis und das der nochmaligen Verarbeitung aller in Frage kommenden Routenaufnahmen von K. Sapper sowie der vorhandenen Karten, die mir sämtlich zu Gebote standen, entwarf und zeichnete ich eine „Topographische Übersichtskarte von Guatemala und El Salvador“ im Maßstab 1 : 300000 mit Geländelinien im Abstand von 250 : 250 m, die im Orts- und Gewässernetz wesentlich vervollkommnet gegen frühere Karten ist*). Sie stellt die Grundlage für die folgenden Untersuchungen dar. Die Zeitumstände haben es leider bei den beträchtlichen Herstellungskosten der mehrfarbig angelegten Karte verhindert, sie hier mit zu veröffentlichen. Es ist dies um so mehr zu bedauern, als mit ihrer Herausgabe neben der Feststellung der rein wissenschaftlichen Ergebnisse auch der deutschen Sache und

*) In der neuen internationalen Ausgabe von Stielers Handatlas ist auf Blatt 97 ein Teil meines Materials verwertet worden.

dem Interesse der beiden mittelamerikanischen Republiken ein Dienst erwiesen worden wäre. So bleibt nur zu hoffen, daß sich in nicht zu ferner Zukunft die Herausgabe der Karte doch noch wird durchführen lassen.

Die folgenden Untersuchungen sind in zwei Teile gegliedert. Der erste behandelt die physische, der zweite die Anthropogeographie. Um den Stoff nicht zu sehr anschwellen zu lassen, ist die Form von Beiträgen gewählt worden, die die Kenntnis früherer Forschungsergebnisse voraussetzen. Eine Behandlung des Klimas wurde fortgelassen, da durch die 1932 erschienene „Klimakunde von Mittelamerika" von K. Sapper (Handbuch der Klimatologie, herausgegeben von W. Köppen und R. Geiger, Bd. II, Teil H) das vorhandene Material bearbeitet worden ist. Ein spezieller Abschnitt über die Morphologie kam aus demselben Grunde in Fortfall, da wir durch die Untersuchungen von J. Lentz über den Formenschatz der vulkanischen Lockermassengebiete in Guatemala unterrichtet sind[4]) und demnächst eine Morphologie der Tropen von K. Sapper zu erwarten haben, in der unsere Gebiete besonders berücksichtigt werden. Über den Verlauf meiner Reisen und die Reiserouten im einzelnen ist in den früheren Jahrgängen dieser Mitteilungen schon berichtet worden[5]).

Es ist mir eine besonders angenehme Pflicht, allen zu danken, die mich während meines Aufenthaltes in Guatemala und nach diesem durch wertvolle Hinweise und Mitteilungen unterstützt haben. Besonderen Dank schulde ich den Herren Richard Sapper, José Dietz und Peter Weber für die Überlassung ihrer Skizzen und Bilder, Herrn Professor Dr. Christa für seine Unterstützung beim Bestimmen der Gesteine.

Anmerkungen,

[1]) Karl Sapper, Die geographische Forschung in Mittelamerika im 19. Jahrhundert. (Verhandlungen XIII. deutscher Geographentag zu Breslau, 1901. S. 285—302).

[2]) K. Sapper, Der gegenwärtige Stand der kartographischen Darstellung Mittelamerikas. (Hermann Wagner-Gedächtnisschrift, 1930, S. 65—73).

[3]) F. Termer, Aufgaben und Ziele landeskundlicher Forschung im nördlichen Mittelamerika. (Verhandl. der physikal.-medizin. Gesellsch. Würzburg, N. F. Bd. 56, S. 79—97, Würzburg 1930).

[4]) J. Lentz, Die Abtragungsvorgänge in den vulkanischen Lockermassen der Republik Guatemala. (Mitt. Geogr. Gesellsch. Würzburg, 1925).

[5]) F. Termer, Berichte über Reisen in Mittelamerika. (Mitt. Geogr. Gesellschaft Hamburg, Bd. 38 (1927), Bd. 39 (1928), Bd. 40 (1929), Bd. 41 (1930).

Kapitel I.

Die natürlichen Landschaften.

Die großen Züge der Landschaftsausprägung in Mittel- und Südguatemala sind einfach angeordnet. Den zentralen Hochländern sind nach den beiden Meerfronten niedrige Hügelländer und Tiefländer vorgelagert, und innerhalb der Gebirge wechseln langgestreckte Rücken mit breiten Hochbecken und mehr oder weniger tief eingesenkten, bald breiten bald engen Talfurchen ab. In den Küstengebieten ändert sich der Charakter des Landschaftsbildes insofern, als das kurze Stück der atlantischen Niederung eine diskordante Küste begleitet, dem pazifischen Gestade aber in seiner bedeutenden Längserstreckung eine konkordante Küste folgt, die sich bis nach Salvador verfolgen läßt. Von W nach O tritt ein Wechsel des Landschaftsbildes in seinen großen Zügen besonders dadurch ein, daß in dieser Richtung die Höhen sich durchweg erniedrigen und die in die Gebirge eingeschlossenen Senken an Ausdehnung zunehmen, so daß die Gebiete des O viel aufgeschlossener, freier erscheinen als die unruhiger gegliederten Hochländer von Westguatemala.

Dieser einfachen Großräumigkeit mit ihren klar hervortretenden landschaftlichen Leitzügen steht eine um so schärfer ausgeprägte landschaftliche Kleinräumigkeit gegenüber, die dem Reisenden überall zunächst entgegentritt, die großen Züge des Bildes verwischt und sich bei einer Gliederung des Landes in seine natürlichen Einheiten als Grundtatsache in den Vordergrund schiebt. Wird hierdurch eine Schilderung der einzelnen Landschaften schon erschwert, so wird es fast zur Unmöglichkeit, kartographisch alle diese verschiedenen kleinen Einheiten der Wirklichkeit entsprechend zur Darstellung zu bringen. Sie muß sich damit genug sein lassen, die Haupttypen auszusondern und ihre Anordnung im Raume des Gebietes generalisierend abzubilden.

In einem tropischen Gebiet wie in Mittel- und Südguatemala wird die landschaftliche Kleinräumigkeit weniger durch die Reliefenergie hervorgerufen, als vielmehr durch die erheblichen klimatischen Unterschiede und Abweichungen eng benachbarter Landesteile, die diese starke Reliefenergie indirekt hervorruft. Feine Abstufungen in den Wärme- und Feuchtigkeitsverhältnissen können in einem tropischen Gebiet zu Abwandlungen in der Physiognomie der Landschaft beitragen, die, ohne immer gleich zur Vorherrschaft zu gelangen, doch an manchen feinen Zügen des Landschaftsbildes bemerkbar werden.

Eine Abgrenzung dieser natürlichen Landschaftseinheiten gegen die Nachbargebiete von Guatemala ist nicht möglich. Wir finden gleiche Bilder unter entsprechenden klimatischen Voraussetzungen sowohl in der Mesa Central von Chiapas wie in der Sierra Madre und in den atlantischen Gebirgszügen dieses Staates wieder. Die breiten Senken der „Valles" von Honduras zeigen Übereinstimmungen mit den weit geöffneten Senken von Ostguatemala. Was im Landschaftsbild sich ändert, sind die Einzelheiten, wechselnd nach den Oberflächenformen, etwa vulkanischen Erhebungen oder Kettengebirgen, oder nach bestimmten Elementen, unter denen Seen in unserem Gebiet eine besondere Rolle spielen. Nehmen wir zur Einteilung der natürlichen Landschaften unseres Gebietes das Klima und seine im Pflanzenkleide und in den Oberflächenformen sichtbar werdenden Wirkungen, so lassen sich folgende Hauptgruppen aussondern (Fig. 1):

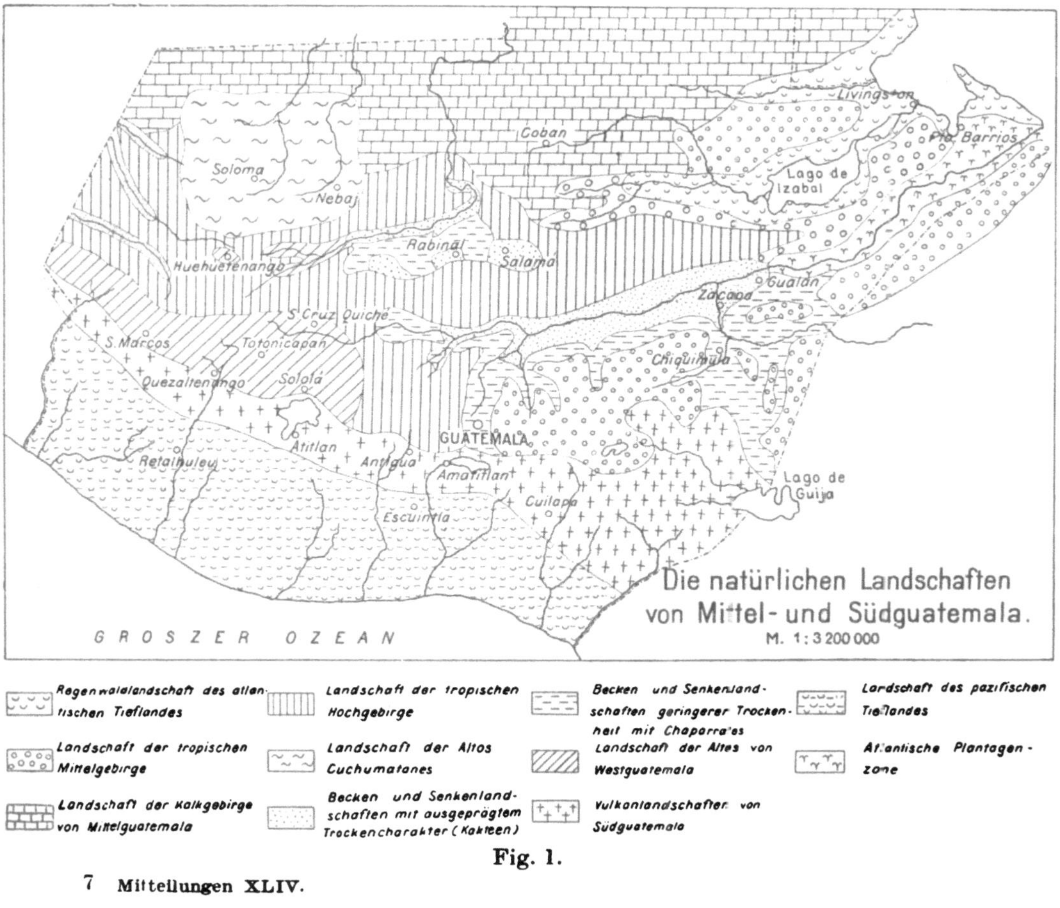

Fig. 1.

1. Die Regenwaldlandschaft des atlantischen Tieflandes;
2. die Landschaft des tropischen Mittelgebirges;
3. die Landschaft der Kalkgebirge von Mittelguatemala;
4. die Landschaft des tropischen Hochgebirges;
5. die Landschaft der Altos Cuchumatanes;
6. die Becken- und Senkenlandschaften von Mittelguatemala;
7. die Landschaft der Altos von Westguatemala;
8. die Vulkanlandschaften von Südguatemala;
9. die Landschaft des pazifischen Tieflandes;
10. die Landschaft der atlantischen Plantagenzone.

Diese Haupttypen der natürlichen Landschaften von Guatemala sind vorwiegend in west-östlich streichenden Gürteln angeordnet. Nur einige sind enger begrenzt in diese Zonen eingeschaltet, so auch ein in der Aufstellung besonders hervorgehobener Typ, der sich in die Regenwaldlandschaft des atlantischen Gestades eingliedert, sein Gepräge durch den wirtschaftenden Menschen erhalten hat und erst das Ergebnis eines neuzeitlichen Umwandlungsprozesses ist. Sind auch anthropogeographische Gründe bei dieser Umwandlung des Landschaftsbildes maßgebend gewesen, so müssen wir dennoch dieses eng umgrenzte Gebiet in Nordost-Guatemala in diesem Zusammenhange als eine natürliche Einheit bewerten, die sich in ihrer Physiognomie aus ihrer Regenwaldzone abhebt.

1. Die Regenwaldlandschaft des atlantischen Tieflandes.

Als Tiefland ist hier die niedrige Zone der atlantischen Abdachung bezeichnet, die sich vom Meeresspiegel bis zu rd. 200 m darüber erhebt. Es handelt sich also um die unteren Abteilungen der Tierra caliente. In Mittelguatemala greift sie demnach in die Talsenken der größeren atlantischen Abdachungsflüsse binnenwärts vor (Rio Sarstoon, Rio Polochíc, Rio Chixoy), findet aber im Motagua-Tal zwischen Los Amates und Gualán bereits ihre Grenze, da weiter talaufwärts durch den mächtigen Riegel der Sierra de las Minas klimatische Verhältnisse in der Senke hervorgerufen werden, die sich so scharf von denen des unteren Motagua-Tales abheben, daß wir eine derart deutliche Grenze zwischen zwei natürlichen Landschaften antreffen, wie sie in gleichem Maße ausgeprägt kaum wieder in den Senkengebieten des Landes begegnet.

Dem Fuß der Gebirge vorgelagert, wird dieses niedrige Land mit seinen Alluvionen von zahlreichen Bächen und Flüssen durchzogen, die unter dem dichten Gewölbe eines etagenartig aufgebauten Urwaldes in unzähligen Windungen träge dahinfließen, bald aus einem grünen Tunnel hervorströmend, bald ein mächtiges Bogengewölbe von hohen Urwaldriesen durchschleichend, an dem sich die Girlanden von Lianen spannen, während von oben die Luftwurzeln der Epiphyten tief herabhängen und in der Waldesstille kaum hin- und herpendeln. So einförmig diese Waldlandschaft wirkt, so wechselt das Bild doch etwas nach den Jahreszeiten. Denn in jenen Gegenden ist die niederschlagsärmere Zeit des Jahres immerhin so ausgeprägt, daß der Wasserstand der Flüsse sinkt. Dann treten aus dem Grün der Gewölbe die gelbbraun bis rötlichbraun gefärbten Uferwände hervor; ihre Farbe belebt die Farbenmonotonie. Und wo wir in der Regenzeit den schmutzig gefärbten Fluß in gurgelnder Strömung oder kaum merklich dahinfließen sahen, sprudelt jetzt ein klareres Gewässer flach über das Geröll seines Bettes hinweg, während eine Fülle von Astwerk, Zweigen, ganzen Baumstämmen es versperrt, die der angeschwollene Fluß vor uns in der Regenzeit verborgen hat.

Im Bereich des Rio Sarstoon, im nördlichen Vorland des Cerro San Gil und im südöstlichen Hinterland der Bucht von Amatique finden sich in den Wäldern Bestände von Corozopalmen verstreut angeordnet. Besonders die jungen Exemplare rufen mit ihren mächtigen Wedeln von 12 bis 15 m Länge einen besonders dichten Schatten hervor, der Unterholz nicht aufkommen läßt. Besonders die atlantischen Wälder von Guatemala, Spanisch- und Britisch-Honduras bergen Corozobestände in größerer Ausbreitung, so daß man derartige Stellen landesüblich als „Cohune Ridges" bezeichnet und sie damit von ihrer Umgebung absondert. Heute sind sie ein besonderes Merkmal dieser Waldlandschaft. Ob sie es immer gewesen sind, mag zweifelhaft bleiben, da die Cohunepalme bestandbildend mit Vorliebe auf alten Rodungsflächen wächst[6]).

Zu dieser Landschaft gehören weiter die Waldlichtungen, wo einer der großen Baumriesen stürzte, morsch geworden vor Alter und halb verfault oder gefällt durch Windbruch und Blitzschlag. Licht flutet uns hier entgegen, Sonnenstrahlen erhellen ein kleines Stück in dem dämmerigen Walde. Ihnen entgegen strebt ein wirres Gestrüppdickicht von kriechenden und rankenden, schneidenden und stachelbewehrten Gräsern und Sträuchern, das dem Buschmesser die Möglichkeit nimmt, uns einen Pfad zu bahnen. Zeitraubende Umwege sind notwendig, um diese Hindernisse zu umgehen.

Abgesehen von den Flußbetten und Bacheinschnitten tritt anstehendes Gestein in dieser Waldlandschaft nicht hervor. Denn die niedrigen Hügel, die hier und dort sich emporwölben, bestehen aus einem tief verwitterten Material. So ist denn der Boden ständig feucht und aufgeweicht. Überall perlt an Ästen und Zweigen die Feuchtigkeit dieser schwülen Treibhausluft, tropft von den Blättern und den wenigen sichtbaren Blüten herab, macht die Rinde der Bäume schmierig, glatt und glitschig. So beherrscht in dieser Landschaft das Pflanzenkleid ausschließlich das Bild. Der Blick von einem freien Punkt des Gebirgsabfalles des nördlichen Kettengebirges, wie etwa am Cerro Putúl, streift über ein endloses grünes Waldmeer nach Norden, das sich in die Halbinsel Yucatan verliert. Vereinzelt erheben sich über der Walddecke höhere Baumkronen, überragen es baumbewachsene Tempelpyramiden des Mayavolkes. Aber sie bewirken keine Abwechslung in dem Bilde, sie verschwinden in ihm schon in einiger Ferne vom Betrachter.

Erst wenn man wieder in den Wald eintaucht, entdeckt man einzelne charakteristische Merkmale. Zu ihnen gehören vor allem die Spuren gewisser Tiere, Wildwechsel und die sauber gehaltenen Wege der Blattschneiderameisen sowie die hohen, oft ziegelrot gefärbten Bauten der Ameisen. Sie sind Zeugen der Anwesenheit einer Tierwelt, die in jenen Gegenden von Guatemala reich an Vertretern der Insekten, arm an Vierfüßlern und Reptilien ist. Nur gelegentlich dringt dem Wanderer das Gekreisch der rot und blau gefiederten Guacamayos vom Wipfel der Bäume her ans Ohr, und nur abends und vor einsetzenden Regengüssen erhebt sich das laute Konzert der Brüllaffentrupps, die in den vom Menschen noch unberührten Waldgebieten zahlreich sind. Zu dieser Landschaft gehört dieses eigenartig rörende Gebrüll ebenso wie das Brausen und Rauschen des allabendlich einsetzenden Regengusses, der in der Ferne wie eine rollende Brandung tönt, die näher und näher kommt, um über uns auf das Walddach wie ein Wasserfall niederzuschütten. Der Mensch fehlt in diesen Waldwüsten, wie sie der hier gegebenen Schilderung entsprechend sich noch am reinsten um den Cerro San Gil erhalten haben. Erst im Petén, dem außerhalb unserer Betrachtung liegenden Gebiet von Guatemala, würden wir auf ähnliche Verhältnisse stoßen. Er hat diese Einöden gemieden, in alter wie in neuerer Zeit, hat sie nur da in Besitz genommen, wo größere Flüsse in der Nähe waren, Seen wie der

Izabal-See sich ausbreiteten. Punktförmig siedelte er dort, ohne das Landschaftsbild wesentlich umzugestalten. Denn die Streusiedlungen mit ihren oft verlegten Feldern verschwanden ebenso in dem Waldmeer wie die heiligen Tempelbezirke mit ihren imposanten Steinbildwerken und Tempelpyramiden. Herr über diese Wildnis ist der Mensch jener vorkolumbischen Zeiten Mittelamerikas nur in geringem Grade geworden, trotz seiner hochentwickelten materiellen und geistigen Kultur. Vielmehr überwanden Klima, Vegetation und Krankheiten dieses alte Kulturreich und stempelten es zu einer Episode in der Kulturgeschichte Altamerikas.

Wenn heute im Tiefland von Nordguatemala und auch in unserem enger umrissenen Gebiet der Mensch aufs neue vordrang, getrieben von dem Anreiz der tropischen Walderzeugnisse, die er im Verfolg einer Sammelwirtschaft auf Hölzer und gewisse Harze auszubeuten sucht, so hat auch diese neuzeitliche Entwicklung bisher das Landschaftsbild großzügig in jenen Urwäldern so gut wie nicht umzugestalten vermocht. Nur punktweise ist es deutlicher zu bemerken. Verstreute Lichtungen, in denen nutzbare Bäume der Axt zum Opfer fielen, ausgehauene Lagerplätze der vorwiegend aus Negermischlingen und reinblütigen Negern sich zusammensetzenden Waldarbeiter und Sammler zeigen uns die nur zu bald vergänglichen Spuren menschicher Anwesenheit in einer kraftstrotzenden Natur.

2. Die Landschaft des tropischen Mittelgebirges.

Aus dem heißen feuchten Treibhaus des atlantischen Tieflandes steigen niedrige bis mittelhohe Gebirgszüge auf, die in Guatemala landschaftlich ihre typische Gestaltung in jenen Ketten erhalten, die sich zwischen dem Rio Sarstoon, Izabal-See und Motagua-Tal hinziehen. Außerhalb der Republik gehören zu dieser Gruppe die Maya Mountains (früher Cockscomb Mts.) in Britisch Honduras. Wenn auch unter ihnen der Cerro San Gil der höchste Zug ist mit rd. 1800 m Höhe, so gehört er doch landschaftlich zu dem hier zu behandelnden Typ, da bekanntlich in den Tropen das Verhältnis zwischen orographischer Höhenabstufung und landschaftlicher Höhengürtel ein anderes ist als in den gemäßigten Breiten.

Auch hier handelt es sich um eine Waldlandschaft vom Gepräge des Regenwaldes. Aber in ihr tritt das Bodenrelief mehr in den Vordergrund als bei dem vorhergehenden Landschaftstyp. Auf den sanft gerundeten Hangspornen steigen wir im Wald langsam empor und gelangen auf Riedel, zu deren Seiten schmale Täler streichen. Kaum dringt aus der Tiefe das Rauschen der Bäche an unser Ohr. Je weiter aufwärts, um so stärker neigt sich der Böschungswinkel; bald treten Bachrunsen an den Seitengehängen auf, die oben als wasserlose Quellmulden den Riedel leicht angegriffen haben. Wir lernen bald beim Beziehen des abendlichen Lagers, daß unsere Indianer nicht eben tief an solchen Stellen bergab zu steigen haben, um das begehrte Trinkwasser aus kleinen Quellaustritten zu schöpfen. Doch nicht lange, so beginnt der Kampf mit dieser Landschaft. Das Relief wird immer stärker gebrochen, tiefer die Taleinschnitte, doppelt schwierig wird das Vordringen ohne Weg und Steg, da eine Orientierung wegen des dichten Waldes unmöglich wird. Wohl haben wir danach getrachtet, ehe wir in das Waldmeer untertauchten, uns die hervortretenden Sporne aus der Ferne auszuwählen, denen wir vertrauen konnten, daß sie uns zum höchsten Kamme emporleiten würden. Aber eines Tages stehen wir vor einem rechts und links steil abstürzenden Talhang; vor uns senkt sich der Hang. Nun heißt es auf gut Glück in die Tiefe hinabsteigen. Und da offenbart sich die Eigenart dieser Mittelgebirgslandschaft. Steile Felsen senken sich zum schäumenden Fluß, der die ganze Breite des Kerbtals erfüllt, übersponnen mit kletternden Farnen, niedrigen stachligen Palmen, die in Felsritzen haften, kriechenden Schlinggewächsen, die uns willkommene Handhaben bieten, um uns mit den Lasten in die Tiefe hinabzulassen. Erhaben ist der Eindruck, den wir unten am namenlosen Fluß erhalten, der wild schäumend über Felsblöcke hinwegschießt, während von oben durch den freien schmalen Spalt Sonnenschein auf den Grund fällt und die düsteren Wände nur um so geheimnisvoller erscheinen läßt. Dem Bachbett aufwärts folgend, finden wir abwechselnd flache Stellen, durch die wir ungehindert waten können und andere, an denen das Wasser Kolke ausgenagt hat, in denen sich grünes Wasser mit kaum merkbarer Strömung ansammelt. „Pozos“ nennen sie die Begleiter, und wirklich entspricht der Ausdruck „Brunnen“ passend diesen Gebilden. Mehrere Meter tief, müssen wir sie durchschwimmen oder an den Felswänden uns mühsam entlang tasten, bis es wieder bequemer im Flußbett weiter geht. Näher rücken die Felswände aneinander, wilder wird die Szenerie, nicht zum wenigsten durch die überhängenden Äste mit ihren Epiphyten und Lianen. Schließlich gebietet uns ein enges Felsentor Halt, aus dem mit großer Wucht der Fluß hervorbricht. Da müssen wir wohl oder übel wieder hangaufwärts. Stunden brauchen wir, bis wir mit den Lasten unseres Gepäcks auf die Höhe gelangen, um zu bemerken, daß wir uns abermals auf einem Riedel befinden. Wir folgen ihm mit neuer Hoffnung, um am folgenden Tage zu bemerken, daß seine Richtung abweicht von der von uns gewünschten. Und bald werden wir gewahr, daß wir nicht mehr auf den Hauptkamm hinaufgelangen werden. Nochmals in die Tiefe hinab mit der ungewissen Aussicht mehr Glück zu haben, stellt eine Zumutung an unsere Mannschaft, die ihre Ablehnung erfährt. Ein Blick auf die mitgenommenen Lebensmittelvorräte läßt uns ein weiteres Herumtasten in diesem Labyrinth als unverantwortliches Wagnis für die sechs Begleiter erscheinen, und so bleibt uns keine andere Wahl, als mit Kompaß und Buschmesser die gerade Richtung nach Gegenden zu suchen, von denen wir wissen, daß sie besiedelt sind. Nach tagelangem Marsch gelangen wir endlich wieder ans Freie und sind geborgen.

Mir ist der labyrinthartige Charakter der Urwaldwildnis nie so deutlich erschienen, als in diesen Mittelgebirgen mit ihrem stark gebrochenen Relief. Aber auch sonst bemerkt das Auge manche feinen Unterschiede gegenüber dem Tieflandswald. Andere Baumarten stellen sich ein, schon von 300 m Seehöhe an treten die großen Bäume mehr auseinander, lassen Raum für niedrigere Holzgewächse mit dünneren Stämmen und gestatten dem Unterholz sich zu einem dichten Teppich zusammenzuschließen. Hier und dort begegnet uns Bambusgestrüpp, Baumfarne breiten vereinzelt ihre herrlichen Fächer und Wedel über ihm aus. Dieser lichtere Hochwald mit dichtem Unterholz ist charakteristisch für das tropische Mittelgebirge des atlantischen Guatemala und von Britisch Honduras. Landesüblich bezeichnet man ihn als „broken ridge“, ein Name, den die englisch sprechenden Holzfäller der britischen Kolonie der Formation beigelegt haben. Wir finden seine Ausbildung bedingt durch die Zusammensetzung der Böden aus bestimmten Gesteinen mit ihren tiefgründigen Verwitterungsböden. Anstehendes treffen wir nur in den Tälern an; auf den Spornen und Riedeln lagert eine mächtige Decke zersetzten Gesteins. Und da die Hangböschungen steil sind, so bemerken wir vereinzelt alte Narben, an denen Massen dieses Verwitterungsmantels abgeglitten sind. Zwar hat sie die Vegetation schon längst wieder überwuchert, doch nimmt das geschulte Auge diese Abgleitnischen trotzdem wahr. Ja, es fehlt nicht an solchen Stellen, wo durch die Abgleitung der Rücken des Riedels zu schmalem Grat zugeschärft wurde. 3 bis 4 m breit ist er stellenweise noch als solcher erhalten.

Charakteristisch sind auch die Spuren der Tiere in dieser Umgebung. Es sind besonders die großen Rudel der Wildschweine (jabalies), die diese Höhenwälder durchstreifen, gefürchtete Geschöpfe des Waldes, weil ihre Begegnung dem Menschen gefährlich werden kann. Sie benutzen wie wir die Sporne und Riedel als Pfade in dieser Wildnis. So ziehen sich auf den Rücken die Wildwechsel hin, fast als wäre hier ein häufiger Verkehr von Menschen erfolgt. Wo sich der Riedel leicht einsattelt und verbreitert, können wir sicher sein, morastige Pfützen erfüllt mit moderndem Laub zu finden, auf die hin von allen Seiten die Pfade zusammenlaufen. Es sind die Suhlen der Wildschweine, zu denen auch manchmal die verlorene Spur eines Tapirs leitet. Reich an Zahl sind die Affen vertreten, die Greifschwanzaffen besonders, die uns mit ihren graziösen Turnkunststücken gruppenweise stundenlang von Wipfel zu Wipfel begleiten, uns als fremde Wesen in dieser niemals zuvor vom Menschen betretenen Wildnis bestaunen und völlig zutraulich uns mit ihren pfeifenden Lauten unterhalten.

Fluß und Urwald, feucht-heiße Treibhausluft, Palmen und Lianen fanden wir in der Landschaft des Tieflandes: hier im Mittelgebirge beherrscht das Relief, der lichtere Wald und indirekt die Tierwelt das Landschaftsbild.

3. Die Landschaft der Kalkgebirge von Mittelguatemala.

Hierunter fassen wir einen Landschaftstyp zusammen, der sich als breiter Gürtel am Nordabfall der Kettengebirge von Guatemala entlangzieht. Seine vollste landschaftliche Entfaltung findet er in der Alta Verapaz, greift aber westwärts über den Rio Chixoy in die Zona Reina über, wo er am Ostabfall der Altos Cuchumatanes seine Grenze findet. Östlich leitet er in die Sierra de Santa Cruz über, ein unbekanntes Gebirge, das vielleicht noch ganz in diese Zone hineingehören mag. Hier breitet sich vor uns eine umgewandelte Landschaft aus. Waren es doch zuerst Spanier, die hier seit der ersten Hälfte des 16. Jahrhunderts vordrangen und dieses von Indianern dicht besiedelte Gebiet kolonisierten, dann aber seit dem 19. Jahrhundert Weiße, Europäer, die die fruchtbaren Böden ihrer Plantagenkultur dienstbar machten. Und wir wollen nicht vergessen, daß es in den letzten 50 bis 60 Jahren gerade Deutsche gewesen sind, die wirtschaftlich die Alta Verapaz erschlossen und ihre Landschaft nicht unwesentlich umgewandelt haben.

Kalk ist hier die vorherrschende geologische Formation. Und so spielt sich denn die Formung des Bodens auf diese geologischen Voraussetzungen ein. Anders sind hier die Abtragungsverhältnisse als in den früher betrachteten Mittelgebirgen. Zwar sind auch hier die Höhenverhältnisse gleich denen der vorigen Landschaftszone, aber das Relief erhält vor allem durch die subterrane Entwässerung und den Gesteinscharakter sein eigentümliches, narbenartiges Gepräge. Ein regelloses Angehäuftsein von kegelförmigen Hügeln mit allseitig steil abfallenden Böschungen wechselt ab mit trichterförmig oder zylindrisch ausgestalteten Hohlformen, echten Dolinen bedeutender Tiefe, mit langgestreckten Trockenwannen, ovalen Schüsseln, talartig anmutenden Senken. Und das Eigentümliche dieser tropischen Karstlandschaft ist hier wieder die Vegetation, die regenfeucht, von echt tropischem Charakter diese narbige Oberfläche überspinnt, oft uns die tiefen Erdfälle bis zum letzten Augenblicke verbirgt. Fremdartig mutet uns die Kiefer an, die auf den kegelartigen Maulwurfshügeln in geschlossenen Wäldchen sich angesiedelt hat. Der kurznarbige Grasteppich darunter ist weiterhin ein neues bisher uns fremdes Element. Wo wir auf größere wannenartige Senken treffen, fehlt der Wald. Kulturland vertritt seine ursprüngliche Stelle. Denn gerade in diesen Hohlformen hat sich das tonige Material der Verwitterungsrückstände angesammelt und bietet nun begehrtes Land für die Anlage von Pflanzungen. Maisfelder der Indianer breiten sich hier aus, selbst auf dem Grunde von Dolinen sind sie angelegt, und anmutig liegt am Abfall die einfache Hütte des Feldbesitzers. Bei größerem Flächenraum nehmen Kaffeeplantagen, die grünen Haine der Kaffeesträucher mitsamt den Wirtschafts- und Wohngebäuden die Senken ein.

Die Entwässerung erfolgt vorwiegend unterirdisch in Höhlen und Klüften des Gesteins. Oberirdische Flüsse sind selten; wenn sie vorhanden sind, strömen sie als bedeutende Adern wasserreich zum Polochíc oder nordwärts zum Usumacinta-System. Bäche sind schon häufiger, fließen aber oft nur bruchstückweise an der Oberfläche, treten unvermittelt aus Felsspalten oder Felstoren als Riesenquellen zutage, um bald wieder geheimnisvoll am Fuße einer Felswand in der Tiefe zu verschwinden. Meist wissen wir nicht, an welcher Stelle sie wieder ans Tageslicht gelangen, zumal sie dann bei den Anwohnern andere Namen tragen. Durch all das kommt es, daß ein großer Teil der Täler als Trockentäler ausgebildet ist. Seen sind selten. Erfreut ist das Auge, wenn es in der unübersichtlichen Landschaft einmal eine blaue Seefläche erblickt, in der sich felsige Hügel spiegeln.

Einst lag dieser Formenschatz unter einer Walddecke begraben, wie sie den feuchten Mittelgebirgen dieser Tropengebiete entspricht.

Heute ist der Wald weitgehend gerodet worden, um Platz für Kaffeeplantagen zu schaffen. Ganze Talkessel liegen bloß da. So ruft der tiefe Kessel von Nimtacá westlich von Cobán einen höchst eigenartigen Eindruck hervor, wenn man von Chamá her zunächst nach Überquerung des waldigen schmalen Gebirgsrückens von Chijob unvermittelt an dieser tiefen Senke von fast kreisförmigem Umfang steht und vor sich die ihre Abhänge bedeckenden geraden Reihen der Kaffeesträucher sieht, während auf der Sohle in der Tiefe die Hacienda heraufgrüßt. Es ist nicht verwunderlich, daß der Eingeborene abergläubische Vorstellungen an solche Stellen knüpft und glaubt, dämonische Mächte hätten hier Berge versetzt[7]).

Die dichte Anordnung der Plantagen, die allerdings in der nördlichen Alta Verapaz aufgelockert ist und die Naturlandschaft dort weniger angetastet hat, trägt heute weitgehend zum Landschaftsbilde in dieser Gegend bei. Ist es doch der wirtschaftlichen Erschließung zu verdanken, daß das an sich verkehrsfeindliche Gebiet durch Anlage moderner teilweise ausgezeichneter Automobilstraßen erschlossen worden ist. Flugplätze breiten sich neben den größeren Landstädten aus, und auch im oberen Polochíc-Tal zieht Straße, deutsche Bahnlinie und manche moderne Automobilstraße von den Plantagen der benachbarten Gebirgshänge neuartige Linien in das Landschaftsbild. Außerhalb dieser Gegenden aber bleibt noch vieles so, wie es in der Kolonialzeit gewesen ist: Siedlungen, Landwege, Wälder und Felder der indianischen Anwohner.

In auffälligem Gegensatz zu der geschilderten Landschaft stehen engerbegrenzte Trockengebiete, so besonders in der Senke von Cahabón, wo Savannen und Strauchsteppen sich hinziehen, die im Windschatten der umrandenden Gebirgszüge gelegen sind. In den Trockenzeiten gelb und braun erscheinend, nur an Flußläufen von grünen Uferwäldern unterbrochen, erscheinen sie als inselhafte Stücke eines Landschaftstypus, den wir bei den Beckenlandschaften kennen lernen werden.

Nach Westen setzt sich die Landschaftszone der Kalkgebirge in der Zona Reina fort, ein Gebiet, das vom Rio Putúl im W, vom Rio Chixoy im Osten begrenzt wird. Die Landschaft trägt den gleichen Charakter wie die Alta Verapaz. Abflußlose Becken und Wannen mit Kulturflächen, ein paar kleinere fließende Gewässer zum Rio Putúl und Chixoy, niedrige noch dicht bewaldete Kalkzüge lassen hier eine Fortsetzung der Alta Verapaz ohne weiteres erkennen. Ein Unterschied, der landschaftlich weniger in Erscheinung tritt, ist das Zurücktreten der Eingeborenen westlich des Chixoy. Indianerdörfer vermißt man hier ebenso wie die in der Alta Verapaz so häufigen Einzelsiedlungen der farbigen Bewohner. Sind für die Siedlungsweise des Kekchí-Gebietes die abseits der Siedlungen liegenden Versammlungsplätze der „hermitas" bezeichnend, so fehlen diese einfachen Hütten mit ihrem Palmstrohdach und dem freien Platz davor in der Zona Reina. Denn was wir hier gegenwärtig an Kekchí-Indianern antreffen, ist erst in den allerletzten Zeiten zugewandert, während von Süden her der Stamm der Ixiles auch erst in junger Zeit seine Pflanzungsarbeiter in die Zona Reina sandte, denen die „hermitas" unbekannt sind.

Weiter gegen Westen tritt die Kalklandschaft nochmals im Grenzgebiet von Guatemala und Mexico auf, dehnt sich dort über die Meseta des zentralen Chiapas aus und findet ihre südliche Abgrenzung in der breiten Senke des Rio Grijalva. Das Antlitz dieser Landschaft ist aber ein anderes als in den vorher erwähnten Teilen Guatemalas. Im Gegensatz zu dem feuchten Klima dieser Provinz wird der Niederschlag im mittleren Chiapas und im westlichen Vorlande der Altos Cuchumatanes geringer. Deutlich heben sich Regen- und Trockenzeiten voneinander ab. Bleibt auch das Bodenrelief das gleiche mit seinen Abtragungsformen der Kalkdecke, so treten doch an die Stelle der dichten immergrünen Regenwälder lichte Eichen- und Kiefernwälder, unter denen sich ein dichter Grasteppich ausbreitet. Die kegelförmigen Hügel sind von ihnen ebenso besetzt wie die sanft gewellten Hochflächen, die der Weg von Comitán über Bajocúc nach San Carlos quert. Bisweilen erinnert dieser schüttere Wald der Nadelhölzer an märkische Kiefernwälder. Stellenweise wie etwa in der weiten Ebene von Comitán breitet sich Grasflur aus, in der verloren Gebüschinseln und dürftige niedrigwüchsige Schirmakazien verstreut sind. Auch ein paar mannshohe Kiefern mit langen Nadeln begleiten uns einmal ein kurzes Stück Weges. Wo auf niedrigen Bodenwellen Gestrüppdickicht wuchert, da glänzt sein Blattwerk lederartig und kündet uns von der Niederschlagsarmut dieses Gebietes. In der Ferne rahmen schwache Konturen von Gebirgsketten in Guatemala dieses Bild, über das sich ein wolkenloser, mattbläulicher Himmel spannt. Stachlige Agaven streben zu ihm empor, zu denen sich hier und dort Opuntien gesellen, geschmückt mit blutroten Früchten. Alles in dieser Landschaft ist durchzittert von feinem Dunst, der wie ein Glanz die Ferne verschleiert, die Farben und Formen der Bergzüge mildert und ihr einen Zug verleiht, der an die Beckenlandschaften im Hochlande von Mexico erinnert. Die verwirrende Fülle an Formen,

Farben, an Reichtum und Üppigkeit der Pflanzenwelt ist in dieser westlichen Zone einer herben Strenge gewichen. Alles ist hier größer, weiter, ernster geworden. Einsamer ist diese Kalklandschaft. Fehlt doch in ihr das rege Leben der Plantagen. Vereinzelt stoßen wir auf Haciendas, die sich der Viehzucht widmen, einst bedeutende Betriebe, die heute infolge der langen Revolutionswirren Mexicos verödet, zum Teil verlassen liegen. Die Einsamkeit der Landschaft ist nicht zum wenigsten erst das Ergebnis der jüngsten politischen Ereignisse.

Wir müssen Mittelchiapas von Süden nach Norden durchqueren, um erst am Gebirgsabfall gegen das atlantische Tiefland des mexikanischen Golfes abermals eine Kalklandschaft anzutreffen, die uns an die der Alta Verapaz erinnert. Bergwald, erst teilweise gelichtet und mit Kaffeepflanzungen besetzt, sonst dichter Urwald wie bei Palenque verhüllt das unruhige Bodenrelief, das den Verkehr erschwert. Bewegen wir uns dort auch schon weit außerhalb der Republik Guatemala, so erkennen wir doch, daß die Landschaftszonen, wie sie hier aufgestellt wurden, nicht nur für Guatemala charakteristisch sind, sondern sich über weite Gebiete Mittelamerikas verfolgen lassen.

4. Die Landschaft des tropischen Hochgebirges.

Ein völlig verschiedenes Bild von demjenigen der atlantischen Niederungen und Mittelgebirge enthüllen uns die Hochgebirge im Inneren der Republik Guatemala, zu denen der Reisende durch tiefe, enge Täler und auf waldbedeckten Spornen aufwärts strebt. Die kurzen Ketten der Kalkgebirge von Nordguatemala werden abgelöst durch lang sich hinziehende mächtige Gebirgsketten, die von Mexico her zum Teil nach Guatemala hereinreichen und die Republik in ihrer gesamten Ausdehnung bis nach dem Westen von Honduras durchstreichen. Erst im südlichen und südöstlichen Guatemala, besonders aber in Honduras verliert sich der ausgedehnte Kettenzug. An seine Stelle treten kurze, voneinander durch Senken und Täler getrennte Einzelzüge, die selbst von erhöhten Blickpunkten aus (z. B. von der Sierra del Merendón) nur schwer die Hauptstreichrichtung nach Nordosten und Osten erkennen lassen. Breite Senken trennen in Guatemala die Ketten voneinander. Mit steilen Hängen fallen sie zu diesen Längsfurchen ab, eindrucksvoll besonders im Motaguatal, wo der Höhenunterschied zwischen Talsohle und Kamm der Sierra de las Minas rd. 2500 m beträgt. Zu seinen größten Meereshöhen steigt das Kettengebirge Mittelguatemalas im Westen auf, wo rd. 3500 m erreicht werden, nach Osten zu nehmen die Höhen ab, halten sich aber trotzdem noch zwischen 2500 und 2000 m. Die Seehöhe allein ist es, die uns diese Gebirge als Hochgebirge bezeichnen läßt, nicht oder doch nur wenig ihre Formen. Vergeblich suchen wir markante Gipfel, zerschartete Kämme und nackte, verwitterte Felswände, wie sie den Hochgebirgen unserer gemäßigten Breiten zukommen. Allenfalls entdeckt das Auge in der Ferne die Profillinie eines hohen Kammes, die aus ihrer Umgebung aufragt, wie des Cerro Boquerón oberhalb von Cuilco oder den kastenartigen Klotz des Cerro Tzumal und Cerro Salquil bei Nebaj. Nur ganz vereinzelt tritt ein scharf umrissener Gipfel hervor, wie der eindrucksvolle Cerro Erapuca im Bereiche der Sierra del Merendón in Honduras. Wenn bisweilen ein schartenreicherer Kamm sich über seine Umgebung erhebt, wie der mächtige Xucanéb in der Alta Verapaz, da können wir sicher sein, daß sein Aufbau aus Kalken die auffälligen Formen hervorgerufen hat.

Die Hanggliederung der tropischen Hochgebirge, worunter hier alle Erhebungen über 2000 m Seehöhe begriffen sein sollen, ist überall reich ausgeprägt. Schmale Talkerben haben die Hänge zerfurcht, an denen sich breite Absätze übereinander erheben. Die Kämme sind in der Mehrzahl gerundete Rücken, schmale Grate und Firste fehlen fast gänzlich. Wenn in der westlichen Sierra de las Minas ein schmaler First von nur wenigen Metern Breite auftritt, so ist das eine Ausnahme. Die Formen der Höhen weisen in diesen Gebirgen eher einen Charakter auf, der dem unserer Mittelgebirge gleicht. So mischt sich in diesem tropischen Hochgebirge in eigentümlicher Ausprägung der Formenschatz des Mittelgebirges mit dem des Hochgebirges, worauf seine wesentliche landschaftliche Erscheinungsform beruht. Taldichte, Erosionsformen, Höhenunterschiede besonders in den unteren und mittleren Höhenlagen entsprechen denen eines Hochgebirges; die oberen Stockwerke dagegen sind mit den sanften Mulden ihrer Paßsättel viel eher mit den Formen eines Mittelgebirges zu vergleichen.

In diesen Gegenden erfährt der Landschaftscharakter Abwandlungen hauptsächlich nach der Lage der betreffenden Höhenzüge zu den vorherrschenden Winden. Bei gleichbleibendem Formenschatz ändert sich das Antlitz, je nachdem wir uns auf der feuchten Luv- oder der niederschlagsärmeren Leeseite bewegen. Es ändert sich ferner mit den Höhenzonen, so daß sich erhebliche Unterschiede zwischen den Talsenken und den höheren Partien einstellen, die noch eindrucksvoller als in den Hochgebirgen der gemäßigten Breiten hervortreten. Der Einfluß des Klimas tritt hier beherrschend in den Vordergrund.

Da die allgemeine Streichrichtung der Kettenzüge in Guatemala von Westen nach Osten und Nordosten gerichtet ist, kommt es in den zentralen Gebirgen zu einer deutlichen Trennung in feuchte und trockne Abdachungen. Sie verschwinden erst da, wo die Streichrichtung eine mehr nordöstliche wird, zugleich sich aber auch die Meereshöhen erniedrigen. Stoßen wir daher in dem hohen Gebirgszug der zentralen Kordillere von Nordwestguatemala bis zur Sierra de las Minas auf scharf abgegrenzte Luv- und Leeseiten, so fällt uns das Fehlen einer Trockenabdachung um so mehr in den nordöstlichen Zügen, wie Sierra del Merendón, Sierra del Espíritu Santo und Sierra de Omoa auf. Auch die Montaña del Mico und der Cerro San Gil sind allseitig befeuchtete Gebirge.

Auf den vom Passat und den gelegentlichen Nortes des Winters mit reichlichen Niederschlägen bedachten Abhängen entwickelt sich ein üppiger Regenwald des Hochlandes mit einer artenreichen Fülle der Laubhölzer und einer dichten Moospolsterung, die Stämme und Äste überdeckt, während zugleich der Reichtum an Epiphyten überrascht. Ragt die trennende Gebirgsschranke über 2600 m empor, so mischen sich vereinzelte Exemplare von Tannen (pinabetes) neben Kiefern dazwischen. Diese gewinnen erst die Oberherrschaft, sobald wir etwas mehr im Regenschatten oder auf den großen Hochplateaus in Nordwestguatemala uns bewegen. Heute zeigt der Regenwald an der Nordabdachung der zentralen Kette überall Breschen, die die Rodungen der letzten Jahrzehnte in ihn gelegt haben. So wechseln im Bilde urwüchsige Waldwildnisse, durch die der schmale Fuß- oder Reitpfad sich mühsam in die Höhe windet, mit jungen und alten Maisfeldern (milpas), von denen sich durch ihr Gestrüppdickicht (monte) deutlich die aufgegebenen Ackerländereien abheben. Haben wir die Kammhöhe erreicht, so überschattet sie wohl noch der hochstämmige feuchtigkeittriefende Wald, aber nur ein kurzes Stück unterhalb der Paßhöhe gen Süden endet er plötzlich. Lichte Erlen- und Eichenbestände begleiten uns noch ein Stück abwärts. Schließlich hören auch sie auf und über kahle, öde Steinhalden, allenfalls durch niedriges Buschwerk mit vereinzelten Akazien gelangen wir in die heiße Tiefe, wo der schäumende Fluß in engem Kerbtal dahineilt. Wo sich das Tal weitet und einer Talaue Platz läßt, schimmern grüne Flächen Kulturlandes aus dieser braunen und grauen Landschaft hervor, die der Mensch mit Hilfe der künstlichen Bewässerung der Natur abgerungen hat. Der Charakter dieser Tallandschaft ist so verschieden von dem der hohen Gebirgspartien, daß er als besonderer Typus hier ausgesondert worden ist. Es gehört in Guatemala wohl zu den eindrucksvollsten Erlebnissen, wenn man vom Norden des Landes herreitend, einen der Pässe der Zentralkordillere überschreitet und aus dem Grün des Urwaldes der Luvseite in die Trockenlandschaften der südlichen Hänge gelangt, so besonders auf dem Wege von Tactic nach Salamá, von Nebaj nach Aguacatán oder Magdalena und Cunén. Dagegen ist der Unterschied in der hohen Sierra de las Minas nicht so jäh ausgeprägt. Als ich von Chilascó die westlichen Kammhöhen erstieg und auf dem Südhang gegen das Motaguatal abwärts in weglosem Gelände vordrang, da behielt der Höhenwald seinen Charakter noch mindestens bis zu einem Niveau von 2000 m bei. Erst dann traten Eichen- und Nadelholzwaldungen an seine Stelle. Überhaupt wird am Südabfall dieses Gebirges der Landschaftscharakter dadurch verändert, daß dort ein breites Band von Serpentinen entlang streicht, das nicht nur durch seine rötlichbraune Färbung, sondern auch durch den schütteren Nadelholzbestand sich deutlich als eine besondere Landschaftszone abhebt. Geradezu kahl aber tritt sie uns mehr westlich in dem Höhenzug des Santa Rita- und des Xeococ-Gebirges entgegen, das der wenig benutzte Reitpfad vom Rio Negro nach Salamá und San Gabriel überquert. Wie eine öde, kahle, braune Steppe tritt uns diese Landschaft vor Augen, aus deren kurzem Grasteppich überall die speckig glänzenden Schuttrümmer des Serpentins entgegenleuchten. Überstreut ist das Ganze von den einzelnen Exemplaren einer Fächerpalme, ein Bild, wie es sonst kaum wieder in Guatemala auftaucht.

Zu den tropischen Hochgebirgen des Landes müssen auch die Züge der südlichen Kordillere gerechnet werden, die zwar aus vulkanischen Materialien in Gestalt von Massengesteinen aufgebaut ist, in ihren Formen aber denen der behandelten nördlichen Ketten gleicht. Der Unterschied zu ihnen wird hier durch die Vegetation hervorgerufen, die bei den beträchtlichen Meereshöhen und dem ausgeprägten Wechsel von Regen- und Trockenzeiten nicht nur einen dichten Höhenwald zusammensetzt, sondern in der auch die Nadelhölzer neben Eichen, Zypressen und Erlen, sowie Erikazeen die Oberhand gewinnen. Größere zusammenhängende Wälder sind nicht eben häufig, vielleicht finden sie sich noch am dichtesten auf dem Zug der Cumbre Santa Maria Tecúm oberhalb von Totonicapán gegen Los Encuentros und von hier bis zum Rio Pixcayá vor. Mehrfach aber werden sie unterbrochen von Matten mit saftigen Gräsern. In den meisten Teilen aber ist der Wald vom Menschen angegriffen worden. Bewegen wiruns doch hier in Gebieten, die eine dichte indianische Hochlandsbevölkerung in Besitz genommen hat. Und der Eingeborene ist ein Feind des Waldes. Kahl liegen daher heute die Höhen und Hochflächen da. Maisfelder und Weizenländereien ziehen sich fleckenweise über sie hin, und wo sie aufgegeben wurden, überwuchert das zähe Büschelgras des Pajón das Gelände, das für jene Gegenden geradezu typisch ist. Waldinseln mit Zypressen, Tannen, Eichen, Erlen und Kiefern wechseln ab mit den „pajonales", die deutlich die sanften Oberflächenformen hervortreten lassen. So tritt hier der Einfluß des Menschen auf die Landschaft stark in den Vordergrund und schafft Abänderungen, die ihr Antlitz im Gegensatz zu dem der nördlichen Kordillere wesentlich umgestaltet haben. Dieser Unterschied zwischen der nördlichen und südlichen Kordillere fällt immer wieder auf, und nur das Bedürfnis das abwechslungsreiche Mosaik der Landschaften von Guatemala in seinen großen Zügen zu erfassen, rechtfertigt uns. von einem gemeinsamen Typus der Landschaft des tropischen Hochgebirges zu sprechen.

5. Die Landschaft der Altos Cuchumatanes.

Im Nordwesten der Republik Guatemala nimmt der Charakter des Kettengebirges eine gegen die übrigen Teile so unterschiedliche Form an, daß er als ein besonderes Landschaftsgebiet ausgesondert werden muß, dem Gleichartiges in Guatemala nicht wieder begegnet. Handelt es sich doch um ein ausgedehntes Plateau, das sich steil über seiner nördlichen, westlichen und südlichen Umgebung erhebt und mit 3500 m Meereshöhe den höchsten Teil des nichtvulkanischen Gebirges in Mittelamerika darstellt. Leicht von W nach O sich neigend, ist es hier tief zertalt, aufgelöst in ein wildes, waldbedecktes Gebirge, dessen Grenze im O die markante nord-südlich verlaufende Rinne des Rio Putúl ist. An ihr beginnt die Zona Reina und damit die Landschaft der Kalkgebirge von Mittelguatemala, die bereits besprochen worden ist (s. S. 104ff.). So bilden die Altos Cuchumatanes eine landschaftlich isolierte Masse, die auch bis zu einem gewissen Grade geologisch und tektonisch eine Sonderstellung einnimmt. Aus den allgemeinen Umrissen, wie sie oben gegeben wurden, geht hervor, daß dieses Gebiet in sich wieder in zwei Abschnitte zerfällt, in einen westlichen und östlichen, die sich aber zu einer typischen landschaftlichen Einheit verschmelzen. Eine noch eingehendere Gliederung wird auch den Nordrand des Gebietes als Sonderform erkennen lassen, doch soll hier nur der Hauptzug dieser Landschaft behandelt werden[8]).

Das Hochplateau im W wird aus Kalken aufgebaut; der Osten besteht aus Sandsteinen, Tonschiefern und Mergeln, vereinzelt auch aus kristallinen Bildungen. Nur an einer Stelle überragt dieses Gebiet der Doppelgipfel des Cerro Tzumál und Cerro Salquil in der Nachbarschaft von Nebaj. Er ist der Rest der Kalkdecke, die sich einst weiter östlich ausbreitete, bis sie der Abtragung erlag. Hierdurch wurde der Sockel mit seiner erwähnten Wechselfolge teils widerstandsfähiger teils leichter zerstörbarer Gesteine freigelegt, so daß sich in den östlichen Cuchumatanes jenes stark gebrochene Gebirgsland ausbilden konnte. Bei reichlich dichter Anordnung des Talnetzes treten hier im Osten schmale Bergrücken auf, die mit steilen Böschungen zu engen Kerbtälern abfallen. Wo Mergelzonen eingeschaltet sind, eilen die Flüsse durch anmutige Sohlentäler, wie bei Barillas und Amelco, andererseits haben sich im Bereiche paläozoischer Schiefer einige wasserreiche Flüsse cañonartige Schluchten geschaffen, die durch ihre Tiefe den Reisenden erstaunen machen, wenn er die waldbedeckten Hänge steil zur primitiven Brücke stundenlang hinabklettern muß. Bei der dünnen und erst verhältnismäßig spät erfolgten Besiedlung dieses Abschnittes ist das ursprüngliche Waldkleid noch auf weite Strecken hin erhalten geblieben. Nur dort, wo sich die Mergelzonen ausbreiten und wo eine breitere Talsohle mit begleitenden Flußterrassen vorhanden ist, hat die Rodung und Besiedlung eingesetzt. Fand doch der Mensch dort weniger steil geböschtes Terrain, dessen an sich fruchtbarere Böden durch den Quellreichtum der Mergelhorizonte noch mehr zur Urbarmachung aufforderten, während auf den Talterrassen in der Tiefe ein günstiger Schutz gegen Überschwemmungsgefahr gegeben war. Für ersteren Fall bietet die Plantagenzone von Barillas bis Yula San Juan, für letzteren die junge Besiedlung des Quisil-Tales bis San Francisco ein gutes Beispiel. Auf den schmalen Talriedeln aber haben sich in einem früheren Abschnitt der Besiedlung der östlichen Cuchumatanes Indianer niedergelassen, die ihre Felder an den steilen Abhängen anlegten und die Taltiefen vermieden. Im Gesamtbilde aber verschwinden diese Siedlungs- und Rodungsflecken. Erst dort treten sie deutlicher hervor, wo eine breite Hangzone in Besitz genommen wurde, die sich heute als Rodungszone weithin dem Gehänge entlang zieht. Hierfür ist die von Indianern dichter besiedelte Umgebung von Nebaj mit dem Tal des Rio Xacbál ein lehrreiches Beispiel.

Der Urwald bestimmt die Physiognomie der östlichen Cuchumatanes. Als regenfeuchter Bergwald überzieht er Berg und Tal und mildert die schroffen Reliefformen, die uns erst zum Bewußtsein kommen, wenn wir auf schmalem Fußpfad der Eingeborenen uns durch dieses Labyrinth hindurcharbeiten oder gar pfadlos erst einen Abstieg ins Tal bahnen müssen. Da der Passat von Osten her auf dieses Gebirge trifft, entlädt er über ihm seine Feuchtigkeit und hängt über die bedeutenderen Anhöhen und Abhänge seinen Nebelschleier. Triefend naß ist daher der Wald, durch den morgens und am Spätnachmittag die feinen Nebelschwaden lautlos ziehen. Dichte Moospolster kleben an Stämmen und Ästen der mächtigen Laubbäume, die zugleich der Wohnplatz einer üppigen Fülle von Epiphyten sind, unter denen immer wieder Orchideen und Bromeliazeen sich vordrängen. Im Gegensatz zum blütenarmen Urwald des Tieflandes birgt der Bergwald eine Menge von blühenden Pflanzen, wie Fuchsien und Dalien, weiß leuchtende Erikazeenarten, die etwa den isolierten Kamm des Cerro Yaxcalanté östlich von Santa Eulalia ganz in Besitz genommen haben. Diese Ausstattung läßt uns dem Bergwald den Vorzug vor dem Urwald des warmen Tieflandes erteilen, zumal der Reisende, beheimatet in gemäßigten Breiten, in der würzigen, klaren und reinen Hochgebirgsluft des kühlen Hochlandes sich angeheimelt fühlt, selbst dann, wenn er morgens vor dem Zelt das Thermometer auf 1 bis 2° Wärme, ja bisweilen auch unter den Gefrierpunkt fallen sieht.

Abweichend davon ist die Landschaft des westlichen Kalkplateaus gestaltet. Eine leicht gewellte Hochebene mit Kiefern- und Tannenwäldern läßt zunächst nicht ahnen, daß wir uns dort bereits um 500 m über der Gipfelhöhe der Zugspitze bewegen. Nackte Kalkfelsen starren mit bizarren Verwitterungsformen aus dem Walde hervor, ragen aus den Wiesengründen flacher Dellen und Wannen auf und erinnern an deutsche Juralandschaften. Zahlreich sind Dolinen im Gelände verstreut, die oft dichtes Gestrüpp vor uns verbirgt. In flachen Senken tritt bisweilen ein Bächlein zutage, eilt eine Strecke weit durch ein flaches Tal, um alsbald in der Tiefe wieder zu versickern. An stehendem Gewässer findet sich, soweit ich das Gebirge durchstreift habe, nur ein kleiner See, die Laguna Magdalena, auf der Hochfläche westlich von Palóp, auf dem sich ein paar Wildenten tummeln. Sonst ist das Hochplateau so gut wie wasserlos, und erst in den westöstlich verlaufenden Tälern, wie bei Quisíl, San Juan Ixcoy, San Mateo Ixtatán und bei Santa Eulalia ist oberflächlich rinnendes Wasser anzutreffen.

So ist denn auch das Hochplateau so gut wie siedlungsleer. Nur ganz vereinzelt begegnen wir auf den einsamen Höhen einem ärmlichen Rancho von indianischen Hirten, die ihre Schafherden dort hüten, während gegen den Südabfall des Gebirges vorgeschoben die stattliche Hacienda Chancól liegt, deren Herden bis zu der genannten kleinen Lagune westlich von Palóp weiden. Nur wenige Verkehrswege kreuzen die Hochfläche von Süden nach Norden und Nordwesten. Stundenlang reitet oder wandert man auf ihnen dahin, ehe man einem Reiter oder einer kleinen Schafherde mit dem einsamen Hütejungen und Mädchen begegnet. Melancholisch breitet sich die schweigende Landschaft um uns aus, Stille empfängt uns, und nur gelegentlich aber dann um so eindrucksvoller dringen die ernsten Weisen einer Fiedel zu uns herüber, die ein zerlumpter Indianer streicht. Kaum wieder begegnen wir ähnlichen Eindrücken unter den anderen Landschaften und indianischen Stämmen von Guatemala.

Mit der Morgensonne spannt sich über dieser Landschaft ein Himmel von einer unvergleichlichen Klarheit. Die Durchsicht der Atmosphäre bietet weite Panoramen, scharf heben sich die Konturen der Ferne vom dunklen Blau des Himmelsgewölbes ab. Bei sinkender Sonne fällt rasch die Temperatur, vereinzelte Nebelfetzen hängen sich ins Geäst des Nadelholzes, bald umhüllt uns ein Nebelschleier, der daran gemahnt, das Lager zu beziehen. Bitter kalt wird die Nacht, und kurz vor Sonnenaufgang frieren wir tüchtig. Doch bald tritt schnelle Erwärmung ein, sobald die Sonne wieder auf uns scheint. In den Regenzeiten aber hängt oft tagelang eine Wolkendecke über der Hochfläche, aus der Dauerregen niedergehen. Grundlos werden dann die Pfade, und das Reisen ist mit erheblichen Erschwerungen verbunden.

Es war schon darauf hingewiesen worden, daß nur einige Bäche sich von O her tiefer in die Hochfläche eingeschnitten haben. Diese Täler bergen die Siedlungen. Dort liegen die Indianerdörfer San Juan Ixcoy und San Mateo Ixtatán, während das stattliche Soloma von Mischlingen und Indianern bewohnt wird. Santa Eulalia aber ist auf einer breiteren, von Bächen durcheilten Hochfläche angelegt. In der Umgebung dieser Dörfer sind die Hänge gerodet. Der Höhenwald ist zurückgedrängt, und vielfach entdecken wir in ihm Stücke von Ödland, das die Landschaft entstellt. Würden wir in eines der nach W geöffneten Täler hinabsteigen, so träfen wir dort auf Talterrassen Siedlungen, die in Form von kleinen Dörfern und Weilern an den Verbindungswegen zur großen Hauptstraße von Chiantla nach Comitán angelegt wurden (z. B. San Migual Acatán und San Sebastián Coatán). Aber die Landschaft dieser Täler weicht dadurch von derjenigen der nach Osten geöffneten ab, daß die Vegetation nicht nur viel lichter ist, sondern auch langsam von Gewächsen durchsetzt wird, die ein trockneres Klima lieben. Sind wir doch hier in die niederschlagsärmere Leeseite der Cuchumatanes eingetreten, die den Übergang zu den Strauchsteppen des benachbarten Chiapas bildet.

6. Die Becken- und Senkenlandschaften von Mittelguatemala.

In dem Kettengebirge von Mittelguatemala sind einige bedeutende Längstäler mit west-östlicher bis nordöstlicher Erstreckung angeordnet. Sie verbinden sich in den westlichen Gegenden der Republik, in den Departamentos Huehuetenango und Quiché, mit breiten Senken; in den östlichen Gebieten, in den Departamentos Baja Verapaz, Zacapa und Izabál stellen sie tiefe, mehr oder weniger breite Talsenken dar, die zum Karibischen Meer sich öffnen. Dort, in unmittelbarer Nachbarschaft des Meeres, und so weit wie die landeinwärts wehenden Winde ungehindert zur Geltung gelangen, zeigen jene Gegenden in ihrer ursprünglichen Gestalt den Typ der Regenwaldlandschaft der atlantischen Abdachung. Weiter im Binnenlande wirkt sich aber die Abriegelung durch die hohen Kettenzüge um so stärker aus, je weiter westlich und nordwestlich die Senken sich ausdehnen, so daß sich hier eine Landschaft ausbildet, die in ihrer Ausprägung eine Sonderstellung beansprucht. Durch die Regenscheiden der trennenden Ketten entwickelt sich in den Senken und Tälern ein Klimagebiet, dessen Hauptmerkmal im Gegensatz zu den höheren Gebirgsteilen die über mehrere Monate sich erstreckende niederschlagsarme Periode der Wintermonate ist, in dem aber auch in den feuchteren Jahresabschnitten die Summe der Niederschläge hinter derjenigen der Gebirgserhebungen zurückbleibt. Es tut sich daher vor uns eine waldarme Landschaft auf, in der die Strauchsteppe die Oberherrschaft gewinnt. Niedrigwüchsige Akazien, Kalebassenbäume, strauchartige, stachelbewehrte Mimosazeen wechseln ab mit Säulen-, Kandelaber- und Kugelkakteen, die aus dem ausgetrockneten lehmig-sandigen Boden aufsprießen. Eine niedrige Grasnarbe überzieht die Ebenen, die von flachen Bodenschwellen kaum gegliedert werden, so daß sich sonnendurchglühte, steppenhafte Flächen dem Gebirgsabfall entlang ziehen. Das beste Beispiel bietet hierfür das Motagua-Tal zwischen Las Canoas und

Zacapa, das wohl die trockenste Steppe in Guatemala bildet. Wo bedeutende Flüsse sich tief in Kerbtälern ihren Weg bahnen, leiten nackte Felshalden mit kümmerlichem Buschwerk in die höheren, von schütterem Wald bedeckten Gehänge über und lassen deutlich die nach der Höhe abgestufte landschaftliche Gliederung auf so kleinem Raume hervortreten. Weiten sich solche Täler und geben Raum zu einer Talsohle, so wird sie mittels künstlicher Bewässerung zu einer vom Menschen geschaffenen Kulturoase, deren grüne Zuckerrohr- und Maisfelder in der Nähe der kleinen Landgüter und Weiler schattigen dunkelgrünen Agrumenhainen weichen. Eindrucksvoll tritt uns diese Landschaft im Tal des Rio Cuilco vom gleichnamigen Dorf abwärts gegen die mexikanische Grenze vor Augen; wir treffen sie wieder am Oberlauf des Rio Negro, im Tale des Rio Aguacatán und in der prachtvollen Felsenenge, durch die der Rio Negro von Agua Caliente bis San Joaquín die Längskette durchbricht. Würden wir ihm weiter abwärts folgen und das großartige Durchbruchstal zwischen Chixoy und Chamá passieren, so fänden wir uns schlagartig in einem der großartigsten Urwaldtäler von Guatemala, in das der feuchte Passat hineinweht, um mit seinen Regen die üppigste Regenwaldlandschaft hervorzuzaubern.

Die ausgedehnten Senken zwischen den nördlichen und zentralen Ketten, wie sie im Quichégebiet südlich des Rio Negro bei San Andrés Sajcabajá typisch ausgeprägt sind, weisen steppenhaften Charakter auf, nur hier und dort von Maisfeldern einiger Indianer durchsetzt, die sich um alte vorspanische Siedlungszentren ausbreiten. Aber abwechslungsreicher wird hier das Bild durch niedrige Gebirgszüge, die wahrscheinlich einst Waldwuchs trugen, diesen aber durch den Raubbau des Menschen verloren haben. Kahl, bedeckt mit Schuttboden erheben sie sich mit ihren auffällig gerundeten Profillinien aus den heißen Steppen und verleihen der an sich ernsten Landschaft einen noch stärker ausgeprägten Zug einsamer Größe. Mit dem Becken von Salamá endet dieser Typus im Osten.

Flüsse sind hier nur spärlich vorhanden; sie sind erheblichen Schwankungen ihres Wasserstandes ausgesetzt, entwickeln sich nach Platzregengüssen zu reißenden Wildwassern. Viele sind echte Fiumare. Daß künstliche Bewässerung in diesen Gegenden angewendet wird, wurde schon hervorgehoben. Einstmals muß sie am ausgedehntesten im Becken von Salamá bei San Jerónimo ausgeübt worden sein, wo Dominikaner-Mönche mit Hilfe von ihren Sklaven großzügige Bewässerungsanlagen errichteten, die noch heute trotz ihres Verfalls unsere Bewunderung verdienen.

Die Steppenlandschaften ziehen sich von Mittelguatemala in den östlichen Teil des Landes hin, um in Honduras ihre Fortsetzung in den Senken oder „Valles“ zu finden, die meist von Norden nach Süden zwischen trennende Gebirgszüge eingebettet sind. Vielfach sind sie Gebiete äolischer Ablagerungen von vulkanischen Lockermassen mit durchlässigen, leicht austrocknenden Böden, in denen die Kleinformen der Abtragung eine Art vulkanischer „Lößlandschaften“ vortäuschen können. Tiefe Cañons und Terrassenbildungen gestalten das Bodenrelief unruhig. Hell leuchten die Abbrüche und Rutschungen in den Lockermassenwänden, die in jeder Regenzeit neu sich bilden und den raschen Fortgang der Abtragung bezeugen. Die Gebirgseinfassungen der „Valles“ sind Regensammler. So tragen sie nicht nur Waldwuchs, wie er kaum berührt in der imposanten Sierra de Selaque in Westhonduras die Höhen bedeckt, sondern auch die Felder der aus Rücksicht auf die Wasserversorgung an die Senken gebundenen Bevölkerung. Handelt es sich aber um dichter besiedelte Gebiete wie im O des Valle de las Vacas in Guatemala, so ist die Besiedlung der begrenzenden Gebirge weiter fortgeschritten. Wir finden daher in der Sierra de las Nubes heute vielfach Dörfer und Weiler verbreitet, die den herrlichen Eichen- und Kiefernwald durchsetzen.

Im allgemeinen sind die Steppenlandschaften nach den Urwaldgebieten von Nordguatemala wohl die am schwächsten besiedelten. Die Indianer sind spärlich vertreten, und wo sie sich noch in größerer Zahl finden, sind sie seit der spanischen Zeit in dörflichen Gemeinwesen seßhaft geworden, wie etwa in Rabinal, San Miguel Chicaj und San Gabriel Pansuy. Aber manche Anzeichen archäologischer Herkunft deuten darauf hin, daß in vorspanischer Zeit gerade in diesen Gegenden eine stärkere Besiedlung vorhanden gewesen sein muß. Finden wir doch hier häufig Ruinenplätze, die zu den größten des mittleren Guatemala zählen und die einst Mittelpunkte kleiner politischer Staatswesen waren[9]). In einem späteren Abschnitt unserer Betrachtungen wird darauf zurückzukommen sein. Heute ist gerade in jenen Gebieten die Vermischung der Indianer mit spanischem Blut weiter fortgeschritten als in den Hochländern des Westens und Nordwestens. Besonders bei der Bevölkerung von Rabinal tritt das hervor. Trotzdem hat sich die einheimische Sprache des Quiché, haben sich Trachten und Sitten, auch Lebensgewohnheiten aus der indianischen Zeit her erhalten. Inwiefern der Charakter der Steppenlandschaften im Laufe der spanischen Kolonialzeit Änderungen erfahren hat, inwieweit also der heutige Landschaftscharakter eine Sekundärerscheinung ist.

wird ebenfalls später bei Betrachtung der Siedlungs- und Kulturgeographie von Mittel- und Südguatemala zu behandeln sein.

Es bedarf keines weiteren Hinweises darauf, daß durch die verschiedene Höhenlage der Becken- und Senkengebiete gewisse klimatische Abstufungen hervorgerufen werden, die sich im Landschaftscharakter widerspiegeln. Aber im allgemeinen ist doch ein solcher Wechsel weniger häufig in unseren Gebieten, als man vielleicht annehmen möchte. Denn da in Mittelguatemala diese Senken mehr oder weniger durch Randgebirge abgeschlossen sind, sind sie an sich niederschlagsärmere Regionen. Sie werden um so trockener, heißer, je tiefer sie eingesenkt sind, so daß sich in ihnen eine echte Kakteensteppe ausbreiten kann. In schwächerem Maße bietet schon das Cuilco-Tal ein solches Bild. Aber nirgends in Guatemala wird man die Trockensteppe typischer vor Augen sehen als im Motagua-Tal zwischen Sanarate und Gualán. Auf dem ausgedörrten Boden der Talebene gedeihen nur niedrige Akazien und Trockenbüsche, vor allem aber mächtige Kandelaberkakteen, die nur am Rande des Hauptflusses und des Rio Zacapa dank künstlicher Bewässerung grünen Kulturflecken Raum geben. Erstickend heiß ist tagsüber die Luft, zitternd flimmert sie über der Senke, auf die die Sonne niederbrennt. Um die Mittagszeit bilden sich lokale Luftwirbel durch die Erwärmungsvorgänge, die in der Trockenzeit hohe Staubtromben durch die Ebene jagen. So ist die Windbewegung in den Mittagsstunden eine alltägliche Erscheinung des Motagua-Tales, was durch die Breite der Senke begünstigt wird. In der schmalen Cuilco-Senke habe ich ähnliche Phänomene nicht beobachten können.

7. Die Landschaft der Altos von Westguatemala.

Als „Altos“ bezeichnet der landesübliche Sprachgebrauch die Hochländer von Westguatemala, die sich von der Vulkanreihe an dem pazifischen Abfall als Südgrenze etwa bis zur Kammlinie der Südkordillere nach Norden ausdehnen, deren Westgrenze mit der Landesgrenze zusammenfällt, während man im O etwa eine durch die Orte Tecpán—Patzún gelegte Linie als Grenze wählen kann*). Überwiegend in Meereshöhen von 2000 bis 3600 m gelegen, gehören diese Land-

*) Als Ostgrenze der Altos nimmt Bernouilli den Barranco Chocoyos zwischen Patzun und Godinez an (Pet. Mitt. 1873, S. 377re.), Dollfuß und Montserrat das Chixoy-Tal zwischen San Cristobal Cajcoj und Chicamán (Voyage géologique usw., Paris 1868, S. 222).

schaftseinheiten vorwiegend der vulkanischen Provinz von Guatemala an. Sie gliedert sich in eine nördliche Zone mit eruptiven Massengebirgen und gelegentlichen Übergußtafeln, in die Hochbecken eingeschaltet sind, und in einen schmaleren südlichen Streifen, in dem der rezente Vulkanismus bzw. eine rege vulkanische Tätigkeit jüngstvergangener geologischer Zeiten durch wohl ausgebildete Vulkanreihen sich ausprägt. In den Hohlformen, den breiten Becken und schmalen Talsenken, auch in den interkollinen Talmulden lagerten sich in großer Mächtigkeit Lockermassen vulkanischen Ursprungs ab, die überwiegend aus hellen Bimssanden, Lapillimassen und Aschen bestehen. Sie füllten die Unebenheiten des Geländes aus und schufen dadurch aufgesetzte Ebenen. Das durchlässige, lockere Material, hier und dort allerdings zu festeren Tuffen umgestaltet, rief eine schnelle Abtragung durch das rinnende Wasser, weniger durch den Wind hervor, so daß sich heute die meisten dieser Ebenen schon stark zerschnitten uns vor Augen stellen, und wir nur mehr auf den die Wasserscheiden tragenden Scheitelpartien zusammenhängende Flächen größerer Ausbreitung antreffen. (Taf. 30 Abb. 2).

Diese Teile bilden leicht gewellte Ebenheiten. Dellen und Quellmulden gliedern sie nur schwach. Aber plötzlich brechen sie jäh um 80 bis 100 m zu steilwandigen Schluchten ab, die sich als ,,Barrancos" kilometerweit hinwinden, ehe sie in größere Taleinschnitte einmünden. Schnell arbeitet die Abtragung in diesem lockeren Material, das zum Abbrechen in senkrechten Wänden neigt, sei es daß in den Regenzeiten größere Massen abrutschen oder daß bei gelegentlichen Erdbeben ganze Wandpartien abbrechen. Fast in jedem Barranco leuchten derartige frische Abbruchstellen aus dem grünen Waldkleid der Hänge hervor.

Die Ebenen selbst sind waldlos oder doch waldarm. Waren sie doch seit langer Zeit die bevorzugten Gebiete einer stärkeren Besiedlung gewesen, in denen die eingeborene Bevölkerung um ihre Siedlungen herum ihre Felder anlegte. Wo noch Waldreste vorhanden sind, wie etwa im östlichen Quiché, zeigen sie vorwiegend Nadelhölzer, meist Kiefernwälder mit eingestreuten Eichen- und Erlengehölzen, lichte Bestände, unter denen eine üppige Grasnarbe in der feuchten Jahreshälfte zur Entwicklung kommt. Handelt es sich aber um dichter besiedelte Becken, wie bei Totonicapán und Quezaltenango oder im Umkreis von San Marcos, so ist von Wald kaum noch eine Spur vorhanden. Alles ist unter Kultur genommen, und die weiten Maisfelder mit ihren raschelnden Stengeln, abwechselnd mit Flächen von Weideland zeugen von einer langen Zeit emsiger Ausnutzung dieser klimatisch günstig ausgestatteten Hochlandsgebiete. Städte und Dörfer, Weiler und Einzelgehöfte sind überall verstreut, Verkehrswege durchziehen diese Landschaften nach allen Richtungen, auf denen ständig ein reges Leben herrscht, zumal in der spanischen Kolonialzeit wie in der Jetztzeit das Wirtschaftsleben des Hochlandes hier seine Zentren besitzt. (Taf. 28 Abb. 1).

Die Gebirgserhebungen, die die Senken überragen, zeigen einen anderen Landschaftscharakter. Herrscht auch in der nördlichen Zone der Kettencharakter der Kordillere vor, so wird doch der Formenschatz abwechslungsreich gestaltet durch manche isolierte Erhebung, sei es durch einzelne kleine Vulkankegel oder Staukuppen (Becken von Quezaltenango und Totonicapán) oder durch vulkanische Tafelberge (Cerro de Sija) und breite Tafelflächen (Paloguá), die mit steilen Böschungen abfallen. Aber auch durch ihr Waldkleid stechen diese Höhen gegen die Senkenlandschaften ab. Schwächer besiedelt, überhaupt erst besiedelt seit einer späten Zeit, haben sie ihre Höhenwälder mit Laub- und Nadelhölzern sich erhalten, die besonders die Kämme noch zusammenhängend überziehen. Wenn an den Hängen schon Rodungen angelegt wurden, so ist auch das erst das Ergebnis einer jungen Entwicklung. Auf sie ist das Ödland der Hochgebiete zurückzuführen, in dem das hohe Büschelgras Fuß faßte, landschaftlich charakteristisch hervortretend.

Zum Bilde der ,,Altos" gehören ebenso die mächtigen Agaven, die allenthalben die Wege und Straßen begleiten, wie die imposanten Vulkane, die küstenwärts das Bild einrahmen. Stets wird man einen dieser stolzen Kegel oder eine jener markanten abgestumpften Pyramiden von irgend einem Punkte der Altos aus vor sich sehen. Sie spielen heute wie in der Vergangenheit des Landes für die eingeborenen Bewohner eine wichtige Rolle. Sind sie es doch, mit denen der Hochlandsindianer viele seiner altertümlichen Vorstellungen religiöser Art verknüpft, so daß sie für ihn heilige Plätze sind, auf deren Gipfeln und in deren Kratern er seine Gebetsplätze und Opferstätten errichtet hat. So gut wie alle Vulkangipfel der ,,Altos" sind damit ausgestattet.

Auch Seen gehören zum Landschaftsbild dieser Zone in Form von Kraterseen (Chicabal) oder von Abdämmungsseen, wie es beim Atitlán-See der Fall ist. Sie erhalten ihre landschaftliche Prägung durch die Vulkane, die sie umgeben oder von denen sie ein Teilstück sind. Gerade die Kraterseen sind für das östliche Guatemala charakteristisch, die als verlorene Augen in der Trockenlandschaft mit ihrer mageren Pflanzendecke ein belebendes Element bilden.

8. Die Vulkanlandschaften von Südguatemala.

Sie umfassen den Rand der westlichen Altos gegen das pazifische Tiefland und nehmen den größten Teil des südöstlichen Guatemala ein. Das Merkmal dieser Landschaftseinheit sind die Spuren der jüngsten und gegenwärtig anhaltenden Tätigkeit der Vulkane. Ihre kühnen Kegel oder massigen Kraterruinen mit den tief von Rinnen zerschnittenen Flanken beherrschen das Landschaftsbild, in dem wieder mehr untergeordnet regellos verstreute Kuppen, langgestreckte Rücken und kleinere Senken und Becken angeordnet sind. Da die Vulkanzone so nah am Abfall des Hochlandes zur Küste liegt, hat die Erosion tief eingeschnittene Täler geschaffen, die zwischen den benachbarten Feueressen durch harte Lavamassen in wilden Schluchten sich hindurchwinden und ein Gegenstück zu den nicht weniger großartigen Barrancos bilden, die die Hänge manches alten abgetragenen Vulkans zergliedern, am großartigsten wohl in dem Riesenkessel des Siete Orejas mit dem Felstal des Rio Sis oder die von üppigem Urwald verhüllten Schluchten der Gavia, einer Vulkanruine in Südostguatemala. Lavaströme und Aschendecken, Reihen niedriger Kraterhügel, kümmerlich bewachsen von buschartiger Vegetation, hier und dort eine warme Quelle, ganz vereinzelt auch ein Geysir (Samalá-Tal) und schließlich die Fumarolen auf den Kratergipfeln der noch tätigen Feuerberge vervollständigen dieses Bild, das je nach der Gegend, ob im westlichen oder östlichen Landesteil gelegen, durch die klimatischen Verhältnisse und damit durch das Pflanzenkleid sein typisches Aussehen erhält. Offene, von Buschformationen und Halbsteppe erfüllte Gegenden im Osten, dünn besiedelt, wirtschaftlich weniger ausbeutbar und daher vom Verkehr weniger berührt; grüne Laubwälder an den feuchten Hängen der hohen Vulkane, in denen tagsüber die Wolken und Nebel hängen, die Bäume von Moosen und Flechten umhüllt, die Äste von Epiphyten besetzt, in den westlichen Landesteilen. Darüber Nadelholzwälder mit langnadligen Kiefern, durchsetzt vom Büschelgras, schütterer Wuchs je höher man zum Gipfel emporsteigt, bis schließlich kahle Aschen- und Sandhalden mit ihren Trümmermassen uns zum Kraterrand führen, den ein eisiger Nordostpassat nur zu häufig sturmartig umbraust. An den oberen flacher geneigten Flanken der hohen Vulkane des äußersten Westens der Republik ist über der Wald- noch eine Mattenzone ausgebildet, in der, wenn auch nur auf kleinem Raume eine alpin anmutende Almlandschaft sich ausdehnt.

In den tieferen Höhenlagen unterhalb der feuchten Waldzone setzt das Kulturland ein. Binnenwärts, also gegen das Hochland zu gekehrt, ist es eine Landschaft, in der die Bodenkultur der landeseinheimischen Bevölkerung das Bild beherrscht, mit Maisfeldern, kleinen Weilern und Dörfern in den westlichen Gebieten, während im Südosten die viel offenere und weniger stark gebrochene Landschaft mit ihrem vorwiegenden Mischlingselement wohl auch Stücke von Kulturland zeigt, darin aber schon große Flächen von Weideland erkennen läßt. Küstenwärts gekehrt schmiegt sich an die Vulkanzone eine moderne Wirtschaftslandschaft an, die uns bereits zum letzten Landschaftstypus von Südguatemala überleitet. Aber das Bild wäre unvollständig, wollten wir nicht noch jener Senken zwischen den Vulkanen gedenken, in denen sich frühzeitig die koloniale Besiedlung auswirkte. Sie schuf in ihnen größere Siedlungszentren wie die alte Landeshauptstadt Antigua dank der fruchtbaren Böden, des milden Klimas und der günstigen Bewässerungsverhältnisse. So entwickelte sich hier eine Landschaft, der die kolonialspanische Wirtschaftsweise mit ihren Städten und großen Gütern den Stempel aufprägte, den sie trotz mannigfacher Strukturwandlungen der Wirtschaft besonders seit dem 19. Jahrhundert sich erhalten hat. Hierdurch hebt sich diese Höhenzone, der das Becken von Antigua und das breite Valle de las Vacas angehören, deutlich ab gegen die Küstenebene. Fremdartig wirkt nur in dem letzteren die moderne Hauptstadt der Republik, vor allem durch ihr buntes Durcheinander von landeseinheimischem, europäischem und nordamerikanischem Kolorit. Aber es bedarf keines weiten Weges außerhalb ihres Weichbildes, um sich schon ganz in einer Umgebung zu finden, die sich das koloniale Gepräge der spanischen Zeiten bewahrt hat.

Zu der mehr oder weniger langsamen Umwandlung dieser Landschaft durch Siedlung, Wirtschaft und Verkehr in der Gegenwart treten jene seltenen plötzlichen Veränderungen des Landschaftsbildes, die durch die Tätigkeit der Vulkane und die Wirkungen der Erdbeben hervorgerufen werden. Breitete sich bis zum Anfang des 20. Jahrhunderts am Südhang des Santa Maria-Vulkans eine grüne Wald- und Wirtschaftslandschaft aus, in der schon eine Bahnlinie traciert war, so finden wir dort heute den Riesenkrater, der sich 1902 öffnete. In ihm entstand der tätige junge Vulkan des Santiago, der, seit 1922 dauernd in Unruhe, mehrmals schwere Glutwolken ins Vorland sandte und mit seinen Schuttmassen breite Narben unverwertbaren Landes schuf. Ähnlich war der Schuttstrom des Fuego-Vulkans von 1932, der teilweise das Landschaftsbild an seinem Südostfuß veränderte, und nicht zum wenigsten zeigt Antigua durch seine Ruinen alter Paläste und Kirchen, was die Naturgewalten aus dieser einst glänzenden Hauptstadt Mittelamerikas haben werden lassen. Weiter im O stoßen wir auf die tiefen Risse und Hangrutschungen in der Umgebung des Vulkans Tecuamburro, die auf die Beben von 1930 zurückzuführen sind.

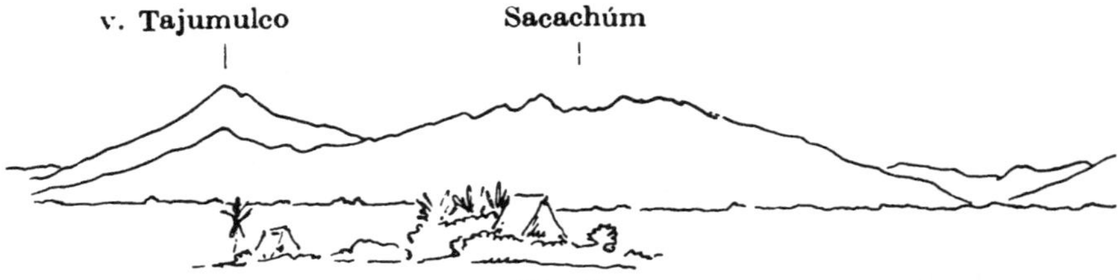

Fig. 2.

Die Küsten-Kordillere von El Reposo gesehen. Skizze von Rich. Sapper 1925.

9. Die Landschaft des pazifischen Tieflandes.

Meerwärts vor der Vulkankette senkt sich sanft das pazifische Küstentiefland ab, das mit wechselnder Breite von der Landesgrenze am Rio Suchiate den Abfall des Hochlandes bis in den Osten der Republik begleitet, um sich dort nach Salvador fortzusetzen. Das Landschaftsbild der Gegenwart ist das Ergebnis einer seit dem 19. Jahrhundert besonders schnell vor sich gegangenen Umwandlung, die allein durch den Wandel der Wirtschaftsstruktur zu erklären ist. Ursprünglich, als die Spanier erobernd dort vordrangen, war es ein waldiges Land, aus dem sich die Vorhügel des Hochlandes oder einzelne vulkanische Erhebungen (z. B. bei Escuintla und Siquinalá) abzeichneten (Taf. 28 Abb. 2). Punktweise waren die Wälder durchbrochen von den Lichtungen, die die ansässige indianische Bevölkerung gerodet hatte, um darauf ihre Siedlungen und Felder anzulegen oder, wie es an der Küste üblich war, mit Kakaohainen und Baumwollpflanzungen zu besetzen. Nur dort, wo vulkanische Tätigkeit den Wald vernichtet hatte, also jene Gegenden, in denen uns heute noch alte Schutt- und Schlammströme entgegentreten, waren Ödland, durch das die Hochlandsflüsse ihre durch häufige Schwellen in den Regenzeiten ausgezeichneten Wassermassen eilen ließen.

Der Wald unterschied sich aber in mancher Hinsicht von den feuchten Regenwäldern der atlantischen Abdachung. Denn an der pazifischen Seite war eine deutliche jahreszeitliche Anordnung der Niederschläge gegeben, so daß regelmäßig Regen- und Trockenzeiten abwechselten. Hierdurch wurde nicht nur eine an Arten anders zusammengesetzte Vegetation hervorgerufen, sondern diese zeichnete sich auch bei vielen Vertretern durch den regelmäßigen Blattfall in den Trockenzeiten aus. Je weiter nach Südosten zu, um so stärker prägt sich dieser Waldcharakter aus, um schließlich erst außerhalb unseres Gebietes in Costa Rica zu vollster Entfaltung zu gelangen.

Sehr bald erkannten die Spanier die günstigen landwirtschaftlichen Möglichkeiten dieser Zone. Man ließ zunächst die eingeborenen Wirtschaftsproduktionen bestehen, führte dazu aber den Zuckerrohranbau und die Viehzucht ein, die den Wald zurückdrängten. Es waren die mittleren Höhenzonen zwischen 400 bis 1000 m etwa, die zuerst das nötige Land hergeben mußten. Die tieferen Lagen behielten ihren Charakter noch bis in die Neuzeit. Sie waren mit Urwäldern bestanden, die die Küstenlagunen umsäumten und sich den Flüssen entlang binnenwärts hinzogen. Allein die Ausbeute an Nutz- und Bauhölzern lockte die Spanier an, und manches Material zum Schiffbau wurde aus

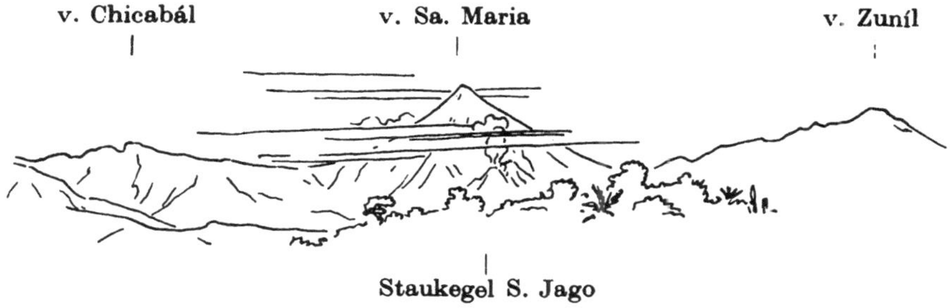

Fig. 3.
Die Küsten-Kordillere von El Reposo gesehen. Skizze von Rich. Sapper 1925.

dieser Gegend gewonnen. Eine neue und schnellere Umwandlung erfolgte im 19. Jahrhundert, als der Kaffeeanbau diese Zone als besonders günstig befand. Rasch schmolz der ursprüngliche Wald dahin, immer neue Ländereien wurden für Viehweiden und Maisanbau als notwendige Ergänzungen zu den modernen Betrieben in Besitz genommen, und es entwickelte sich hieraus jene Wirtschaftszone von Guatemala, die als die regsamste und best erschlossene des Landes bezeichnet werden muß.

Das ursprüngliche Landschaftsbild ist auf lokale Punkte zurückgedrängt worden. Allenfalls in der Nähe der Lagunenküste steht noch der Wald mit seinem Tier- und Pflanzenleben. Andernorts aber ist ein Sekundärwald aufgekommen, wie es die unausbleibliche Folge jeder tropischen Landwirtschaft ist, die mit weniger rationellen Methoden arbeitet, jener Sekundärwald, den der Neuling im Lande für ursprünglichen Urwald halten möchte, wenn ihn nicht bei besserer Kenntnis gewisse Pflanzen und Pflanzengemeinschaften daran erinnerten, daß es sich um sekundäre Formationen handelte. Außerdem aber hat sich ein künstlich hervorgerufener Sekundärwald überall dort entwickelt, wo die Kaffeepflanzer zur Beschattung der Sträucher sich entschließen mußten. Von weitem gesehen, erwecken jene Schattenwälder, wie sie sich an den Abhängen des Küstengebirges und der Vulkane ausbreiten, durchaus den Eindruck eines geschlossenen Waldlandes, das eben doch schon Kulturland geworden ist.

So ist die pazifische Landschaft von Guatemala eine offene Kulturlandschaft, dicht besiedelt, von Wegen, Straßen und Bahnen allenthalben durchzogen, eine Landschaft der Ausbeutung und des Reichtums der Republik, in der sich deutlich, und zwar wieder durch klimatische Faktoren bedingt, drei Zonen erkennen lassen. Zutiefst eine Zone der Salzgewinnung in den brackischen Lagunen und der Waldausbeutung, wenn auch diese heute stark zurückgegangen ist. Sie umfaßt nach oben noch Viehweiden und Maisfelder, einige Bananenplantagen. Die zweite Zone von ca. 200 bis 400 m birgt neben Viehweiden Zuckerrohrfelder und — wenigstens noch vor einiger Zeit — Kakaopflanzungen. In ihren oberen Abteilungen gedeiht schon Kaffee. Mais wird auch hier gepflanzt. Und endlich die dritte Zone von ca. 400 bis 1200 m, lokal auch bis 1500 m Höhe ist die Hauptzone des Kaffeebaus, mit dem Zuckerrohr und Mais vergesellschaftet sind. Von 600 bis 1200 m überwiegt der Kaffee bei weitem alle anderen Produkte und prägt damit der Landschaft dort ihren Stempel auf.

Im südöstlichen Guatemala ist der Charakter des Küstenlandes anders gestaltet, da hier der Kaffeebau zurücktritt. Er lehnt sich dort eher an die Abhänge der Vulkane an (Pacaya, Tecuamburro), meidet das tiefere Land, das zudem vom Verkehr noch wenig erschlossen worden ist. Fehlt doch bis jetzt die Bahnverbindung, die einmal im Weiterverfolg der panamerikanischen Linie von Escuintla nach Santa Ana in Salvador geplant worden war. So trägt die Landschaft dieser Küstenstrecken noch viel stärker die Züge der kolonialen Epoche als der westliche Abschnitt. Viehzucht- und kleine ländliche Betriebe im Besitz von Mischlingen durchbrechen die Reste ursprünglichen Waldes, der sich mit größeren Flächen sekundärer Formationen verbindet. Denn diese Zone ist entsprechend den weniger entwickelten, altertümlichen Methoden der Bodennutzung häufigeren Verschiebungen der Nutzungsflächen unterworfen gewesen.

10. Die Landschaft der atlantischen Plantagenzone.

Können wir die pazifische Landschaft als eine typische Plantagenlandschaft bezeichnen, so liegt es nahe, sie in Vergleich zu setzen mit der zweiten wichtigen Plantagenzone an der karibischen Küste der Republik. Sie bildet ein Teilstück der atlantischen Regenwaldzone, sticht aber doch gegen den von uns geschilderten Typ ab. Denn auch hier ist längs des Motaguaflusses von der Mündung bis gegen Los Amates die wirtschaftliche Ausnutzung der umwandelnde Faktor der Landschaft geworden, intensiver noch, als es an der pazifischen Küste der Fall war. Das untere Motagua-Tal war nur spärlich besiedelt, ein ungesundes Urwald- und Überschwemmungsgebiet, in dem das moderne Kapital mit allen technischen Errungenschaften nicht auf die Schonung traditioneller Besitzverhältnisse der einheimischen Bevölkerung Rücksicht zu nehmen brauchte. Die Bananenkulturen, die sich hier unter nordamerikanischer Führung seit Anfang des 20. Jahrhunderts entwickelten, haben eine Plantagenzone ganz großen Ausmaßes und modernen Aussehens entstehen lassen, mit Bahnen und Wegen, modernen Tropenkrankenhäusern und Arbeitersiedlungen, riesigen Bananenhainen, modernen Hafenanlagen, Zementhäusern, Tennis- und Golfplätzen, die jenes Gebiet ganz aus dem Rahmen der übrigen Landschaften von Guatemala herausheben, zumal überall englische Laute ertönen, amerikanisches Geld kursiert und neben dem Mischling der Antillenneger das Bevölkerungsbild beherrscht. Durch diese sekundären Erscheinungen wird der Charakter des ganzen Gebietes so unterschiedlich zur Plantagenzone der pazifischen Küste, daß er als eine Sonderlandschaft abgetrennt werden muß.

In dieser Vielzahl natürlicher Landschaftseinheiten offenbart sich das Wesen der Republik Guatemala. Die bunte Abwechslung hebt es vor den Nachbarländern heraus und läßt es als ein geographisch individuell stärker entwickeltes Gebiet erscheinen. Salvador und Honduras sind einheitlicher, ersteres würde fast ganz in die vulkanische und pazifische Landschaftseinheit sich gliedern, während in Honduras alle Landschaften fehlen, die den höheren Niveaus in Guatemala eigentümlich sind. Allein Chiapas bietet durch seine hohen Erhebungen der Sierra Madre, seine zentrale Meseta, die Grijalva-Senke und den Abfall zum Mexikanischen Golf ähnlich abwechslungsreiche Bilder, wie wir sie aus Guatemala kennen lernten: nur, daß in Chiapas die Vulkanlandschaften fehlen.

Mag somit Guatemala physisch-geographisch als ein Teilstück der mittelamerikanischen Landbrücke zu gelten haben, so ist es doch landschaftlich so selbständig, daß es in dieser Hinsicht stets seine Eigenart gegenüber den anderen mittelamerikanischen Ländern wahren wird.

Anmerkungen.

[6]) O. F. Cook, Vegetation affected by agriculture in Central America. (U. S. Bureau of Plant Industry, Bull. 145), Washington 1909, hat den Gedanken geäußert, daß die Corozobestände (Cohune ridges) ein Anzeichen für Sekundärwald auf ehemaligem Kulturland wären. In dieser Allgemeinheit trifft diese Behauptung nicht zu. Denn in Brit. Honduras bilden die Cohune ridges eine bodenbedingte pflanzengeographische Zone, die sich zwischen der Küste und den Kiefernwäldern (pine ridges) des Binnenlandes ausbreitet (vgl. J. Eric Thomson, Ethnology of the Mayas of southern and central British Honduras (Field Museum of Nat. Hist., Publication 274, Anthropological Series, vol. 17, no. 2, Chicago 1930), S. 33f.

[7]) E. P. Dieseldorff, Kunst und Religion der Mayavölker, Bd. I, Berlin 1926, S. 21.

[8]) F. Termer, Observaciones geográficas en los Altos Cuchumatanes. (Anales Soc. de Geogr. é Hist. de Guatemala, t. IV (1927), S. 7ff. mit einigen Landschaftsbildern).

[9]) F. Termer, Zur Ethnologie u. Ethnographie d. nördl. Mittelamerika. (Iberoam. Archiv, Bd. IV, 1930, S. 313ff.).

Kapitel II.

Die geologischen Verhältnisse.

Süd- und Mittelguatemala gehören ihrem Gebirgsbau nach zu zwei verschiedenen Regionen. Die südliche, die die Küstenkette oder südliche Kordillere und die pazifische Küstenabdachung umfaßt, besteht aus vulkanischen Baumaterialien. Die nördliche, der die mittleren und nördlichen Kettenzüge der Republik angehören, umfaßt sedimentäre Bildungen, die vorwiegend dem Paläozoikum und Mesozoikum angehören, denen gegenüber tertiäre Bausteine zurücktreten. Sie kommen erst in Gegenden zur Herrschaft, die außerhalb des Rahmens dieser Untersuchungen liegen. Als vermittelndes Bauelement zwischen den beiden Gebieten finden sich Bildungen des Grundgebirges, die in größerer Ausdehnung zwar nur in der mittleren Zone von Guatemala begegnen, die aber doch auch der südlichen Region nicht fremd sind. Nur daß sie in dieser weit zerstreut und vereinzelt angeordnet sind.

1. Das Grundgebirge.

Die kristallinen Gesteine, die sich aus der Sierra Madre in Chiapas nach Guatemala fortsetzen, haben dank den petrographischen Untersuchungen durch E. Becksmann eine genauere Gliederung erfahren.[10]) Im Gegensatz zu den dortigen Verhältnissen nehmen in Guatemala die metamorphen Gesteine an Verbreitung zu, die nichtmetamorphen dagegen ab. Treten erstere in den westlichen Teilen des zentralen Kettengebirges ähnlich wie in der Sierra Madre fetzenhaft auf (Rio Aguas Calientes südlich Tectitán; Südseite des Cuilco-Tales; Saleguá-Tal bei San Sebastián), und zwar im Bereiche nichtmetamorpher Gesteine, so entwickeln sie sich zu einer selbständigen zusammenhängenden Zone, die etwas westlich von Malacatancito beginnend sich ununterbrochen bis ans Meer bei Santo Tomas erstreckt. Von ihr zweigt sich eine weitere Zone südlich des Motagua-Tales ab, die am Rio Pixcayá beginnt und sich nicht ganz so geschlossen wie die erstere bis an die Küste bei Puerto Cortez-Omoa hinzieht.

Außerhalb dieser beiden Längszonen finden sich metamorphe kristalline Gesteine in kleinerer Verbreitung im Polochíc-Tal und in Südguatemala lokal bei Jutiapa sowie in den Altos am Rio San Cristobal (Rio Sija) zwischen den Siedlungen von Sija und San Cristobal. Interessant ist das beschränkte Auftreten von Injektionsgneis in vulkanischen Lockermassen bei San Carlos Sija.

Diese metamorphen Gesteine bestehen, wie schon Sapper näher ausgeführt hat[11]), aus Gneisen, Phylliten und Glimmerschiefern, zu denen sich in der Sierra de Chuacús südlich von Salamá kristalline Kalke gesellen. Die Gneise zeigen überall eine stark gestörte Lagerung, bisweilen beobachtete ich Fältelung (in dem niedrigen Gneiszug bei Malacantancito). Streichen und Fallen wechseln auf kleinem Raume. Die Glimmerschiefer erreichen ihre größte Verbreitung in der Sierra de Chuacús und, nach den Geröllen zu urteilen, in der Sierra de las Minas. Sie sind oft durch ihre großen Glimmerblättchen ausgezeichnet (Biotit und Muskovit) und führen gelegentlich Granat (östlich von Joyabáj). Nördlich des Passes von El Chol stehen beim Abstieg gegen Rabinal zuoberst Gneis, dann Glimmerschiefer mit zahlreichen Quarzschnüren und Bestandteilen von Graphit an. Mir ist nur an dieser Stelle sein Auftreten bekannt geworden. Bergkristall findet sich in der Sierra de Chuacús südwestlich der Paßhöhe von Cubulco gegen Chocaquíl zu. Kalkglimmerschiefer steht bei

Malacatancito an; bei Santa Rosa Chiriyuyú findet sich stellenweise Gneis in Glimmerschiefer eingebettet.

Phyllite begegnen in größerer Verbreitung außer an den von Sapper angeführten Punkten im Umkreis des Cerro San Gil. Dort lagern sie nicht nur im Süden und Südwesten dieses Gebirges, sondern greifen auch im Nordwesten um dieses herum. Die von Sapper in seine geologische Karte eingetragenen Serpentine in diesem Gebiet sind in der angegebenen Ausdehnung nicht vorhanden. Denn bei meiner Durchquerung des Gebirges traf ich unmittelbar nach der flachen Alluvial- und Tertiärzone auf Phyllite, die auch den nordöstlichen Abschnitt der Montaña del Mico zusammensetzen und von hier aus den Cerro San Gil umklammern. Auch der Höhenzug nördlich von Rabinal besteht teilweise aus Phyllit (bei Xeococ).

Kristalline Kalke sind vor allem im Verband von Glimmerschiefern südlich von Salamá und Rabinal vorhanden, wo sie niedrige kuppige Hügelzüge bilden. Ihre Farbe ist dunkelgrau. In ihrer Umgebung fällt das Auftieten von chloritisierten und epidotisierten Glimmerschiefern auf (südwestlich von Salamá).

Nahe dabei zieht sich die mächtige Zone von Serpentinen hin, die im einzelnen schon Dollfus und Montserrat, allerdings als Talk- und Chloritschiefer beschrieben haben[12]). Es handelt sich jedoch um Serpentin, der durch Druck geschiefert ist.

Durch meine Reisen in den Altos Cuchumatanes ist ein weiteres Vorkommen metamorpher Gesteine im Nordwesten der Republik bekannt geworden. Soweit ersichtlich, hatte Sapper zuerst in diesem Gebiete und zwar in den Flüssen von Nentón und Catarina im westlichen Vorlande Gerölle von archäischen Gesteinen gefunden, ohne ihre Herkunft kennen gelernt zu haben[13]). Ich traf 1926 bei der Begehung der östlichen Cuchumatanes auf das Anstehende dieser Gesteine. Folgt man dem Rio Quisíl, der später Rio Naranjo heißt, von San José de las Flores abwärts, wobei man einige tief eingeschnittene Seitentäler passiert, die die Nordabdachung des Cerro Tzumal zergliedern, so stößt man nördlich des Baches Poxláj, nachdem der einsame Rancho von Naranjo berührt worden ist, auf steile gratartige Sporne, die sich zum Tal des Rio Naranjo erstrecken. Wo Bacheinschnitte in ihnen vorhanden sind, findet sich anstehend, aber stark zersetzt kristallines Gestein, das ich für Glimmerschiefer halten möchte. Je weiter nach Norden und Nordosten der Urwaldpfad führt, um so mehr nehmen die Höhen der Rücken und Riedel ab und um so tiefer eingeschnitten sind die Bachtäler. Dort steht dann an den Bächen Saniclàj (1780 m) und Cuxlàj (1080 m) Amphibolit an, ein dunkelgrünes, äußerst hartes Gestein, das die felsigen Betten dieser Bäche bildet. Da an den Hängen und auf den Riedeln zwischen diesen Rinnsalen unberührter Urwald steht, ist die Ausdehnung dieser Gesteine nicht festzustellen. Wenn man in den höheren Partien auf die Betten kleiner Nebenbäche stößt, so zeigt sich hier das Gestein wieder so sehr zersetzt, daß seine genauere Bestimmung nicht möglich ist. Immerhin fand ich noch Amphibolit anstehend bei dem Rancho Yulchàj, der auf der Höhe des letzten Talspornes vor Palo Grande liegt (1530 m). Nimmt man den Ort des ersten Antreffens des Kristallinen hinzu, der bei 1960 m lag, so ergibt sich immerhin eine Mächtigkeit des Kristallinen hier von rd. 900 m. Ich habe in den östlichen Tälern im Flußgebiet des Rio Xacbál, die die östliche Umrahmung des Cerro Tzumal darstellen, noch tiefere Talrinnen angetroffen (bis 930 m), aber dort nirgends mehr Kristallines beobachtet, so daß das Auftreten im Norden dieses Berges isoliert scheinen möchte. Auch die Gerölle aus vielen anderen Flüssen und Bächen der Cuchumatanes haben nirgends Kristallines gezeigt. Nehmen wir aber die Angabe von Manó, wonach Kristallines am Südhang der Cuchumatanes bei Aguacatán ansteht, und die von Sapper für die westlichen Flüsse zusammen, so ergibt sich, daß wir als Sockel des Gebirges das Kristalline anzunehmen haben. Interessant ist in diesem Zusammenhang darauf hinzuweisen, daß auch von Waibel an einer Stelle in der Sierra Madre von Chiapas Amphibolit angetroffen wurde[14]) und daß Böse ein gleiches Vorkommen aus der westlichen Sierra Madre de Chiapas erwähnt hat[15]). Es sei nicht unterlassen darauf hinzuweisen, daß bei dem Ausbruch des Santa Maria-Vulkans im Jahre 1902 größere Mengen von Amphibolit bei sehr spärlichen Trümmern von Glimmerschiefern gefördert wurden, die einen deutlichen Hinweis auf das Vorhandensein des Kristallinen im Untergrund zumindest dieses einen Vulkans an der Küstenabdachung geben[16]). Die Verhältnisse in den Cuchumatanes sind kartographisch bereits an anderer Stelle veröffentlicht worden[17]).

Die nichtmetamorphen kristallinen Gesteine werden vornehmlich durch Granite dargestellt, die in der Sierra Madre von Chiapas wohl ihre größte Verbreitung besitzen. In Guatemala treten sie zurück. Als zusammenhängende Zone begleiten sie von Chiapas her den zentralen Kettenzug, der sich im Süden des Cuilco- und Saleguá-Tales zum Rio Negro erstreckt. Sie ziehen sich am Nordabfall der Sierra de las Minas hin, wo ihre östliche Begrenzung noch nicht festgestellt ist. In einer zweiten südlichen Zone sind sie in dem Kettenzug angeordnet, der das Motagua-Tal im Süden begrenzt und der sich in die Sierra del Espíritu Santo weiter fortsetzt. Noch weiter südlich, also schon in der Region der vulkanischen Provinz von Guatemala sind Granitvorkommen in lokaler Verbreitung bekannt geworden (s. die geologische Karte von Sapper[18]). Sie sind jedoch häufiger als dort angegeben. Ist dort das Auftreten östlich von Sibinal richtig vermerkt, so muß ein weiteres ausgedehntes Vorkommen bei **Huitán** und Cabricán nunmehr nachgetragen werden. Hat man von San Carlos Sija kommend in nordwestlicher Richtung die Paßhöhe gegen Huitán, die aus Andesit besteht, überschritten, so gelangt man unmittelbar beim Abstieg nach Nordwesten zuerst in ungeschichtete vulkanische Tuffe, dann in Granit, der die flache, von den Quellbächen des Rio Comitancillo durchflossene Senke erfüllt. Er steht noch im Tal des Rio Comitancillo an (unterhalb von Cabricán) und findet sich auch noch nordöstlich des Dorfes bis zu einem Höhenzug, der hier nach dem Hauptgipfel die Sierra de Tuichámen genannt sei. Hat man die leicht gewellte Fläche überschritten und sich der Südflanke des Tuichámen genähert, so findet sich hier an den Granit anschließend Kalk, während die bewaldete Kuppe des Tuichámen selbst aus Andesit besteht. Die genaue geologische Grenze zwischen Granit und Andesit läßt sich mangels jedes Aufschlusses nicht feststellen, doch dürfte die Mächtigkeit des Andesits dort nicht 100 m übersteigen. Am Südhang des Tuichámen steht nämlich Granit noch in 2750 m Höhe an, während der Gipfel des Tuichámen 2860 m erreicht. Die Geländegestaltung spricht dafür, daß sich der Granit noch weiter östlich an diesem Höhenzug entlang fortsetzt. In diesem Zusammenhang mag darauf hingewiesen sein, daß Gerölle des Quellbaches des Rio Comitancillo, die aus diesem östlichen Gebiet stammen, Dazite zeigen, so daß vermutlich in diesem Abschnitt des Tuichámen-Zuges über Granit dieses Gestein lagert. Im Süden reicht der Granit über Huitán hinaus. Man findet ihn anstehend im Tal des Rio de las Barranquillas und auf den Höhen, die es von der Senke bei Sibilia trennen. Auf ihnen bildet der Granit eine Verebnungsfläche, die leicht ansteigend in Andesit überleitet. Auch dort ist die geologische Grenze im Gelände nicht näher festzustellen. Sie dürfte aber nahe der Paßhöhe von Sibilia liegen. Es geht also daraus hervor, daß die Granitzone im Süden von Cuilco-Huehuetenango weiter in das vulkanische Gebiet vorgreift, als bisher angenommen wurde.

Bleiben wir bei diesem Höhenzug des Tuichámen, der sich östlich in den Zug von Calél fortsetzt (Cerro Calél 3296 m), so ergeben sich im O dieser Erhebung weitere Anzeichen dafür, daß auch dort eine granitische Unterlage der jungeruptiven Massen vorhanden ist. In den flachen Quellmulden des Rio Pacarnate, eines der Quellflüsse des Rio Negro, fand ich nämlich kurz vor dem flachen Wiesenplan von Paloguá in den Bachgeröllen Granit, der neben Andesit allein diese zusammensetzte, so daß kein Zweifel daran besteht, daß auch hier unter einer wenig mächtigen Andesitdecke Granit ansteht. Die Mächtigkeit der letzteren dürfte 50 m nicht überschreiten. Aus der Gegend von San Carlos Sija stammen Proben von Biotitgranit, die Sapper 1923 sammelte.

Weiter südlich in dieser Gegend vorgeschoben tritt Granit im Tale des Rio Sija (R. San Cristobal) lokal auf, hier in Verbindung mit Kalk und kristallinen Gesteinen, wie die Sapper'sche Karte angibt. Bei letzteren liegt die Vermutung nahe, daß es sich um Übergänge von Granit in Gneis handelt, wie sie mir auch von andern Orten her bekannt geworden sind (z. B. Finca Porvenir am Fuß des Vulkans Tajumulco).

Granite scheinen auch am Aufbau des Gebietes westlich von Tejutla beteiligt zu sein, wo sie nämlich eine deutlich hervortretende Verebnungsfläche bilden dürften, die in gleichem Niveau wie die Verebnung bei Huitán-Sibinal liegt und deutlich gegen die höheren Andesitflächen abgesetzt ist. Eine genauere Untersuchung dieses Gebietes am oberen Rio Cuilco steht noch aus.

Fleckenhaft sind die übrigen bisher bekannten Vorkommnisse im Gebiet der jungvulkanischen Massengebirge von Südguatemala. Zeigt sich an der Landesgrenze beim V. Tacaná noch Granit in beträchtlicher Ausdehnung als Sockel des Berges, so verschwindet er am Rio Suchiate unter den jungvulkanischen Ergüssen. Ich fand ihn wieder am Fuß des V. Tajumulco bei der Finca El Porvenir. In einer Bachschlucht im Nordosten der Niederlassung, in der eine ergiebige Quelle hervorsprudelt, beobachtet man unter einer 2 m mächtigen Aschenschicht Granit, der in Gneisgranit mit zahlreichem Biotit übergeht und von Mikropegmatit begleitet ist. Abwärts gegen den Küstenabfall zu setzt sich der Granit fast bis zur Nachbarfinca Colima fort. Er ist an Aufschlüssen des Weges gelegentlich bis zu 6 m Tiefe zersetzt. Die zu verfolgende Ausdehnung des Granits reicht von einer Meereshöhe von 1100 bis 800 m herab, wo er von Wald und Kulturland bedeckt, bei meiner Anwesenheit keine weiteren Aufschlüsse zeigte.

Ohne hier nochmals auf die von Sapper schon angemerkten Vorkommen im Bereich der Vulkane einzugehen, zu denen auch die Gegend von Cantél gehört, sei besonders auf das Granitvorkommen am Atitlán-See hingewiesen. Schon Sapper zeichnete am Nordufer zwischen der Mündung des Rio Quixcáp und San Marcos Granit in seine Karte ein. Aber auch das Westufer selbst zeigt dieses Gestein. Es bildet den steilen Abfall der auffallenden Tafel von Santa Clara und trägt eine Decke von Andesit. Der unmittelbar über dem See sich erhebende kegelförmige Cerro Cristalino besteht ebenfalls aus Granit mit einer Andesitspitze.

Vorzüglich ist hier die Mächtigkeit des Granits und der Andesitdecke aufgeschlossen. Erstere beträgt vom Seespiegel gerechnet 240 m, letztere 280 m. Interessant ist, daß Sapper im Tal des Rio Nahualate und vorher bei La Reforma (1890 m), also im W der Hochfläche von Santa Clara, ebenfalls Granit fand[19]), so daß hier die Granitunterlage der Andesitdecke in größerem Umfang nachgewiesen ist, zumal sie auch östlich der Atitlán-Vulkane hervortritt. Sie taucht dort unter vulkanischen Lockermassen etwa 1 km südlich der Finca S. Tomás in rd. 1200 m Meereshöhe auf und ist längs des Weges ca. 1 km weit zu verfolgen, wo der Granit in ca. 1100 m Seehöhe wieder von jungen Aufschüttungen überlagert ist. Weiter im O ist das einzig bedeutendere Vorkommen innerhalb der Vulkanprovinz dasjenige südlich von Mataquescuintla, während kleinere Reste am Cerro Redondo und V. Culma erwähnt werden [20]). Schon früher ist darauf hingewiesen worden, daß die Granite in einer hellen und einer rötlichen Varietät ausgebildet sind, von denen erstere in den südlichen Gebieten von Guatemala die herrschende ist, während letztere auf vereinzelte kleinere Vorkommen im Bereich der zentralen Ketten beschränkt ist[21]). Bei La Magdalena handelt es sich um einen Hornblendegranit.

An einigen Stellen durchziehen Aplitgänge die Granite, so besonders zahlreich am Westufer des Atitlán-Sees, wo sie an der Basis des Cerro Cristalino gut aufgeschlossen sind. Ferner beobachtet man solche auf der Hochfläche nördlich von Tajumulco-Dorf und südlich des Dorfes El Chol in der Sierra de Chuacús. Diorite treten wie in Chiapas gegen die Granite zurück. Außer den bei Sapper angegebenen Vorkommen[22]) ist hier hinzuzufügen, daß unterhalb von Tectitán beim Abstieg in das Tal des Rio Aguas Calientes mit Granit verbunden Granodiorit auftritt. Durch Waibel sind einige gleiche Vorkommen in der Sierra Madre von Chiapas nachgewiesen worden. In anderen Teilen von Guatemala bin ich ihm wieder begegnet bei San José im Tal des Rio Chixoy, wo er am Fuß der hohen nördlichen Talwand ansteht. Bei einem lokalen Fund von Diorit bei La Magdalena im Taleinschnitt des Rio Pajaritos mag es sich um verstürztes Material oder um Gänge handeln. Einen kleinen Dioritgang zeigt auch der Granit am Cerro Cristalino (Atitlán See). Dioritgänge sind scheinbar auch in dem Gebirge nördlich von Estor am Izabál See vorhanden, da ich Proben eines feinkörnigen Diorits mit zum Teil chloritisierter Hornblende in den dortigen Bächen fand.

2. Die paläozoischen Bildungen.

Sie umfassen die von Sapper nach dem Vorbild von Dollfus und Montserrat bezeichneten Santa-Rosa-Schichten, für deren obere Abteilung ein karbonisches Alter feststand. Mit ihnen verbunden sind dunkelgraue bis blaugraue Kalke, die auf Grund der enthaltenen Fossilien bisher ebenfalls als Karbon angesehen wurden. Sie lagern meist den aus Grauwacken, rot-violetten Sandsteinen, Puddingsteinen und Konglomeraten bestehenden Santa Rosa-Schichten auf, sind aber auch in Schichtpaketen zwischen Tonschiefern eingeschaltet.

Die Altersbestimmung dieser mächtigen und in Guatemala weitverbreiteten Schichtenreihe beruhte bis jetzt auf den von Sapper gesammelten und in den 90er Jahren des vorigen Jahrhunderts bestimmten Fossilien. In allerjüngster Zeit hat Charles Schuchert in New Haven eine erneute Prüfung der Versteinerungen vorgenommen und kommt zu dem Schluß, daß sie dem Perm zuzuschreiben sind. Karbon ist nach ihm in Guatemala überhaupt nicht nachgewiesen. Ich verdanke diese Angaben einer freundlichen Mitteilung von Herrn Schuchert, der in Kürze seine Untersuchungen veröffentlichen wird. Treffen die Altersbestimmungen von Schuchert zu, dann müssen die Santa Rosa-Schichten und die dunklen Kalke ins Perm datiert werden. Damit wäre im nördlichen Mittelamerika nur das jüngste Paläozoikum vertreten.

Ein großer Nachteil in der geologischen Altersbestimmung der sedimentären Gebirge in Guatemala ist der oft betonte mangelhafte Erhaltungszustand der Fossilien des Paläozoikums. Waibel hat wohl zuerst in der Öffentlichkeit darauf hingewiesen[23]), daß als äußerliches Unterscheidungsmerkmal der Habitus des Kalkes heranzuziehen wäre, insofern die älteren paläozoischen Kalke dunkelgrau und kristallin, die jüngeren, mesozoischen hellgrau bis weiß erscheinen. Dieser Unterschied besteht auch in Guatemala zurecht, wo sich besonders im Nordwesten schwierige Lagerungsverhältnisse dieser beiden Kalkvorkommen ergeben. Es seien hier die Verhältnisse einiger Punkte in Guatemala besonders hervorgehoben.

a) Die Sierra de Atitlán.

Nach der Karte von Sapper handelt es sich bei diesem zwischen den Flüssen Huista und Saleguá gelegenen Gebirge um Santa Rosa-Schichten und Karbon-(bzw. Perm-)Kalke, und zwar lagern letztere auf den ersteren. Sie bilden verhältnismäßig schmale Rücken, so südlich Necta und nordöstlich San Ildefonso, die von Westnordwesten nach Ostsüdosten streichen. Auch nördlich von Necta ragt ein solcher kurzer Zug auf. Die Lagerung ist in diesem Gebiet insofern verwickelt, als dieselben dunklen Kalke auch in der Tiefe des Saleguá-Tals anstehen, wie sie auch den Nordabhang des Cuilco-Tals begleiten.

Bleiben wir zunächst in diesem Gebiet, das nur eine Fortsetzung der Sierra de Atitlán ist, so wird diese untere Kalkzone etwa in halber Höhe der Sierra de Cuilco, wie dieser im Cerro Boquerón mit über 3000 m gipfelnde Gebirgszug heißt, nach oben von einer breiten Gehängeterrasse begrenzt. Über ihr steigt mit steilem Böschungswinkel das Gehänge abermals an, und der Augenschein lehrt, daß die Formen des Gebirgsrückens hier wieder Kalke vermuten lassen. Ich habe das Gelände von Cuilco aus nur bis zum Weiler San Juan begehen können, der auf einer der Flußterrassen liegt. Aber aus den Mitteilungen des Ingenieurkorps der internationalen Eisenbahnkommission, deren eine Abteilung den Weg von Cuilco über Chiquihuíl nach Oaxaqueño aufnahm, läßt sich entnehmen, daß unterhalb von Chiquihuíl eine wenig mächtige Lage von rotem Sandstein ansteht, über dem Dolomite folgen sollen. Wenn auch die geologischen Angaben dieses Reports nur unter Vorbehalten betrachtet werden müssen, so ist doch immerhin die Beobachtung des roten Sandsteins von Wichtigkeit[24]). Auf ihn darf die erwähnte Hangterrasse zurückgeführt werden.

Diese Beobachtung einer Einschaltung von rotem Sandstein hat nur für die Sierra de Cuilco Gültigkeit. In der Sierra de Atitlán fehlt dieser. Vielmehr bewegen wir uns von Cuilco talaufwärts folgend auf dem nördlichen Ufer des Cuilco-Flusses stets in Karbon- bzw. Permkalken. Erst nordöstl. von San Ildefonso trifft man beim Abstieg zum Rio Saleguá auf Tonschiefer, die in dem Seitental auf dem linken Ufer anstehen, während auf dem rechten Karbon- bezw. Permkalke das Anstehende bilden. Steigt man auf dem Nordufer des Rio Saleguá den Steilhang empor, so bewegt man sich durch Tonschiefer und trifft auf der Paßhöhe in 2010 m wieder auf Kalk, der durchaus den Habitus des Karbon- bezw. Permkalkes in der Tiefe des Saleguá-Tales besitzt. Es handelt sich nur um ein schmales Band. Denn alsbald nach dem Paß beim Abstieg ins Tal des Rio Chimaltenango trifft man bis zur Talsohle (1720 m) nur auf Santa Rosa-Schichten, deren Lagerung wegen Fehlens von Aufschlüssen unklar bleibt. Und diese Schichten setzen auch das Gebirge zusammen, das man nach Necta zu überquert. Man sieht nur, wie sich dort ein kurzer Kalkzug in südöstlicher Richtung über den Santa Rosa-Schichten entlang zieht, und trifft vor dem Dorf auf ein schmales Kalkband, danach auf Grauwacke. Nördlich von Necta bleiben Santa Rosa-Schichten weiterhin anstehend, bis man in rd. 1900 m Höhe auf einen schmalen Kalkzug stößt, der sich nach W zum Saleguá-Tal verfolgen läßt. Die Kalke, in denen ich keine Versteinerungen finden konnte, zeigen sich als massiges dunkelblaues Gestein, also wieder gleich den Karbon- bezw. Permkalken und deutlich unterschieden von den hellen mesozoischen Kalken der Cuchumatanes. Die Paßhöhe selbst in 2320 m, die die Wasserscheide zwischen Saleguá und Rio Huista bildet, zeigt noch Kalk, dann aber findet man bald wieder Tonschiefer, und diese im Wechsel mit dunklen, violettroten Sandsteinen begleiten den übrigen Pfad gegen NNW zu. Bei meinem Lager, das ich an einem gegen NNO zu sich hinziehenden Tälchen aufgeschlagen hatte, standen noch stark verwitterte Tonschiefer an. Kurz danach etwa ½ km entfernt, begannen die Todos Santos-Schichten mit ihrem Wechsel von Mergeln, Sandsteinen und Kalkbänken, die nun im Bereich des Huista-Tals die allein herrschende Formation bilden. Wie die Lagerung der Todos Santos-Schichten zu den Santa Rosa-Schichten an dieser Stelle ist, ließ sich bei der dichten Walddecke nicht erkennen. Ich vermute, daß hier eine schon von Sapper bemerkte Verwerfung gegen NW streicht, der der Rio Huista folgt. Sie liegt nur an meinem Wege etwas südlicher als es die Karte von Sapper angibt. Jedenfalls ergibt sich, daß wir die Santa Rosa-Schichten im N von Necta in größerer Ausdehnung anzunehmen haben, als bisher geschehen. Die Karbon- bezw. Permkalke bilden an den von mir beobachteten Stellen das Hangende der Santa Rosa-Schichten, sind auch zum Teil als schmale Bänke ihren oberen Partien eingelagert, was besonders südlich von Todos Santos beim Aufstieg zur Sierra de Atitlán zu beobachten ist, auch bei San Ildefonso vorkommt. Bei der Mündung des Rio San Ildefonso in den Rio Saleguá scheinen Verwerfungen den Anlaß gegeben zu haben, daß auf der nördlichen Talseite des Saleguá Tonschiefer der Santa Rosa-Schichten, auf der südlichen Karbon- bezw.

Permkalke anstehen. Ebenso scheint das untere Laufstück des Rio San Ildefonso einer Verwerfung zu folgen, da man auch dort auf dem rechten östlichen Ufer Karbonkalke, auf dem linken westlichen Tonschiefer beobachtet.

b) Die Altos Cuchumatanes.

Paläozoische Kalke treten weiterhin längs einer schmalen Zone am Südabfall der Cuchumatanes auf, wo durch Fossilfunde ihr Alter bisher als Karbon festgestellt wurde (nach Ch. Schuchert jetzt permisch). Farbe und Kristallinität sind die gleichen wie bei den Kalken in der Sierra de Atitlán. Bei La Magdalena finden sich mitunter auch Kalkbrekzien und Mergel eingeschaltet, denen man ebenfalls bei Cunén begegnet.

Schwierig festzustellen ist in diesem Gebiet und besonders in den Cuchumatanes die gegenseitige Lagerung der dunklen paläozoischen zu den hellen Hochflächenkalken mesozoischen Alters (Ixcoy-Kalke), zumal an dem Südabfall des Gebirges bedeutende tektonische Bewegungen stattgefunden haben. Durch Sapper sind schon die geologischen Verhältnisse dieser Gegend der Cuchumatanes nördlich von Chiantla erkannt worden, der durch Fossilfunde Santa Rosa-Schichten und Karbonkalke nachwies[25]). Die Kalke am Fuß der Cuesta von Chiantla sind graublau, löcherig und stimmen hierin wie in ihrem Fossilinhalt mit den Kalken unterhalb der Paßhöhe überein. Durch eine Verwerfung dürften die Lagerungsverhältnisse dieser Kalke in der Höhe und am Fuß der Cuesta erklärt sein. Wandert man aber auf der Hochfläche von Chancól gegen Quisíl, so schaltet sich auch auf diesem im O von Sappers Wegen gelegenen Pfad ein Streifen von mesozoischen Todos Santos-Schichten ein, auf die die hellen Ixcoy-Kalke folgen. Sie bleiben dann in den übrigen Cuchumatanes die herrschenden.

Haben wir also bei der Cuesta von Chiantla sicher helle jüngere Kalke auf der Paßhöhe (3230 m), die das Hangende der Santa Rosa-Schichten bilden, so ergibt sich eine ähnliche, wenn auch weniger eindeutige Lagerung bei dem Abfall der Cuchumatanes zwischen Aguacatán und Pichiquíl, ein Abschnitt, der nach der wichtigen Paßhöhe von Nebáj als die Cuesta de Chilimatón bezeichnet sein mag. Bei Aguacatán westlich streicht am Fuß der Cuchumatanes das schon bei Chiantla sichtbare Band von Serpentin entlang, das bei einer den ganzen Abhang durchziehenden Schlucht endet. An dieser steht Kalk an, in dem ich keine Fossilien fand, der aber als dunkler, kristalliner

Kalk in die Gruppe der paläozoischen Kalke gehört. Die bedeutende Riesenquelle des Rio San Juan strömt aus diesem Kalk hervor. Weiter östlich, da wo der Pfad von Aguacatán das Gebirge zur Cumbre de Chilimatón emporführt, stehen stark verwitterte Tonschiefer an (am Schulgebäude von Rio Blanco), die möglicherweise auch Phyllite sein könnten. Unter Schutt verdeckt, sah ich sie weiter oberhalb nochmals in 1870 m Höhe, d. h. rd. 230 m oberhalb von Aguacatán. Bei 2100 m erreicht man einen breiten Absatz, auf dem die Hütten des Weilers Las Majadas neben einem kleinen Teich liegen. Allenthalben sind Kalkfelsen über das Gelände verstreut und Kalk steht auch südlich des Weilers an. Nördlich erhebt sich der Steilabfall des Gebirges, der aus Kalk besteht, rd. 400 m hoch. Diese Kalke fand ich zunächst dunkel gefärbt und körnig, weiter aufwärts zur Paßhöhe von Chilimatón zu werden sie von einer tonigen Verwitterungserde verhüllt. Man erkennt aber aus der Ferne, daß die im W des Passes hervortretenden Kalkwände durch ihre helle Farbe auffallen, so daß ich sie in die jüngeren hellen Kalke einreihe.

Ich habe dort den Eindruck gewonnen, daß die jüngeren Kalke auf den älteren auflagern, die ihrerseits wieder das Hangende der Santa Rosa-Schichten bilden. Denn Kristallines habe ich bei Rio Blanco nicht beobachtet, da die verwitterten Gesteine doch eher Tonschiefer als Phyllite sind. Wenn Manó und nach seinen Angaben Sapper dort ein Vorkommen von Kristallinem verzeichneten, so reicht es sicher nicht so weit nach W bis an den Pfad nach Las Majadas, falls es überhaupt vorhanden ist. Sapper, der 1923 den Pfad entlang geritten war, konnte ebenfalls dort Kristallines nicht feststellen, so daß es angebracht ist, das Kristalline hier aufzugeben.

Am Norden des Höhenzuges von Chilimatón senkt sich das Gebirge zur Mulde von Nebáj, in der vulkanische Lockermassen das Anstehende verdecken. Folgt man dem Wege nordwestlich zur tiefen Talrinne des Rio Chel, so tritt hier als breiter Hangabsatz die Mergelzone der Todos Santos-Schichten heraus, auf der die Aldea Tzalvál liegt. Über ihr erhebt sich der Kalkzug, den wir bereits oberhalb von Las Majadas kennen gelernt haben und der nach diesen Lagerungsverhältnissen zu urteilen nur den jüngeren Hochflächen-Kalken (Ixcoy-Kalken) angehören kann. Er leitet auch in die Kalkhochfläche von Chancól über.

Zu den paläozoischen Bildungen in den Cuchumatanes gehören außer den genannten Santa Rosa-Schichten und Karbon- bezw. Permkalken dunkle Tonschiefer, die ich in Guatemala nur in diesem Gebiet angetroffen habe und die bis dahin noch nicht beobachtet worden waren. Sie finden sich nördlich von Santa Eulalia, wo sie den nördlichen Hang des Yulaixcáb bis zum Yulachú begleiten; sie treten in den südlichen Seitentälern des Rio Naranjo auf, begegnen auf der Südseite des Tales von Las Perlas-Chamác, am Rio Tzotzil und endlich ist das Tal des Rio Chel-Xacbál zumindest von der Brücke unterhalb von Salquíl Grande bis zur Brücke zwischen Las Perlas-Chajúl in diesen Schiefern angelegt. Sie zeigen stellenweise das Aussehen von dunklen Dachschiefern. In ihnen fand ich zwischen Rio Paijilá und Yulachú als Fossil einen Farn, der nach Bestimmung durch Herrn Prof. Dr. Hirmer in München als Pecopteris (Asterotheca) cyathea Schlotheimi anzusprechen und der nach freundlicher Mitteilung von Herrn Prof. Dr. Gothan in Berlin dem unteren Perm zuzuweisen ist. Damit ist der Nachweis erbracht, daß sich in den inneren Cuchumatanes als oberstes Glied des Paläzoikums permische Bildungen vorfinden, die sich nunmehr gut in das von Ch. Schuchert erschlossenen Perm einreihen lassen. Interessant ist auch eine briefliche Mitteilung von Herrn Dr. Müllerried, wonach er Perm in Chiapas angetroffen hat.

c) Das Gebirge der Sierra de las Minas, der Montaña del Mico und des Cerro San Gil.

Die paläozoischen Vorkommen in diesen Gebieten beschränken sich nach unserer bisherigen Kenntnis auf Kalke. Sie finden sich am Nordhang der Sierra de las Minas, wo sie mit mächtigen Steilabfällen zum Polochictal abstürzen, dürften aber, nach den Gipfelformen zu schließen, auch im Innern der östlichen Teile dieses immer noch unbekannten Gebirges vorhanden sein. Ferner waren sie schon bekannt von den Ausläufern des Cerro San Gil an der Bucht von Santo Tomás, wo sie K. Sapper und Sidney Powers beschrieben haben[26]). Ich habe sie dann im Oberlauf des Rio San Marcos, also im W des Hauptzuges des San Gil gefunden und sie als niedrigen Höhenzug zwischen der Senke des Rio San Francisco del Mar und des Motaguatals festgestellt. Diese Kalke sind dunkel oder graublau gefärbt, hart kristallin und voll von Krinoidenstielgliedern. Alle Anzeichen sprechen dafür, daß sie auch die Gipfelpartien des San Gil zusammensetzen. In dem Gebiet des Rio San Marcos lagern sie auf kristallinen Gesteinen auf, die hier durchweg von zersetzten Phylliten gebildet werden. Im Rio Carbonera aber finden sich vereinzelt Gerölle eines äußerst feinkörnigen Quarzits. Da dieser Fluß am Nordabfall des San Gil entspringt, ist es möglich, daß sich zwischen Phylliten und Kalken dort Quarzite einschalten, die den Santa Rosa-Schichten angehören könnten.

3. Die mesozoischen Bildungen.

Ihre Verbreitung in Guatemala ist von Sapper beschrieben worden[27]). Ich habe sie auf meinen Reisen vornehmlich im NW der Republik kennen gelernt, da mein Aufenthalt in der östlichen Provinz bei Metapán zu kurz war, um dort eingehendere Studien zuzulassen. So soll im folgenden auch nur das erste Gebiet behandelt werden.

Petrographisch setzen sich die mesozoischen Sedimente zusammen aus Sandsteinen teils gröberen teils feineren Korns, wie es auch Waibel aus Chiapas beschreibt, die sich gegenüber den Santa Rosa-Sandsteinen durch ihr helleres Rot, auch durch gelbe Farbe, auszeichnen und öfters stark glimmerhaltig sind; aus bunten, teils violetten, teils grünlichen Mergeln, die in ihrer Farbe den Keupermergeln Deutschlands ähneln; in ihnen eingelagerten Gipsschichten (San Mateo Ixtatán, Rio Yulachú), Konglomeraten, Kalkbänken und Puddingsteinen. Die meist in den unteren Partien vorhandenen Sandsteine gehen in Quarzite über (Rio Naranjo, Tal Cajixác beim Weiler San José de las Flores). Vereinzelt treten in diesen Sandsteinen Schwerspatadern auf (Ixabáj, San José de las Flores). Reine Tonschiefer in den obersten Lagen, wie sie Waibel beschreibt[28]), habe ich in den Cuchumatanes nicht beobachtet. Die hier geschilderten Gesteine bilden zusammen die Formation der Todos Santos-Schichten, die nach den Feststellungen am Rio Yulaixcáb, Rio Yulachú, Rio Xacbál und Rio Chel, sowie wahrscheinlich in den südlichen Nebentälern am Rio Naranjo auf den permischen Schiefern diskordant lagern. Daß sie unmittelbar das Hangende der Karbon- bezw. Permkalke bilden, wie Waibel von Chiapas berichtet, ist in den Cuchumatanes nicht zu beobachten. Die Schichten fallen allgemein nach O, sind aber durch Brüche vielfach gestört, so daß sich in dem unübersichtlichen Gelände der östlichen Cuchumatanes die Lagerungsverhältnisse im einzelnen nicht immer deutlich erkennen lassen.

Das Alter der Todos Santos-Schichten ist genauer noch nicht feststellbar gewesen, woran der Mangel an Fossilien die Schuld trägt. Auch mir ist es nicht möglich gewesen, durch neue Funde zu einer genaueren Altersbestimmung beizutragen. Nach einer gelegentlichen brieflichen Äußerung von Dr. Müllerried in Mexico (vom 3. Juli 1929), von der mir Prof. Sapper Mitteilung machte, sollen in Chiapas die

Todos Santos-Schichten teils zum oberen Jura teils zur unteren Kreide gehören, wie ein Fund von Neocom-Fossilien bewiesen hätte. Anzeichen für jurassisches Alter sind aber aus Guatemala nicht bekannt geworden, so daß es immer noch angebracht erscheint, die Todos Santos-Formation als triassisch und unterkretazisch anzusehen. Denn die ihnen alters- bzw. entstehungsgleichen Metapan-Schichten in Honduras führen Neocom-Fossilien[29]). Ferner sind aus ihnen auch Versteinerungen der oberen Trias (Rhät) bekannt geworden[30]).

Die jüngeren mesozoischen Bildungen sind in Mittel- und besonders in Nordguatemala weit verbreitet, treten aber auch vereinzelt in Südguatemala unter einer jungeruptiven Decke zutage. Sie zeigen vorwiegend Kalke und Dolomite.

In den Altos Cuchumatanes lagern sich über den Todos Santos-Schichten graue, helle tonige Kalke, die den Weißkalken von Waibel in Chiapas entsprechen und die hier als „Ixcoy-Kalke“ bezeichnet sein mögen, zumal sie ihre größte geschlossene Verbreitung auf dem Hochplateau der westlichen Cuchumatanes besitzen. Sie finden sich in den östlichen Gebieten dieses Gebirges als Restberge (Cerro Tzumál, Cerro Salquíl) und setzen sich anscheinend an einer Verwerfung am Rio Putúl als Cobán-Kalke (Sapper) in die Alta Verapaz nach O fort. Diese Kalke sind oft löcherig, bergen zahlreiche Höhlen (Santa Eulalia, Zona Reina, Alta Verapaz) und Dolinen (z. B. Hochfläche der Cuchumatanes zwischen Chancól und Quisíl). Vielfach treten mit ihnen Dolomite auf. In den westlichen Cuchumatanes sind folgende Ausbildungsarten der Ixcoy-Kalke zu beobachten: ungeschichtete hellgraue, löcherige Kalke mit Dolinen (Hochfläche zwischen Rosario-Chancól und Quisíl); dichte stahlblaue Kalke und Dolomite mit eingelagerten tonigen Bänken (Südabhang des Quisíltales); hellgraue eisenschüssige Kalke mit Feuersteineinschlüssen, zum Teil bituminös, dazwischen Kalkbrekzien mit Hornsteineinschlüssen; zellige Kalke und Dolomite bei San Juan Ixcoy; Dolomite (bei Santa Eulalia). Am Gipfel des Cerro Yaxcalanté (2950 m) fand ich einen sehr feinkörnigen kristallin ausgebildeten Dolomit anstehend. Bei San Miguel Acatán sind in den Ixcoy-Kalken Bleiglanz- und Silberminen enthalten. Vor wenigen Jahren soll auch Kupfer in diesen Kalken nachgewiesen sein, doch habe ich eine Bestätigung dieser Nachricht nicht erhalten können.

Der Fossilinhalt der Ixcoy-Kalke ist dürftig, und die wenigen Funde zeigen so schlecht erhaltene Exemplare, daß ihre genauere Bestimmung nicht möglich ist. So hat Sapper auch seinen einzigen Fund auf dem Wege Ixcoy-Chemal, Rudisten, als fraglich hingestellt. Bei

Ixcoy selbst fand ich mehrfach Fossilien, die zu den Stromatoporen gehören dürften und somit als eindeutige Leitfossilien nur eine sehr untergeordnete Bedeutung haben. So bleibt nur das Verhältnis der Ixcoy-Kalke zu den benachbarten Kalkvorkommen als Kriterium zur Altersbestimmung übrig. In Chiapas sind zum größten Teil Kalke der mittleren und oberen Kreide vorhanden, die auch den NW des Cuchumatanes-Abfalls bilden. In der Alta Verapaz und ihrer westlichen Fortsetzung, der Zona Reina, gehören die Cobankalke sicher der Kreide, genauer vielleicht der unteren Kreide nach Sapper an. Da die Cobán-Kalke am Rio Putúl und die von E. Boese in Chiapas beschriebenen Kalke[31]) in ihren Eigentümlichkeiten durchaus den Ixcoy-Kalken gleichen, so darf wohl der Vermutung Raum gegeben werden, selbst wenn eindeutig hierfür keine Beweise vorhanden sind, daß diese Vorkommen einer und derselben Formation angehören, deren Alter in die mittlere und obere Kreide, vielleicht auch stellenweise in die untere Kreide verlegt werden kann.

In dem jungvulkanischen Massengebirge von Südguatemala sind vereinzelte Kalkvorkommen vorhanden, von denen schon Dollfus und Montserrat Kenntnis gegeben haben[32]). Weitere Örtlichkeiten hat Sapper auf seiner geologischen Karte (P. M. Erg. H. 127, 1899) eingetragen. Ferner habe ich noch folgende Punkte angetroffen:

1. ca. 1 km nordöstlich von Santa Apolonia (Dep. Chimaltenango), von wo sie sich ununterbrochen bis zu dem von Sapper bei San José Poaquíl vermerkten Vorkommen ausbreiten.

2. bei Chichabác, nördlich von Tecpán (Dep. Chimaltenango), wo sie unmittelbar bei der Hacienda gleichen Namens anstehen und auch nördlich davon in dem Tälchen des Baches Pachiaj, der dem Motagua tributär ist, vorhanden sind.

3. bei Cabricán (Dep. Quezaltenango), und zwar nördlich des Ortes am Cerro Tuichámen.

4. von mir nur durch Erfragen erkundet bei dem Weiler Hierba Santa nordwestlich von Tacaná an der mexikanischen Grenze*). Hier dürfte das am weitesten nach W gelagerte Auftreten dieser Kalke in Guatemala sein.

Verfolgt man diese Punkte von West- nach Ostguatemala, so reihen sie sich zonal ein. Die Hauptzone beginnt bei Tacaná und streicht bis San Francisco El Alto von NW nach SO. Dann wird das Streichen ein östliches. Denn diese Zone tritt bei Chichabác wieder hervor,

*) Die wenigen Hütten gehören zur Aldea Tuicoche.

läßt sich über Santa Apolonia und Poaquíl nach San Martín Jilotepeque nachweisen und findet eine Fortsetzung in dem Kalkgebiet von La Laguna-El Progreso (Guastatoya), um dann nochmals bei Camotán zu begegnen. Von hier aus streicht sie nach Westhonduras hinüber. In letzteren Abschnitten begleitet sie im Norden ein ausgedehntes Kalkvorkommen in der Sierra del Espírtiu Santo. Abseits dieser Zone verläuft ein südliches Band, das nur an wenigen verstreuten Punkten sichtbar wird. Ihm gehören die Kalke der Pedrera bei der Hauptstadt Guatemala und andere in den östlichen Landesteilen der Republik an. Bei Metapán am Nordufer des Güija-Sees scheint es zuletzt hervorzutreten, da andere Vorkommen aus Salvador nicht bekannt sind.

Die hier behandelten Kalke sind mit Ausnahme derjenigen in der Sierra del Espíritu Santo auf das jungvulkanische Gebiet von Südguatemala beschränkt. Sie sind im allgemeinen von heller Farbe, vielfach aber durch Kontaktmetamorphose ihrer vulkanischen Umgebung umgewandelt. Bei Cabricán durchsetzen sie die Andesitdecke und lehnen sich zum Teil an Granit an (s. S. 132). Sie sind kristallin, stellenweise zu reinem Marmor umgewandelt, zeigen viele Klüfte, so daß eine Schichtung nicht zu erkennen ist. Versteinerungen sind hier wie auch in den übrigen Vorkommen innerhalb des vulkanischen Gebirges sehr selten zu finden.

In Chichabáj bildet der Kalk eine runde, von einer dünnen Andesitkappe gekrönte Kuppe. Er ist hier an der Basis des Aufschlusses grusig-sandig zersetzt und enthält zahlreiche dunkle Beimengungen, so daß er stellenweise direkt schwarz gefärbt ist. Ein starker bituminöser Geruch ist ihm eigen. In den hangenden Partien wird er heller und ist kristallin ausgebildet.

Die übrigen genannten Vorkommen zeigen ebenfalls meist einen körnigen festen hellen Kalk, der oft tonhaltig ist. Eine Schichtung ist nirgends deutlich erkennbar, so auch nicht bei dem Vorkommen von Metapán, wo durch die Anlage der Eisenbahn Metapán—Chiquimula der Kalk gut aufgeschlossen ist. Nach Angaben von Einwohnern aus Metapán sollen nordamerikanische Geologen vor einiger Zeit dort gold- und silberhaltige Erze nachgewiesen haben.

Wenn diese Kalke unserer nördlichen Zone von Sapper der oberen Kreise zugerechnet wurden, so geschah es auf Grund einiger entsprechender Fossilien, die in den Departamentos Chimaltenango (San José Poaquíl) und Jalapa gefunden wurden[33]). Wir werden die übrigen Kalkvorkommen dieser Zone hier einreihen dürfen, wie ihnen vermutungsweise auch jene des Südens, Guatemala-Stadt bis Metapán, zuzurechnen sind. Bei letzteren besteht allerdings die Möglichkeit, daß sie noch den Metapán-Schichten zugehören. Die südliche Kordillere von Guatemala scheint somit, wenn auch nicht deutlich zusammenhängend, einen aus solchen Kreidekalken bestehenden Kern zu besitzen. Verfolgen wir diese von W nach O, so bemerken wir, wie die Meereshöhen, in denen die Kalke auftreten, sich gleichsinnig nach O abdachen:

bei Cabricán	2800 m
„ San Cristobal/San Francisco El Alto ca.	2400 m
„ Chichabác	2420 m
„ Santa Apolonia	2250 m
„ San José Poaquíl	1940 m
„ El Progreso	500 m
„ Pedrera bei Guatemala-Stadt	1500 m
„ Metapán	480 m

Allenthalben in West- und Südguatemala treten diese Kalke als Durchragungen bzw. durch Abtragung bloß gelegte Stücke des Untergrundes der jungvulkanischen Decken auf. Dagegen fehlen sie anscheinend dem Untergrund der rezenten Vulkanreihe am Abfall zur pazifischen Küste.

4. Die tertiären Bildungen.

Sie spielen in Mittel- und Südguatemala nur eine untergeordnete Rolle. In den von mir bereisten Gebieten können zwei weitere zu den vorher bekannten Vorkommen hinzugefügt werden. Bei dem ersten handelt es sich um das nordwestl. Vorland des Cerro San Gil, wo sich anstelle des von Sapper vermuteten Serpentins tertiäre Kalke ausbreiten und wo sich ähnlich, wie aus Yucatan und Britisch Honduras berichtet wird, massenhaft Flintknauern finden. Leider sind auch dort die Versteinerungen so schlecht erhalten, daß sie zu einer genaueren Altersbestimmung nicht verwertbar sind. Es wird später hierauf im einzelnen zurückzukommen sein.

Das zweite Vorkommen findet sich am Cerro Putúl im nördlichen Quichégebiet. Hier handelt es sich um brüchige, mit gelblichen Mergeln und dünnen Kalkbänken durchsetzte Sandsteine, die auf den Ixcoy- (Coban-)Kalken lagern. Ihr Streichen ist ein nordöstliches, sie fallen nach S ein. Die Meereshöhe des Passes, an dem sie anstehen, beträgt 1800 m. Es liegt hier ein Parallelvorkommen zu den kleinen Tertiärresten auf der westlichen Hochfläche der Cuchumatanes vor. die von Sapper mit den Sepurschichten gleichgesetzt wurden. Ebensowenig wie er vermochte ich am Putúl Versteinerungen in diesen Bildungen nachzuweisen.

5. Die vulkanischen Bildungen.

Die vulkanischen Ergußgesteine sind mehrfach petrographischen Untersuchungen unterzogen worden. Dollfus und Montserrat, dann vor allem Alfred Bergeat haben sich mit ihnen näher befaßt. während Teile des Materials, das Sapper 1923/24 in Südguatemala sammelte, von Eduard Fricke behandelt worden sind[34]). Andere der Sapper'schen Stücke wurden zusammen mit meinen Proben aus Süd- und Mittelguatemala von Herrn Josef Opielok im Geologisch-mineralogischen Institut zu Würzburg bearbeitet. Die unter dem Titel „Petrographische Untersuchungsergebnisse mittelamerikanischer Gesteine“ verfaßte Abhandlung ist jedoch nicht im Druck erschienen.

Die Ergußgesteine treten als ältere und jüngere in unserm Gebiet auf. Erstere zeigen ein beschränktes Vorkommen, meist in Form von Gängen, letztere dagegen bedecken weite Flächen in Südguatemala und sind an dem Aufbau der südlichen Kordillere fast ausschließlich beteiligt. Geographisch ist die Anordnung in großen Zügen so gestaltet. daß die älteren Ergußgesteine im Bereich der paläozoischen und mesozoischen Bildungen begegnen, während die jüngeren den Raum südlich der Motagua-Senke einnehmen sowie das westliche Guatemala erfüllen.

Wir setzen hier die Angaben von Sapper über die Verbreitung der einzelnen Gesteinstypen voraus[35]). Ihnen seien als Ergänzung eigene Beobachtungen hinzugefügt.

Porphyre fand ich in Geröllen des Rio Perla in den östlichen Cuchumatanes, eines kleinen Flusses, der an den Osthängen des Cerro Tzumal entspringt und fast genau östlich fließend in den Rio Xacbál mündet. Es handelt sich um einen Orthoklasporphyr, der zum Teil stärker zersetzt ist und dessen grüne Hornblende in Kalkspat umgewandelt ist (Opielok). Anstehend habe ich auf meinem Wege von Ilóm nach Chajúl dieses Gestein nicht getroffen. Es dürfte sich um Gänge handeln, die nach dem übrigen geologischen Befund dieser Gegend in den permischen Bildungen vorhanden sein müssen. Bemerkenswert an diesem Fund ist, daß aus Guatemala bisher quarzfreie Porphyre nur selten bekannt geworden sind. Sapper erwähnt nur einen Fund aus dem östlichen Guatemala zwischen Jocotán und Olopa.

Trachyte sind mir ebenfalls aus dem eben genannten Gebiet im O der Cuchumatanes bekannt geworden, wo sich in einer kleinen Bachschlucht auf dem Wege von La Perla zum Rio Xacbál ein Gang dieses Gesteins in den permischen Schiefern findet. Die untersuchte Probe zeigt das Gestein sausuritisiert.

Diabas traf ich in Gängen bei La Magdalena, am Südabfall der Cuchumatanes, wo sich ebenfalls Diabastuff vorfindet, und zwischen Rio Nocá und Paijilá im N dieses Gebirges. Ferner sammelte ich an einem Bach, der bei San Humberto in den Rio Dulce mündet, ein diabas-ähnliches Gestein, das nur aus der Sierra de Santa Cruz stammen kann. Ihr geologischer Bau ist bis jetzt noch völlig unbekannt.

Die Andesite überwiegen an Ausbreitung alle anderen Ergußgesteine. Ihre Provinz zieht sich von Chiapas durch Guatemala nach Honduras und Salvador. Sie repräsentieren vor allem den jungen Vulkanismus des Gebietes. Denn sie bauen nicht nur die vulkanischen Massengebirge von Südguatemala auf, sondern auch die Laven der rezenten Vulkane bestehen so gut wie ausschließlich aus ihnen. Lokal treten Abstufungen in dem petrographischen Charakter dieser Gesteine hervor, ohne daß sich bis jetzt ein genaues Bild der räumlichen Anordnung der einzelnen Typen entwerfen ließe. Von sehr sauren finden sich alle Übergänge in recht basische Typen, neben hellen finden sich dunkle, die namentlich im Südosten und hier schon auf dem Gebiete der Republik El Salvador Übergänge in Basalte zeigen.

Vitrophyre sind bekannt am Nordwestabfall des steilen Cerro de Sija, im Tal des Samalá-Flusses unterhalb der Felsenenge des Geysirs, bei Momostenango, wo ich Proben in der tiefen Schlucht nördlich des Dorfes sammelte, ferner bei Cuilco. Teile des Vulkans Cerro Quemado, besonders eine als Staukuppe zu deutende Erhebung, Cerro Rosa, zeigen einen Hornblende-Hypersthenandesit in vitrophyrischer Ausbildung.

Dazit ist verhältnismäßig häufig und tritt nach den bisherigen Funden zu urteilen im Norden der jungeruptiven Gebirge auf. So traf ich ein Vorkommen am Nordufer des Rio Cuilco in der Nähe des Ortes gleichen Namens. Nach Geröllfunden im Rio Comitancillo dürfte er im Höhenzug des Cerro Tuichámen vorhanden sein. Lokal fand ich ich ihn auf dem Wege von San Martín Jilotepeque nach Mixco Viejo bei der Finca Las Escobas. Bei Xenajcój westlich von San Juan

Sacatepequez bildet er das Liegende und Hangende von Braunkohlenbänken. Endlich sei noch erwähnt, daß aus dem Rio Ocositos bei Caballo Blanco, allerdings schon im pazifischen Küstentiefland, Dazitgerölle gesammelt wurden. Sie dürften aus dem Quellgebiet im Bereich des Vulkans Siete Orejas stammen, dessen Aufbau noch unbekannt ist.

Rhyolith tritt lokal auf dem Wege von Ixchiguán nach Sibinál bei den Hütten von Los Pozitos auf.

Liparite sammelte ich bei Sanarate, am Rio Pixcayá in der Nähe der Ruinen von Mixco Viejo und bei Momostenango.

Obsidian tritt in Mittel- und Südguatemala häufiger auf, als auf Grund früherer Funde zu erwarten war[36]). So quert man auf dem Wege von Chimaltenango nach San Martín Jilotepeque einige Obsidianbänder in Andesit auf der Anhöhe von Huijuyú. Im Straßenpflaster des letztgenannten Ortes sah ich vielfach Obsidianknauern aus jener Gegend. Weiter hin auf dem Wege nach Mixco Viejo treten noch einige Obsidianadern auf. Sie streichen hier wie bei den andern Stellen NW/SO und sind jeweils ½ bis 1 m mächtig. Ein größeres Vorkommen ist mir aus der Umgebung von San Marcos bekannt geworden. Hier findet sich an der Straße von dieser Stadt nach La Lucha bei km 7, kurz nachdem man den Paßsattel zwischen dem Vulkan Tajumulco und dem Rücken des Sacachúm überschritten hat, kuglig abgesonderter Obsidian, in dem viele Quarzkristalle zu bemerken sind. Unmittelbar benachbart geht der Obsidian in Bimsstein über, eine Erscheinung, die mich lebhaft an ähnliche auf der Insel Lipari erinnerte. Nur daß am Tajumulco der Bimsstein brekziös erscheint und in sich zahlreiche Obsidiansplitter birgt. Es ergibt sich hieraus, daß auch in Westguatemala dieses Gestein vorhanden ist, wenn es auch nicht in solchen Massen wie im Osten der Republik auftritt.

Halbopal ist an einzelnen Stellen als Spaltenfüllung vorhanden, so auf dem Wege von Tajumulco Dorf nach Ixchiguán und bei San Bartolo Aguas Calientes. Auch die Umgebung von Momostenango im Norden des Ortes ist reich an jaspisartigen Kieselsäureausscheidungen, die sich als Absätze warmer Quellen gebildet haben. Ein so massenhaftes Auftreten von Jaspis und Halbopalen wie im westlichen Honduras in der Gegend von Gracias und Erandique habe ich in Guatemala nicht beobachtet.

Die Gesteine der rezenten Vulkane sind bereits früher durch A. Bergeat bestimmt worden[37]). Die ergänzenden Untersuchungen durch Fricke und Opielok haben für Guatemala das Bild der petrographischen Eigenarten dieser Gesteine kaum wesentlich verändert. Hypersthen-Hornblende-Andesite, Hornblende-Biotit-Andesite und Pyroxenandesite sind am Aufbau der Vulkankegel beteiligt und erst in Südostguatemala und besonders in Salvador treten basische Formen auf, die eine scharfe Trennung zwischen der Andesit- und Basaltgruppe oft nicht ermöglichen. Die von mir besuchte Gegend der Laguna de Aramuaca in Ost-Salvador, aus der Dollfus und Montserrat basaltähnliche Gesteine beschrieben haben[38]), ergab sehr basische Pyroxen-Andesite, während ich eine Probe von Pyroxenandesit mit Übergang in Basalt, zum Teil Olivin enthaltend, vom Südfuß des Vulkans Izalco sammelte. Feldspatbasalt tritt erst in Nicaragua und Costa Rica stärker in die Erscheinung.

Anmerkungen.

10) L. Waibel, Die Sierra Madre de Chiapas. (Mitt. Geogr. Ges. Hamburg, Bd. 43 (1933), S. 23 u. 155ff.).

11) K. Sapper, Über Gebirgsbau u. Boden des nördl. Mittelamerika. (Pet. Mitt. Erg.-Heft 127 (1899), S. 63f.)

12) A. Dollfus u. E. de Mont-Serrat, Voyage géologique dans les républiques de Guatemala et de Salvador. Paris 1868. S. 270f. — K. Sapper, Grundzüge d. physikal. Geographie von Guatemala. (Pet. Mitt. Erg.-Heft 113 [1894], S. 6f.)

13) K. Sapper, vgl. Anm. 11, S. 49 u. 63.

14) L. Waibel, vgl. Anm. 10, S. 157 no. 43.

15) E. Böse, Reseña acerca de la geología de Chiapas y Tabasco. (Inst. Geol. de México). México 1905, S. 21.

16) K. Sapper, In den Vulkangebieten Mittelamerikas u. Westindiens. Stuttgart 1905, S. 112.

17) F. Termer, Geologie von Nordwest-Guatemala (Zeitschr. d. Gesellsch. f. Erdkde. Berlin 1932, S. 241—248 m. Karte).

18) K. Sapper, vgl. Anm. 11, Taf. I—II.

19) K. Sapper, Neue Beiträge zur Kenntnis von Guatemala u. Westsalvador. (Pet. Mitt. 1904, S. 205 li.).

20) Dollfus u. Mont-Serrat, vgl. Anm. 12, S. 261. — Grobkörnigen Granit bei Jutiapa erwähnt G. Bernouilli in Pet. Mitt. 1874, S. 287 li.).

21) Dollfus u. Mont-Serrat, vgl. Anm. 12, S. 228; K. Sapper, Pet. Mitt. Erg. Heft 113, S. 10; ders. ebendort Erg.-Heft 127, S. 70.

22) K. Sapper, Pet. Mitt. Erg.-Heft 127, S. 71.

23) L. Waibel, vgl. Anm. 10, S. 24f.

24) Intercontinental Railway Commission. Vol. I. Part II. Report of Surveys and Explorations. Washington 1898. S. 96.

25) K. Sapper, Pet. Mitt. Erg.-Heft 127, S. 48 u. Profil 16 u. 17 auf Taf. V.

26) Sidney Powers, Notes on the geology of eastern Guatemala and northwestern Spanish-Honduras. (Journ. of Geology, vol. 26 [1918], S. 507, 523).

27) K. Sapper, Pet. Mitt. Erg. Heft 127, S. 65; — für Chiapas vgl. Böse, S. 22f. (s. Anm. 15).

[28]) L. Waibel, vgl. Anm. 10, S. 28.

[29]) K. Sapper, Über Gebirgsbau u. Boden des südl. Mittelamerika. (Pet. Mitt. Erg.-Heft 151, 1905), S. 53.

[30]) E. Böse, vgl. Anm. 15, S. 22ff.; L. Waibel, vgl. Anm. 10, S. 27.

[31]) E. Böse, vgl. Anm. 15, S. 26f.

[32]) Dollfus u. Mont-Serrat, vgl. Anm. 12, S. 276.

[33]) K. Sapper, Sobre la geografía física etc. de la República de Guatemala, Guatemala 1897, S. 13; ders., Pet. Mitt. Erg.-Heft 127, S. 66.

[34]) A. Bergeat, Zur Kenntnis d. jungen Eruptivgesteine d. Republik Guatemala. (Ztschr. D. Geol. Ges., 1894). — E. Fricke, Beiträge zur Petrographie d. Republik Guatemala. Diss. Würzburg, 1926.

[35]) K. Sapper, Pet. Mitt. Erg.-Heft 127, S. 71f.

[36]) K. Sapper, Pet. Mitt. Erg.-Heft 127, S. 72. — Bei Agua blanca im S des Vulkans von Ipala erwähnt Obsidian G. Bernouilli in Pet. Mitt. 1874, S. 289 li.

[37]) K. Sapper, Die mittelamerikanischen Vulkane. (Pet. Mitt. Erg.-Heft 178, Gotha 1913).

[38]) Dollfus u. Mont-Serrat, vgl. Anm. 12, S. 182f.

Kapitel III.

Die Gebirge von Nordost-Guatemala.

1. Die Sierra del Mico und der Cerro San Gil.

Lage: Der zentrale Zug des Kettengebirges erreicht seinen festländischen Abschluß im inneren Winkel der Bucht von Amatique. Ohne Unterbrechung setzt sich das Gebirge von der Sierra de las Minas bis ans Meer fort. Wenn eine Unterteilung gebräuchlich ist, so berücksichtigt sie das Relief. Denn das schroffe Hochgebirge der Sierra de las Minas erniedrigt sich zwischen Motagua-Tal und Izabal-See schnell. Mit Mittelgebirgshöhen, teilweise als Hügelland zieht sein Ausläufer nach NO, um sich in Nähe des Meeres nochmals zu einer bedeutenderen Höhe zu erheben. Es ist daher üblich geworden, diesen Teil des Kettengebirges mit den Namen „Sierra del Mico" und „Cerro San Gil" zu bezeichnen, von denen ersterer der niedrigen, letzterer der höheren Abteilung zukommt. So streicht dieser Zug in nordöstlicher Richtung zwischen den Senken des Izabal-Sees und des Motagua-Tals als schmaler Endausläufer zum Meere, wo ihm eine niedrige Hügelzone vorgelagert ist. Eine deutliche Abgrenzung im SW ist kaum möglich. Will man sie dennoch suchen, um der Sierra del Mico eine gewisse orographische Selbständigkeit gegenüber der Sierra de las Minas zu geben, so wird man sie am besten in die tiefe

Einsattelung verlegen, die sich zwischen dem Dorf Izabal und Los Amates im Motagua-Tal erstreckt. Der „Mapa Catastral de la Región Nordeste de la República de Guatemala" vom Jahre 1929 hat in sie ebenfalls in der Namengebung die Scheidelinie zwischen Sierra de las Minas und Montaña del Mico verlegt[39]). Man muß aber daran festhalten, daß dies eine konventionelle, nicht eine geographische Trennungslinie vorstellt.

So beträgt die Gesamtausdehnung dieses Teils des Kettengebirges rund 65 km, seine Breite schwankt zwischen rund 10 km zwischen Izabal-See und dem Abfall zum Motaguatal und rund 25 km zwischen dem Golfete und dem Motagua-Fluß.

Erforschung: Die erste Sichtung des Cerro San Gil-Gebirges durch Europäer erfolgte im Jahre 1508 gelegentlich der Expedition des Pinzón und Solís, die die Spanier in das Innere der Bucht von Amatique führte. Man muß dabei vom Meer aus die waldbedeckte Masse gesichtet haben, die so oft von Wolken eingehüllt ist. Aus dem recht mangelhaften Fahrtbericht scheint aber so viel hervorzugehen, daß das mit dem Namen Sierra de Caria genannte Gebirge wohl eher mit den Coxcomb Mts. in Brit. Honduras gleichzusetzen ist[40]). Danach kamen Spanier erst 1524 in jenes Gebiet. Damals erreichte die Expedition des Gil Gonzalez de Ávila von der atlantischen Küste bei Puerto Caballos aus die Amatique-Bucht, wo dieser eine Ansiedlung namens San Gil de Buena Vista gründete[41]). Es tritt hiermit zum ersten Mal der Name San Gil in dieser Gegend auf, und es ist anzunehmen, daß er von dieser alten Ansiedlung auf das in ihrem Hinterlande aufragende Gebirge übertragen wurde. Durch die Jahrhunderte bis in die Neuzeit ist es in seinem Inneren unbekannt geblieben. In der Kolonialzeit wurde nie der Versuch seiner Durchdringung unternommen, zumal es außer seiner Unwegsamkeit vollkommen unbesiedelt war. Nur der seit dem 16. Jahrhundert benutzte Weg vom Izabal-See zum Motagua-Tal über den niedrigen Paß der Montaña del Mico war die einzige Route, längs der man etwas über das Gebirge kannte.

Wann die Namen beiden Gebirgen beigelegt worden sind, ist nicht festzustellen. Sie werden wohl bei der Bevölkerung in der Nachbarschaft sich allmählich eingebürgert haben. Von den älteren Autoren über Guatemala führt sie nur Fuentes y Guzmán[42]). Eine Durchsicht der älteren Karten über die Republik[43]) ergibt, daß lange Zeit das ganze Gebirge von der Sierra de las Minas bis ans Meer einheitlich den Namen Sierra del Mico trägt. Zuerst findet er sich auf der englischen Seekarte von Speer 1771. Etwas später zeichnet die englische Karte von Jefferys 1775 in der Gegend des Cerro San Gil "a table mountain called Sierra del M.", was bei den folgenden Auflagen als "Gulf Hill" erscheint. Erstmalig wird zwischen Sierra del Mico und Cerro San Gil auf der Karte von Gavarrete 1874 unterschieden, und die französische Karte von E. Bourgeois von 1874 läßt den Cerro San Gil als ,,Volcan Gil" sich vorstellen, was sogar die an sich nicht schlechte Karte von Hermann Au als Volcan de S. Gil wiederholt (1876)[44]) Die neueren Karten nennen wieder das ganze Gebirge einheitlich Sierra del Mico, bis dann auf den Karten von Colton (1898), Sapper (1899) Hendges (1902), und Urrutia (1923) der Cerro San Gil oder C. de San Gil hervortritt.

Die moderne wissenschaftliche Landesforschung hat das Gebirge bisher nicht berücksichtigt. Sapper berührte es nur auf der herkömmlichen Route von Izabal nach Los Amates. In der Randzone des C. San Gil im innersten Winkel der Bucht von Amatique und weiter aufwärts im Tal des Rio S. Francisco, ferner am Uferstreifen des Rio Dulce hat Sidney Powers geologische Beobachtungen angestellt, die in den größeren Rahmen geologischer Betrachtungen über Ost-Guatemala hineingehören[45]). Ich selbst habe 1928 das Gebirge von der Caribenniederlassung La Bacadía am Rio Dulce nach dem Motaguatal bei Cayuga überschritten, wodurch erstmalig ein Querprofil gelegt werden konnte[46]). Die damals aufgenommene Route ist beim Entwurf meiner Guatemala-Karte verwertet worden.

Die Landschaft: Als eine mäßig hohe Kette mit einfachen sanften Profillinien erscheint die Montaña del Mico vom Motaguatal und vom Izabal-See aus gesehen. Die Rückenformen mit breiten, nur leicht sie überragenden Kuppen ziehen sich vom Abfall der Sierra de las Minas bis an den Cerro San Gil hin. Der Abfall zum Motaguatal ist steiler und dadurch abweichend von jenem zum Izabal-See, als sich eine Hügelkette vorlagert, deren enge steile Talkerben und steilere Hangböschungen einen Gegensatz zu den Zügen der Hauptkette zeigen. Nach N senkt sich diese sanft ab und grenzt an die schmale Uferfläche des Izabal-Sees. Einzelheiten der Formen verdeckt das dichte Waldkleid, das die Montaña del Mico in ihrer Gesamtausdehnung überzieht. Zudem verschleiern vom Motagua-Tal aus gesehen die niedrigen Vorhöhen die Hauptkette, und erst wenn man diese etwa bei Quiriguá erstiegen hat, wo sich neuere Rodungsflecken finden, gewahrt man über eine breite Talsenke des Rio San Francisco hinweg den Hauptrücken, der durch zahlreiche Tälchen mit vorwiegend nordöstl. Erstreckung gegliedert ist. Diese Talsenke trennt den das Motagua-Tal begleitenden Vorhöhenzug deutlich von der Montaña del Mico ab. Sie reicht dabei viel weiter nach W, als es die Karte von Sapper (1899) wiedergibt, und zwar bis etwa zu einer Höhe, die der Lage des Ortes Tenedores im Motaguatal entsprechen würde. Westlich dieser Linie tritt die Vorhügelzone dichter an die Hauptkette heran und scheint mit ihr etwa westl. von Morales zu verschmelzen. Die genauere Beobachtung dieser Verhältnisse wird durch das Waldkleid verhindert. Jedoch zeigte mir ein Überblick nach SW, den ich von einem Punkte des Marsches vom Golfo Dulce nach Cayuga hatte, daß die breite Senke des Rio San Francisco als deutliche Trennungslinie zwischen Cerro San Gil und der niedrigen Hügelzone von Tenedores ungefähr in Höhe von Morales endet. Der nördl. Abfall der Montaña del Mico weist durchlaufende, mit Urwald verhüllte Höhenzüge auf, die kaum 500 m Meereshöhe überschreiten dürften. Tiefere Taleinschnitte und Talöffnungen verschwinden im Waldkleid, trotzdem einige kurze Flüsse dem Izabal-See zufließen. So stellt sich die Montaña del Mico als ein wenig gegliederter, waldbedeckter Höhenzug dar, dessen Physiognomie und Siedlungsleere ihm landschaftlich den Typ eines unberührten echt tropischen Mittelgebirges verleihen.

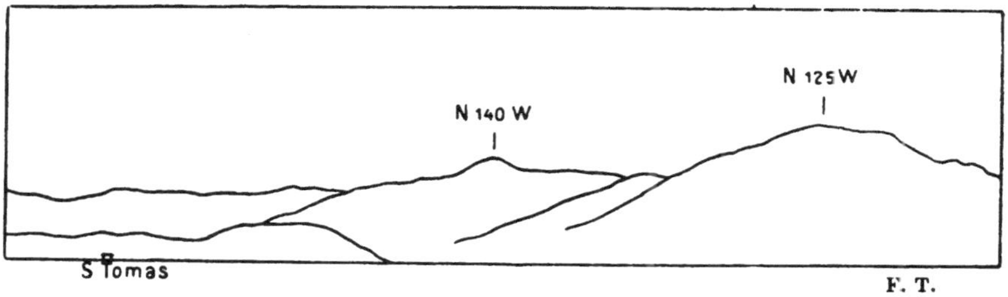

Fig. 4. Der Cerro San Gil mit der links sich anschließenden Sierra del Mico von Puerto Barrios gesehen.

Der Cerro San Gil erhebt sich als ein stattlicher Klotz über der Bucht von Amatique, zu der er mit niedrigen Vorbergen steil abfällt. Nicht weniger eindrucksvoll erhebt er sich südlich vom Rio Dulce oder dem Golfete aus gesehen als ein düsteres fast stets am Gipfel mit Wolken umhangenes Waldgebirge, das von dieser Blickrichtung wie auch von der entgegengesetzten Seite bei Puerto Barrios aus eher als ein Kammgebirge hervortritt (Fig. 2). Markante Gipfel heben sich kaum ab. Außer der kammartigen Haupterhebung fällt nur ein leicht kegelförmig gestalteter Punkt auf. Während der Abfall zum

Rio Dulce bzw. zu dem niedrigen Vorland am Flusse steil ist, und, soweit sich bei der Waldhülle erkennen läßt, dort keine Vorhügelzone sich erstreckt, lagern sich zwischen Hauptkamm und dem innersten Winkel der Amatique-Bucht bei der Bananenpflanzung Las Escobas niedrige, steile Vorhöhen von ca. 300 bis 400 m Höhe, die durch steile Schluchten gegliedert erscheinen. Teilweise grenzen diese Züge unmittelbar an die Bucht, wo sie mit steilem Felsufer abbrechen. Im NO lagert sich vor dem Hauptkamm eine niedrige Vorlandzone, die den Raum zwischen Rio Dulce und Amatique Bucht einnimmt. In ihr streichen flache Hügelrücken annähernd parallel der Küste, die sich allerdings gegen den Rio Dulce zu ca. 100 bis 200 m Höhe erheben.

Geologie: Die geologischen Verhältnisse der Montaña del Mico und des Cerro San Gil sind noch immer recht mangelhaft bekannt geworden. Besonders trifft das für das letztere Gebirge zu. Zwar war schon in der ersten Hälfte des 19. Jhs. einmal die Gelegenheit gegeben gewesen, hier eine nützliche geologische Arbeit zu leisten, als sich die „Compagnie Belge de Colonisation“ 1841 anschickte, auf Grund eines wohl angelegten Planes das Gebiet von Santo Tomas wissenschaftlich erforschen zu lassen. Hierbei war der geologische Aufbau des Landes als besonderer Punkt des Programms aufgestellt worden, allerdings mit der Einschränkung, daß nur die großen Züge, nicht Einzelheiten von rein wissenschaftlichem Interesse beobachtet werden sollten[47]). Der Plan ist aber niemals zur Durchführung gelangt. So beschränken sich denn die Kenntnisse nur auf die Mitteilungen von K. Sapper, Sidney Powers und Fr. Termer, die sich auf die Randgebiete des C. San Gil im NW, N, NO, SO und SW beziehen. Über den Aufbau der Haupterhebung selbst lassen sich nur indirekte Schlußfolgerungen ziehen, die einer späteren Nachprüfung und Richtigstellung bedürfen.

1. Die Nördliche Zone wird von einem flachen Uferstreifen eingenommen, der sich als ein zum Golfete hin immer schmäler werdendes Band um das Hauptgebirge zieht. Am NO-Ende des Golfete wird er von einer Hügellinie begrenzt, durch die sich der Golfo Dulce sein enges Durchbruchstal angelegt hat. Dieses flache Vorland wird bei La Bacadía von jungen Alluvionen gebildet. Das 5 bis 8 m ü. M. sich erhebende Land unterliegt hier noch den regelmäßigen Überschwemmungen der zum Rio Dulce eilenden Flüsse des San Gil-Gebietes. In den niederschlagsarmen Monaten beobachtet man in den Flußeinschnitten bräunlichen bis dunkelbraunen Ton. Weiter

einwärts gegen den Rio Carbonera und Rio Juan Vicente zu treten in den Bacheinschnitten unter einer 0,50 m mächtigen Lehmschicht 2 bis 3 Braunkohlenbänke auf. Sie haben eine Mächtigkeit an den von mir beobachteten Stellen von 3 bis 10 cm und werden voneinander getrennt durch 2 bis 3 cm mächtige weiße Tonschichten, in denen keine Fossilien zu bemerken waren. Nach Sidney Powers sollen sie fossilführend sein. Doch scheinen sich seine Angaben auf die Gegend des Rio Frio und Rio Lámpara zu beziehen. Er erwähnt auch ohne nähere Ortsangabe von dort eine Mächtigkeit der Braunkohlenbänke von einigen 100 Fuß und weist darauf hin, daß sie gefaltet wären. Es ist bedauerlich, daß Powers seine Mitteilungen nur allgemein gehalten hat, so daß man sich keine klare Vorstellung dieser jungen Bildungen und ihrer Lagerungsverhältnisse verschaffen kann. Jedenfalls kann an den von mir gestreiften Teilen des Rio Juan Vicente und Rio Carbonera weder die beträchtliche Mächtigkeit der Braunkohle noch ihre Faltung bestätigt werden. Hier lagert diese vielmehr mitsamt den eingeschalteten Tonbänkchen horizontal.

Weiter flußaufwärts am Rio Carbonera aber nimmt die Braunkohle an Mächtigkeit zu und lagert auch in größerer Meereshöhe. Wir sind hierüber durch die Untersuchungen der Ingenieure E. Wright Crow und M. Eskenasy unterrichtet worden, die vor einigen Jahren im Auftrage einer in Guatemala ansässigen Firma den Mittellauf des Rio Carbonera besuchten. Sie gelangten bis zu einer Stelle, die angeblich 30 km vom südlichen Gestade des Rio Dulce bei San Felipe entfernt war. Ich durfte das Protokoll einsehen, aus dem für uns hier folgende Daten von Wichtigkeit sind. Die Braunkohle weist dort 26 Flöze von einer Gesamtmächtigkeit von ca. 8 m auf, die durch dünne Lagen von Sandstein, Schieferton und Ton getrennt sind. Die Schichten fallen leicht (5°) nach S ein. Das Profil zeigt:

Sandstein		Harter Schieferton	0.17 m
Kohle	0.18 m	Kohle	0.30
harter Ton	0.08	Sandstein	0.10
Kohle	0.53	Kohle	0.10
Sandstein	0.10	Ton	0.13
Kohle	0.53	Sandstein	0.13
Kohle (Bone coal)*)	0.25	Kohle	0.76

*) Nach einer freundlichen Mitteilung von Herrn Charles Schuchert in New Haven bezeichnet „bone coal" eine Braunkohle mit Unreinheiten und Beimengungen, die fast ganz zu Asche verbrennt.

Kohle	0.74 m
Ton	0.23
Kohle	0.18
Sandstein	0.30
Kohle	0.05
Ton	0.15
Kohle	0.48
Sandstein	0.08
Kohle	0.15
Sandstein	0.10
Kohle	0.20
Sandstein	0.09
Kohle	0.13
Sandstein	0.10
Kohle	1.37
Sandstein	0.13
Kohle	0.20
Ton	0.08
Sandstein	0.07
Kohle	0.08
Sandstein	0.05
Kohle	0.36
Ton	0.08
Kohle	0.10
dunkl. fester Sandst.	0.07 m
Kohle	0.79
Ton	0.10
Sandstein	0.08
Kohle	0.41
Sandstein	0.20
Kohle	0.15
Sandstein	0.13
Kohle	0.30
Sandiger Ton	9.00
Kohle	0.61
Ton mit Fossilien	4.50
Roter Ton	0.46
Kohle	0.30
Ton	0.05
Kohle	0.15
Sandstein	0.20
Kohle	0.15
Ton	0.10
Kohle	0.30
Sandstein	0.46
Kohle	0.30
Kohle	0.51
Liegendes: sandiger Ton.	

Über die Art der Fossilien, die die eine der Tonschichten führt, werden keine näheren Angaben gemacht. Es sei darauf hingewiesen, daß nach den beiden Ingenieuren das Alter dieser Ablagerungen eozän sein soll. Da aber am Rio Juan Vicente wie am Rio Carbonera alle Anzeichen dafür fehlen, daß diese tertiären Ablagerungen noch an den gebirgsbildenden Vorgängen dieser Epoche Anteil gehabt haben, vielmehr ihre bis auf das leichte Einfallen (5° nach S) fast ungestörte Lagerung zeigt, daß sie erst nach denselben zur Ablagerung gelangten, so ist es angebracht, sie mit den durch Fossilfunde als jungtertiär bestimmten Bildungen am Rio Lámpara gleichzusetzen. Wir kommen damit zu der Feststellung, daß sich im nördl. Vorland des Cerro S. Gil jüngeres Tertiär mit Sandsteinen, Tonen und Braunkohlen zumindest vom Rio Juan Vicente bis an den Rio Lámpara erstreckt, von dort aus aber auch noch weiter bis zur Bucht von Santo Tomas anzunehmen ist, wie Sapper 1899 bereits hervorgehoben hatte[48]).

Freilich treten in dem Abschnitt vom Rio Tamehá angefangen und weiter zum Rio Lámpara und bis ans Meer ziehend mehr kalkige und mergelige Schichten auf, in denen sich an der ersten Stromschnelle des Rio Lámpara bei der Siedlung Lanap Orbitoliden finden. Sapper beschreibt vom gleichen Fluß das Vorkommen von Cerithium, Arca, Dreissenia und Cardium[49]). Die Meereshöhe der Fundstelle beträgt 10 m. Landeinwärts steigt das Gelände steiler zu Hügelzügen an, die dicht bewaldet sind und eine mächtige Verwitterungsdecke tragen. Sie gehören der Kalkzone an, die mit nw. Streichen die Meeresküste von der Mündung des Rio Sarstoon bis zur Bucht von S. Tomas begleitet. In der Felsenenge des Rio Dulce bei Livingston sind sie gut aufgeschlossen und erheben sich hier an der Mündung desselben auf dem nördl. Ufer zu ca. 130, auf dem südl. zu ca. 200 m. Das Streichen, das an den Felswänden des westl. Ufers vom Rio Dulce zu beobachten ist, wechselt von der Mündung angefangen bis zur sogen. ,,Piedra pintada" von N 60 W (obs.) über N 75 W, N 110 W, N 150 W, N 110 W nach N 70 W. Das Fallen ist teilweise nördlich, teils südlich und beträgt zwischen 20^0 nahe der Mündung und 5 bis 10^0 an der ,,Piedra pintada". Obwohl die hellen geschichteten Kalke Fossilien führen, sind diese so schlecht erhalten, daß ihre Bestimmung nicht möglich ist. Sapper hat daher die Frage offen gelassen, ob es sich um Kreide- oder tertiäre Kalke handelt[50]). T. W. Vaughan fand die fragmentarischen Fossilien, die er als Reste von Austern und Korallen deutete, ähnlich denen der Emperador-Kalke der Panama-Kanalzone. Sidney Powers endlich weist den Rio Dulce-Kalken ein oligozänes Alter zu und erwähnt bei S. Felipe in ihnen Stacheln und andere Reste von Echinoideen.

Zusammenfassend ergibt sich hiermit für die tertiäre nördl. Vorlandzone des S. Gil das Vorkommen älterer und jüngerer Bildungen, deren genaue Altersbestimmung noch nicht möglich ist. Deutlich aber heben sich die älteren Ablagerungen durch ihre Faltung, die nach Powers sogar nördl. des Izabal-Sees bei Jocobo (?) saigere Schichtstellung zeigt, ab von den horizontal bis schwach geneigten jüngeren Schichten. Bei letzteren ist auch darauf hinzuweisen, daß sich am Rio Juan Vicente und Rio Carbonera sowohl wie am Rio Tamehá und Rio Lámpara oberflächlich zerstreut eine Menge von Flintkonkretionen finden, die allenthalten den Waldboden bedecken und auf meiner Route dort aufhörten, wo der Anstieg in die Ausläufer des San Gil bzw. der Montaña del Mico begann. Es handelt sich um dieselben Flintknauern, die schon Sapper aus den Tertiärschichten in Britisch-Honduras und Nordyucatan erwähnte und die dort mit dem jüngeren Tertiär vergesellschaftet auftreten. Die Grenze zwischen älterem und jüngerem Tertiär in unserm Gebiet würde also etwa einer Linie entsprechen, die sich von S. Felipe am nördl. Gestade des Rio Dulce und des Golfete bis zur Mündung des Rio Lámpara hinzieht, um von hier nördl. und östl. des Flusses durch die Hügelkette dargestellt zu werden, die schließlich am nördl. Ende der Bucht von S. Tomas das Meer erreicht. Die aus ihr zum Meer strömenden Bäche führen, wie ein kurzes Vordringen am Macho Creek zeigte, Gerölle von Sandstein und spärlich Kalk. Zwischen dem San Gil und dieser Kalkkette breitet sich eine flache Senke aus, von der eine Anzahl kleiner Wasserläufe in die Bucht von S. Tomas münden. Der Uferstreifen ist hier mit Mangrovengebüsch bedeckt, das eine weitere Sicht landeinwärts verhindert. Nach Angabe meiner aus Cariben bestehenden Bootsmannschaft soll sich in einigen dieser Bäche Kohle finden. Es ist anzunehmen, daß diese Senke die Fortsetzung der jüngeren Tertiärzone ist, die wohl am eindeutigsten nach ihrem Hauptfluß als „Zone des Carbonera“ zu bezeichnen ist. Hat man sie an der Küste gequert, so folgt die waldige „Rio Dulce-Kette“, mit der eine auffallende Armut an Bächen ihren Anfang nimmt. Erst wieder an der Nordostküste treten solche auf, denen aber wohl keine so bedeutende Lauflänge zuzuerkennen ist, wie sie die Sapper'sche Karte verzeichnet. Die Armut an fließenden Rinnsalen dürfte auf die vorherrschende Kalkformation zurückzuführen sein.

2. Die südliche Zone des S. Gil wird orographisch durch die niedrigen Höhenzüge gebildet, die sich zwischen dem Motagua-Tal und dem Tal des Rio San Francisco erheben. Die bisherigen Karten geben hiervon kein richtiges Bild. Denn keine von ihnen zeigt den Oberlauf des letztgenannten Flusses so weit nach W hin verlängert, wie es den Tatsachen entsprechen sollte. Und so tritt denn auch auf keiner die breite Talsenke hervor, die sich zwischen der Hügelzone am Motagua-Tal und den Abfällen des S. Gil in östl. und nordöstl. Richtung erstreckt. Insofern gibt meine Karte ein wesentlich vollständigeres Bild wieder, zumal ich die Quellbäche des S. Francisco auf meiner Route gekreuzt habe. Etwa da, wo diese in die Motagua-Randhügelzone übertritt, vereinigt sich letztere mit den westlichen Ausläufern des S. Gil. Da andererseits die Randhügelzone sich bis nach S. Tomas fortsetzt und sich dort eng an den S. Gil anlehnt, so darf sie an dieses Gebirge angeschlossen und als sein Vorland bezeichnet werden. Da diese Zone eng mit der Montaña del Mico und den

westl. Ausläufern des S. Gil zusammenhängt, die von mir überquert wurden, so soll im folgenden über den Aufbau dieser Gegend zunächst gehandelt werden. An die nördl. flache quartäre und tertiäre Vorlandzone schließt sich nach O zu ein stärker gebrochenes Gelände an, das aus den Spornen des S. Gil zusammengesetzt ist, die hier nach W ausstrahlen. Festes Anstehendes ist nirgends zu finden. Tiefgründig verwitterter Lehmboden verhüllt den Untergrund, und erst in einigen Bacheinschnitten tritt hin und wieder Anstehendes auf, das in diesen nach W geöffneten Tälchen aus tiefgründig verwitterten Phylliten besteht. Sapper hat auf seiner Karte ein Band von Serpentin in dieser Gegend angegeben. Auf meiner Route habe ich solchen nicht feststellen können, auch in Geröllen des Rio Juan Vicente keine dieser Art gefunden. Wenn also Serpentingerölle in den kleinen Flüssen vorhanden sind, die am östl. Ufer des Izabal-Sees münden, so dürften sie aus einer schmalen Serpentinzone stammen, die die Montaña del Mico auf dem nördl. Abfall begleitet. So weit nach N, wie Sapper annimmt, reicht diese Zone nicht.

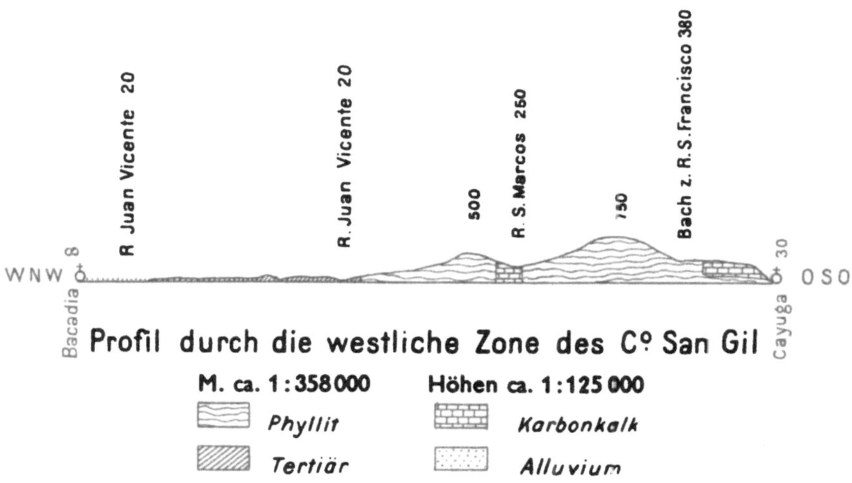

Fig. 5.

Die Phyllite setzen auch weiterhin die schmalen Rücken der Sporne zusammen, die sich allmählich bis zu 530 m ü. d. M. erheben. In dem ca. 320 m tief demgegenüber eingesenkten Tale des Rio San Marcos (ich nehme an, daß es sich bei dem von mir getroffenen Fluß um den Oberlauf des Rio S. Marcos handelt; da es ein bis dahin noch unbekanntes Gebiet war, trug dieses Gewässer noch keinen Namen.

Meine Begleiter kannten es nicht.) stößt man nach steilem Abstieg auf einen dunklen, sehr harten Kalk, der eine Fülle von Crinoidenresten und Stielgliedern enthält. Er bildet steile glatte Felswände; das Tal wird stellenweise zur Klamm, und das Flußbett wird oft durch mehrere Meter tiefe Kolke unterbrochen. In östl. Richtung folgen nun wieder Phyllite, die schmale Bergsporne zusammensetzen. Etwa 40 bis 50 m unterhalb der Rücken trifft man auf Quellaustritte. Die kleinen Sammeladern bilden das Quellgebiet des Rio San Francisco del Mar. In den Bacheinschnitten steht unter der Verwitterungsdecke überall Phyllit an. Er wird nach dem Motagua-Tal zu abgelöst von dunklen ungeschichteten Kalken mit zahlreichen Kalkspatadern, die hart sind und an der Oberfläche zellig-löcherig verwittern. Fossilien fanden sich an meiner Wegstrecke nicht. Die Art des Kalkes jedoch spricht dafür, daß es sich um die gleichen Kalke wie bei Santo Tomas bzw. an der von mir gestreiften Stelle am Rio San Marcos handelt. An einem Bachtälchen zeigte sich, daß diese Kalke die Phyllite überlagern. Aus dieser Tatsache und der so auffälligen Einschaltung der Kalke in die Phyllite am R. San Marcos läßt sich die Annahme rechtfertigen, daß es sich an letzterer Stelle um eine Verwerfung handeln muß. Gegen das Motagua-Tal zu sind, wie gesagt, die Kalke das Hangende der Phyllite und bilden wie jene zuvor schmale Rücken, die nach NO streichen. Als größte Höhen dieser Kalkrücken fanden sich 420 bis 500 m ü. M. Nach dem Motagua-Tal zu werden die Rücken abgelöst durch ein unruhiges kuppiges Relief, oberirdische Bachläufe finden sich nur vereinzelt an solchen Stellen, wo die Erosion die liegenden Phyllite angeschnitten hat.

Die Bäche, die bei Cayuga dem Motagua zueilen, erreichen auf der von mir begangenen Strecke sämtlich das liegende Grundgebirge. Bei der starken Verwitterung an diesen Stellen läßt sich mangels besserer Aufschlüsse nicht mit Sicherheit angeben, ob es sich hier um Phyllite oder Glimmerschiefer handelt.

Nach einem Überblick, den ich gelegentlich des Marsches zwischen Rio S. Marcos und Cayuga gegen O hatte, zeigte sich, daß das Tal des oberen R. San Francisco del Mar als breite Senke die steil geböschten waldigen Abhänge des S. Gil und seiner in die Montaña del Mico überleitenden Sporne von den niedrigen kuppigen Kalkrücken des Motaguatales trennt. Weiter nach NO zu wird aber, wie Sapper zeigte, die Kalkformation abgelöst von Grundgebirge, und zwar vermutete Sapper hier kristalline Schiefer[51]), in denen bei S. Francisco Serpentin vorkommt. Weiterhin nach dem Meere bei S. Tomas folgen in dieser Hügelzone nach Sapper Tonglimmerschiefer, Tonschiefer und helle Sandsteine, die er zu den Metapán-Schichten rechnete. Sie bilden küstenwärts die äußere Begrenzung des Grundgebirges, das sich hier bis zu 360 m ü. M. erhebt.

3. Das zentrale Gebiet des S. Gil ist bis heute seinem geologischen Aufbau und seiner orographischen Gestaltung wie Hydrographie nach unbekannt geblieben. Das einzig Sichere ist die Tatsache, daß das Hauptgebirge steil gegen die Bucht von Santo Tomas abbricht, und zwar mit einem durch Täler und Schluchten zerschnittenen, durch zahlreiche steilgeböschte Erhebungen ausgezeichneten Vorgelände. Alles verhüllt hier der unberührte Urwald, so daß sich über das Relief keine genaueren Angaben gewinnen lassen. Unmittelbar anstehend bei S. Tomas findet sich Kalk, nach S. Powers Crinoidenkalk des Karbons*), der sich weiter im inneren Winkel der Bucht verfolgen läßt. Allem Anschein nach baut sich auch das Hauptgebirge aus diesem Material auf. Schon die Armut an fließenden Gewässern, die in die Bucht von S. Tomas münden, deutet darauf hin, daß die Kalkformation hier weiterhin das Gelände beherrschen muß. Nur bei S. Tomas selbst liegt ein Quelltopf, El Baño de la Calera, der nach dem nahen Meere hin entwässert[52]). Im NW, also gegen den Golfete zu, spricht die steile Hangböschung des Hauptzuges gleichfalls für Kalk, und hier sieht man etwa in halber Höhe im Hinterland des Weilers Punta Pita im Walde die breite Narbe eines mächtigen Hangrutsches, die 1928 schon wieder von junger Vegetation überzogen war. Hier scheinen Kalke abgeglitten zu sein, und halten wir uns vor Augen, daß sich hier an dem Hauptgebirge die Zone der Tonglimmerschiefer und Phyllite hinzieht, die das Liegende der Kalke bilden, so wird die Neigung der hangenden Kalke zu Rutschungen auf der tiefgründig verwitterten Unterlage verständlich. Nach Angabe eines Cariben, der in La Bacadía ansässig war, soll sich dieser Rutsch um 1923 herum ereignet haben. Doch ist die Angabe nur mit Vorbehalt aufzunehmen. Weitere Mitteilungen von Leuten aus der Nachbarschaft vermochte ich nicht zu erhalten.

Die Tektonik des San Gil ist noch unklar. Wie das Beispiel vom Tal des Rio S. Marcos zeigt, fehlen Verwerfungen dem Gebirge nicht. Die dort angetroffene scheint, soweit sich aus der Talrichtung erkennen ließ, ein nordöstl. bis ostnordöstl. Streichen zu besitzen, fällt also mit dem orographischen Streichen des Cerro S. Gil zusammen.

*) Wahrscheinlich handelt es sich um Perm (s. S. 135).

Vielleicht entspricht auch das Tal des Rio S. Francisco del Mar einer Verwerfung.

Klima: Es bedarf keines besonderen Hinweises, daß wir über den Gang der meteorologischen Erscheinungen im San Gil-Gebirge im einzelnen nicht unterrichtet sind. Mit Ausnahme des Hauptkammes. der sich bis zu 1800 m oder einiges darüber schätzungsweise erhebt, liegt das Gebirge im Bereich der Tierra caliente und der Tierra templada. Wir treffen daher in diesem Hügel- oder Mittelgebirgsland durchweg hohe Temperaturen an. Das Mittel aus meinen Temperaturablesungen während des Marsches von Bacadía nach Cayuga betrug 21° C. Die täglichen Schwankungen, unter Berücksichtigung der im Laufe des Tages zu überwindenden Höhenunterschiede, die kaum jeweils mehr als 300 m betrugen, bewegten sich zwischen 2,5 und 4° C. Da sie durchweg im Urwald gemessen wurden, so erklärt sich der geringe Wert infolge der ausgleichenden Wirkung des Walddaches. Wenn die angetroffene Mitteltemperatur einen niedrigeren Wert zeigt, als er dem Mittel der Tierra caliente (26—23° C) entspricht, so dürfte sich hierin die Nähe des Meeres einerseits aussprechen, von dem her während jener Tage der Nordostpassat ständig wehte, andererseits aber auch die wärmeabschirmende Eigenschaft des Waldes. Leider besitzen wir noch immer keine ausreichenden Temperaturbeobachtungen aus den Tiefländern Guatemalas und ganz besonders nicht aus den Urwaldgebieten. So stehen denn auch für unsere Zwecke außer Quiriguá keine Vergleichsbeobachtungen zur Verfügung. Wo längere Temperaturbeobachtungen angestellt wurden, handelt es sich um Stationen, die in der Tierra templada bzw. Tierra fria liegen, und zwar im offenen Gelände. Von Tieflandstationen besitzt nur Quiriguá als unserem Gebiet benachbarte Temperatur- und Niederschlagsbeobachtungen, Livingston und Tenedores nur letztere. Die Wichtigkeit von Temperaturmessungen im Urwald ist leider zu lange vernachlässigt worden. Gerade für Nordguatemala wären sie nicht nur klimatologisch, sondern auch gerade anthropogeographisch von besonderer Wichtigkeit. War doch die Waldzone das Siedlungsgebiet der Mayavölker in der ersten großen Periode ihrer kulturellen Entwicklung. Wenn daher hier die an sich spärlichen Daten gegeben werden, die noch keine grundlegenden Schlüsse zu ziehen berechtigen, so geschieht es mit dem Wunsche, daß in Zukunft mehr als bisher in unserem Gebiet diesen Fragen Aufmerksamkeit geschenkt werden möchte[53]).

Genau der gleiche Mangel liegt vor hinsichtlich der Beobachtung der relativen Luftfeuchtigkeit im Urwalde. Um hier einigermaßen klar zu sehen, bedarf es Aufzeichnungen, die nur in Standquartieren anzustellen sind. So wie die Verhältnisse heute liegen, kämen dafür in Nordguatemala die archäologischen Expeditionen in Frage, die jetzt so häufig zu den Ruinenplätzen in den Urwäldern Nordguatemalas aufbrechen. Der Reisende, der auf tagelangem Marsch den Wald durchquert, ist kaum dazu in der Lage, einigermaßen zufriedenstellende Ergebnisse hinsichtlich des Ganges der relativen Luftfeuchtigkeit einzubringen.

Der Cerro San Gil und die Montaña del Mico liegen im Bereich des Nordostpassates, der vom Meer her ungehindert das Gebirge trifft und bei seiner NO-Streichrichtung beide Flanken bestreicht. Daher ist das Gebirge niederschlagsreich. In allen Monaten kommt es zur Kondensation der feuchten Luftströmungen vom benachbarten Meere her, so daß die oberen Teile des San Gil nur selten ganz klar erscheinen. Wie hoch die Niederschlagsmengen sind, entzieht sich unserer Kenntnis, da die nächsten Stationen erst im weiter entfernten Vorland anzutreffen sind (Livingston, Quiriguá, San Humberto). Nach vorsichtigen Schätzungen möchten sie in den Höhenlagen zwischen 500 bis 750 m rd. 5000 bis 5600 mm betragen, wenn man zum Vergleich die Regenmengen am Nordabfall der Sierra de las Minas, die weiter landeinwärts liegt, und diejenigen von Livingston (5230 mm!) an der Küste, heranzieht und berücksichtigt, daß der Cerro San Gil den Seewinden unmittelbar ausgesetzt ist. Die jahreszeitliche Verteilung der Niederschläge entspricht dem für Nordguatemala eigentümlichen Charakter. Die Niederschläge fallen in allen Monaten. Nur März bis Mitte Mai sind durch geringere Mengen ausgezeichnet, die das Sinken der Flüsse anzeigt. Bei meiner Durchquerung von Ende April bis Anfang Mai 1928 wurden wir fast täglich von Regenschauern überrascht, die entweder in den frühen Nachmittagsstunden oder gegen Abend einsetzen und im letzteren Fall bis nach Mitternacht anhielten. Gewittrige Erscheinungen waren damit nicht verbunden.

Die niedrige Montaña del Mico ist kein Wolkensammler wie der Cerro San Gil. Der Passat streicht über sie hinweg, ohne zur Kondensation veranlaßt zu werden. Gleichwohl empfängt auch sie Niederschläge zu allen Jahreszeiten und fügt sich daher in das Klimagebiet der atlantischen Abdachung von Guatemala ein.

Außer dem Passat tritt in unserm Gebiet in den Wintermonaten der Norte als Regenbringer auf, ohne daß sich bei unserer mangelhaften Kenntnis sein Anteil an der Summe der Niederschläge im einzelnen genauer festlegen ließe.

Morphologie: Wie bei der Feststellung geologischer Verhältnisse macht sich beim Studium der Oberflächenformen unseres Gebietes die dichte Waldbedeckung unliebsam bemerkbar. Sowohl in dem flachen Vorgelände im N wie in den Tälern des Rio Juan Vicente und S. Marcos treten keine Terrassen auf. Es sind Kerbtäler mit unausgeglichenem Gefälle, in denen die Flüsse bald als reißende Wildwasser bald als träge Rinnsale fließen. Die Hangböschungen sind allgemein steil. sowohl im Bereich der Tonglimmerschiefer wie der Kalke. In diesen treten stellenweise enge Klammen auf, zu deren beiden Seiten nackter Fels ansteht. Die nach NW zu ausstrahlenden Sporne des Gebirges sind an ihren Enden sanfter geböscht. Verfolgt man sie aufwärts, so werden sie zu gerundeten Rücken. Im Quellgebiet des Rio S. Francisco del Mar nehmen sie die Form zugeschärfter Kämme an. An einer Stelle fand sich bei meinem Marsch ein nur 6 m breiter Kamm, an dessen nach SW gekehrtem Abhang deutliche Spuren eines Rutsches zu bemerken waren. Das beweist, wie außer der Erosion in diesem sehr feuchten Gebiet auch das Abgleiten eine Rolle spielt und in den tiefgründig verwitterten Tonglimmerschiefern zu einer Zuschärfung der Riedel auch bei dichter Waldbedeckung führt. Doch sind diese Vorkommnisse anscheinend selten. Für subsilvines Bodenfließen habe ich auf meinem Wege nirgends Anhaltspunkte gefunden. An die Stelle einzelner vom Hauptgebirgszug ausstrahlender Sporne und langgestreckter Riedel treten im Hinterland des Golfete, d. h. in den oberen Laufstrecken der Flüsse Piedra, Tamehá und Lámpara steil ansteigende, kulissenartige Gipfelformen auf, die sich ebenso dem Hauptgebirgszug gegen die Bucht von S. Tomas zu vorlagern. Nur hier sieht man bloßen Fels an der Steilküste. Sonst sind alle diese Formen vom Wald verhüllt und treten von der Ferne gesehen nur bei bestimmten Beleuchtungseffekten hervor. So kommt es, daß man vom Rio Dulce und Golfete her bald den Eindruck gewinnt, als ob der S. Gil sich unmittelbar mit steilen Hängen im Hinterland des Golfete erhöbe, bald aber bemerkt, wie doch dem Hauptkamm eine stärker gebrochene, durch niedrigere Vorgipfel ausgezeichnete Zone vorgelagert ist. Die steilen Formen scheinen darauf hinzuweisen, daß es sich hier um Kalke handelt wie an der Bucht von S. Tomas. Und weiterhin spricht dafür die Tatsache, daß sich unter den Geröllen des Rio Tamehá und Rio Lámpara Kalkgerölle mit Crinoidenresten finden, wogegen sich hier keine Phyllite nachweisen ließen. Das deutet darauf hin, daß die Zone des Grundgebirges sich kaum über das Gebiet des Rio Juan Vicente und Rio Carbonera nach N weiter ausdehnen dürfte.

Schon S. Powers hatte auf die Küstenterrassen am Golf von Honduras hingewiesen, die sich sowohl bei Puerto Cortez und Tulian an der Küste von Honduras (I. Terrasse 18 m ü. M.; II. Terrasse 12 m ü. M.) finden wie bei Livingston (I. Terrasse 16 m; II. Terrasse 10 m). Livingston selbst ist auf der unteren erbaut, die in einem Kliff zum Meere abbricht. Man sieht hier rötlichen Lehm anstehen, in dem grobe Strandgerölle eingelagert sind. Einige Häuser des Ortes liegen auch auf der oberen Terrasse, in der Aufschlüsse fehlen. Da das Trinkwasser hier in Zisternen gesammelt wird, fehlen auch Brunnenschächte, die etwa Einblicke in den Untergrund gestatten würden. Das Durchbruchstal des Rio Dulce zeigt keine Terrassen. Man begegnet solchen erst wieder am Rio Lámpara beim Weiler Lámpara. Auch hier handelt es sich um eine untere (10 m) und eine obere Terrasse (15 m). Bei der unteren ist zu beobachten, daß sie aus tertiären Kalken besteht, während die obere mit mächtiger Verwitterungsdecke und Wald verhüllt ist. Am Rio Juan Vicente fehlen Terrassen. Dieser Fluß wie der Rio Carbonera sind in das flache alluviale Schwemmland und in das flach lagernde Tertiär wenig eingeschnitten (ca. 3 m bei dem niedrigen Wasserstand zur Zeit meiner Besuche am 6. Februar und 28. April 1928). Das Gelände steigt dann langsam auf 40 m an, wo die Phyllitzone beginnt. Dieses flache Vorland wird durch leichte Bodenwellen ausgezeichnet, auf denen sich im Waldboden überall verstreut die zahlreichen, oben erwähnten Flintknauern finden.

Terrassen fehlen auch der Steilküste in der Bucht von Santo Tomas. Ob sie die Küste bis zur Punta Herrería begleiten, ist wegen der Waldbedeckung nicht festzustellen. Erst am südlichen Ufer der Mündung des Rio Dulce tritt das aus rötlichem Lehm bestehende Steilufer wieder auf, wie es oben bei Livingston erwähnt wurde. Es bildet den Abfall der unteren (10 m) Terrasse.

Über die Formen des Hauptgebirgszuges lassen sich wegen der Waldbedeckung keine näheren Angaben machen. Stärker hervortretende Einzelgipfel fehlen. Die Haupterhebung bildet ein Rücken, der sanfter von W ansteigt, um steiler nach O bzw. NO abzufallen.[54]) Soweit sich aus der Ferne erkennen läßt, dachen sich die Hänge zur Senke des Rio S. Francisco del Mar verhältnismäßig sanfter ab als jene auf der NW- und N-Seite. Eine starke Gehängegliederung schien mir den oberen

Teilen des Hauptkammes zu fehlen. Sie setzt auf der Nordseite erst mit der Phyllitzone ein und dürfte auch auf der Südostseite mit ihr beginnen.

Hydrographie: Die Hauptentwässerung unseres Gebietes erfolgt nach NW, in schwächerm Maße nach O, während in die Bucht von S. Tomas nur ein paar kleine Bäche einmünden. Alle Flüsse, die vom S. Gil kommen, sind Abdachungsflüsse, deren Sammelbecken bzw. -adern Izabal-See und Golfete sowie Rio Dulce und Rio S. Fancisco del Mar sind. Die Quellgebiete liegen anscheinend nahe der Grenze von Kalkformation und Phyllitzone bzw. Tertiär. also nicht in größeren Meereshöhen. So haben denn auch die nordwestl. Flüsse einen kürzeren, durch steileres Gefälle ausgezeichneten Oberlauf, wogegen ihr Unterlauf sich durch die niedrige Vorlandzone ohne Stromschnellen mit mäßiger Strömung hinzieht. Man kann daher in einigen von ihnen, wie Rio Juan Vicente, R. Carbonera, R. Frio und R. Tamehá mit Einbäumen hinauffahren, wobei die Länge des schiffbaren Weges von dem jeweiligen Wasserstande abhängt. Beim Rio Lámpara aber tritt beim gleichnamigen Weiler ein Gefällsknick auf, der durch einen Kalkriegel bedingt ist. Die Flüsse Piedra, Bonito und S. Gil, die in den Golfete münden, haben ihre Quellen in der hier nahe an den See herantretenden tertiären Vorlandzone und eilen mit kurzem Lauf in den Golfete.

Neue Einblicke verschaffte meine Durchquerung in den Lauf des Rio S. Marcos, der als einer der stattlicheren Zuflüsse im O des Izabal-Sees mündet. Keine der bisherigen Karten hat seinen Oberlauf richtig angegeben. Nur auf der Karte von Sapper (1897) ist er weiter nach O gezeichnet, was damit den tatsächlichen Verhältnissen nahe kommt. Auf meiner Marschroute querte ich diesen Fluß in dem oben beschriebenen Felsental, wo er noch eine Breite von ca. 15 m besitzt. Seine Quellen dürften aber nicht weit entfernt von dort gegen NNO bzw. N liegen. Es ist der einzige Fluß, den ich mit einer Richtung seines Oberlaufes kennen lernte, die mit dem Streichen des Gebirges zusammenfällt. Berücksichtigt man hierzu die geologischen Verhältnisse dieser Gegend, so möchte man sich der Annahme zuneigen, daß dieses Laufstück einer Verwerfungslinie im orographischen Streichen des Gebirges folgt. Ob etwas Ähnliches auch bei dem nordöstl. Lauf des Rio S. Francisco del Mar der Fall ist, der die auffallende Senke zwischen San Gil und der Phyllitzone des Motagua-Tals durcheilt, läßt sich heute noch nicht nachweisen.

Was endlich die Gewässer im Kalkgebiet von Cayuga sowie an

der Küste von der Punta Herrería bis zur Bucht von S. Tomas anbetrifft, so handelt es sich um kurze Bäche, die im ersteren Falle ihre Quellen an der Grenze von Kalk und Phyllit, im letzteren an den Abhängen der tertiären Kalkhügelzone besitzen.

Für den Verkehr könnten von allen Gewässern nur die Flüsse San Marcos, Juan Vicente und Carbonera in Frage kommen, jedoch nur in den Regenzeiten und selbst dann nur in beschränktem Umfange, da die Betten oft durch abgetriebene Baumstämme oder über die Flüsse gestürzte Bäume Hindernisse aufweisen. Überwindet man erstere leichter zur Zeit des Hochwasserstandes, so lassen sich letztere eher in den Zeiten von Niedrigwasser umgehen, wo die flachen Boote unter ihnen hinweggleiten. Für die wirtschaftliche Erschließung dieser Zone kommen sie aber nicht in Betracht.

Die Pflanzendecke: Im tieferen Vorlande des Cerro San Gil besonders im N und NW breitet sich der regenfeuchte Wald der Tierra caliente aus, in dem immergrüne Laubhölzer und Palmen herrschen und in dem die Fülle der Kletter- und Schlingpflanzen sowie die Zahl der Epiphyten überrascht. In dem flachen Schwemmland gegen den Golfete und Rio Dulce treten bestandbildend Schläge der Corozopalme (Attalea cohune) auf, die als dichte schattige Haine die Wälder von Zedern, Mahagoni, Zapodilla u. a Laubbäumen durchsetzen. Es zeigt sich hier das gleiche Bild wie im benachbarten Britisch-Honduras. Das Unterholz fehlt wegen des dichten Schattens, besonders unter den jüngeren durch ihre mächtigen Wedel ausgezeichneten Exemplaren, während im reinen Laubwald kriechende und rankende Gewächse den Boden überziehen. An einigen Lichtungen wuchert um so üppiger buschartiges Unkraut, das durch eine Anzahl von scharfkantigen Gräsern und dornenbesetzten Rankengewächsen ausgezeichnet ist. Mit etwa 300 m Meereshöhe ändert der Wald seinen Charakter. Zwar bleiben die Laubhölzer die gleichen wie in den tieferen Lagen, vielleicht, daß der Mahagonibaum spärlicher wird, dafür der Palo Maria häufiger auftritt, aus dessen angeschnittener Rinde der milchige Saft der „leche de maria“ quillt. Aber zum Unterschied gegen den Tieflandswald treten die Palmen hier zurück und die Laubbäume stehen weiter auseinander als dort. Gelegentlich fanden sich auf unserem Vormarsch Bambusgestrüppdickichte, die allein größere Hindernisse beim Vorwärtskommen boten. Sonst war dieser Wald im allgemeinen dem Schlagen eines Pfades nicht feindlich. "Broken ridge" ist der in Britisch-Honduras übliche Name für diese gelockerte Art des Urwaldes, die wohl weniger klimabedingt als vielmehr auf die

Zusammensetzung der Böden zurückzuführen sein dürfte. Obwohl tiefgründig verwittert, scheinen die Phyllite keine günstigen Bedingungen für die Entwicklung eines so dichten, üppigen Urwaldes zu bieten, wie wir ihn in anderen, namentlich in den Kalkgebieten des nördlichen Guatemala antreffen.

Wirtschaftlich wertvolle Hölzer finden sich im Cerro San Gil-Gebiet nur in der flachen Vorlandzone, wo dem Abtransport keine großen Hindernisse im Wege stehen. Dort ist auch vor mehreren Jahren Holz ausgebeutet worden. Heute findet sich lohnender Schlag infolge der Marktlage nicht mehr vor, wie es ebenso wenig in Britisch-Honduras der Fall ist.

2. Die Sierra de las Minas.

Lage, Erforschung, Orographie: Westlich von Salamá steigt das Kettengebirge von Zentral-Guatemala zu einem mächtigen Gebirgszug an, der von W nach O an Breite abnehmend sich zu der Paßsenke von Izabal abdacht, wo er in die niedrige Montaña del Mico übergeht. Man bezeichnet diesen Kettenzug in der genannten Ausdehnung als Sierra de las Minas. Wann dieser Name zuerst auftritt, ist nicht festzustellen. Fuentes y Guzmán beschreibt zwar das Gebirge, das die Grenze zwischen dem Amtsbezirk (corregimiento) von Acasaguastlán und der Alta Verapaz wie dem Distrikt von Amatique bildete, nennt aber keinen Eigennamen dafür. Er erwähnt das Vorkommen reicher Erzadern und das Auftreten von einzelnen Bergen, die ganz aus Metallen bestehen sollten[55]). Vermutlich handelt es sich um die Wiedergabe der Ansichten, die sich die umwohnende Bevölkerung des Gebirges von ihm gemacht hatte. Auf älteren Karten des ausgehenden 18. und des 19. Jahrhunderts tritt der heutige Name in der gegenwärtig noch üblichen Ausdehnung auf.

Im N und S wird das Gebirge begrenzt von den tiefen Talsenken des Polochíc und Motagua. Besonders zur ersteren fällt es außerordentlich steil und schroff ab, senkt sich aber auch nach S mit mächtigen Steilabfällen. Nach W erniedrigt es sich etwas und leitet hier ohne sichtbare Grenze in die Sierra de Chuacús über.

Man muß in der Gegenwart die Sierra de las Minas zu den am wenigsten bekannten Teilen der Kettengebirge Guatemalas rechnen. Heute wie vor 300 Jahren ist es in seinem Innern unbewohnt. Querverbindungen bestehen zwischen Motagua-Tal und Polochíc-Senke nicht.

Noch bis in die zweite Hälfte des 19. Jahrhunderts gab es einen Saumpfad, „Camino de las flautas“ genannt, der von dem Weiler Rio Hondo in der Nähe des Motagua ausgehend das Südgehänge emporführte, auf der Nordseite des Kammes nach W lief, um sich dann nach NW gegen das Polochíctal nach La Tinta abzusenken[56]. Heute ist er längst in Vergessenheit geraten, hat wohl auch früher kaum eine nennenswerte Rolle für den Querverkehr über das Gebirge gespielt. Die einzigen Verkehrswege, die heute von S nach N die Kette queren, sind die von Automobilen befahrbare Straße von Salamá nach Tactíc und der Reitweg von Los Amates nach Izabal, während der Saumweg von Salamá nach Chilascó bzw. von San Jerónimo nach Chilascó und weiter nach Unión für den Durchgangsverkehr keine Rolle spielt. So wirkt das Gebirge wie eine gewaltige Scheidemauer zwischen den eng benachbarten Senken.

Über die orographische Gestaltung im einzelnen sind wir nicht unterrichtet. Die Karten geben nur ein allgemeines Bild, wenn sie hier einen durchlaufenden Kettenzug mit west-östl. Streichen verzeichnen. Aus den Talsenken des Motagua und Polochíc gewinnt man keinen Einblick, sondern hat von hier aus nur den Eindruck einer einzigen durchlaufenden Kette, von der nach S durch zahlreiche kurze Gebirgsbäche geschaffen eine Anzahl von Schluchten mit mehr oder weniger breiten Riedeln nach dem Motagua-Tal sich ziehen. Sie bedingen in dem spärlich bewaldeten Südgehänge eine deutliche Hanggliederung. Vom Polochíc her im N treten solche Formen nicht hervor. Denn hier überzieht zusammenhängender Urwald das Gebirge, der nur oberhalb des Rio Panimá auf Gebirgsabsätzen stellenweise für Pflanzungszwecke gerodet ist. Nur indirekt kann man aus den zahlreichen Flüßchen und Bächen, die am Nordhang niedereilen, schließen, daß auch hier die Hanggliederung reich sein muß.

Anders wird das Bild, wenn man von höherem Standpunkt auf einer der Parallelketten im N oder S des Polochíc- bzw. Motagua-Tales einen Blick auf die Sierra de las Minas genießt. Im S ist das der Fall, wenn man im Tal des Rio Zacapa oberhalb Jumusná das Gebirge ersteigt. Da treten auf der fernen Sierra de las Minas scharfe Rücken und Grate hervor, die gleichsam als kurze parallele Kämme in dem Gebirge angeordnet erscheinen. Der einheitliche Kettencharakter ist nur mehr in den westl. Abschnitten gegen San Augustín Acasaguastlán zu bemerken. Und noch schärfer tritt das Vorhandensein mehrerer Ketten im Inneren des Gebirgskomplexes hervor, wenn man eine der seltenen Gelegenheiten findet, von dem Abfall des Gebirges im N des Polochíctales in ganzer Klarheit die Sierra de las Minas vor sich zu sehen. Während einer solchen wurde die Profilskizze von der Finca Actelá aus angefertigt (Fig. 6). Deutlich wird erkennbar, wie im W einförmige Profillinien vorherrschen, die sich noch über den markanten Cerro San Augustín nach O fortsetzen, um dann von einem stärker gebrochenen Profil abgelöst zu werden. Es scheint dem wildesten Teil des Gebirges zu entsprechen: einzelne zackige Kämme geben ihm dort den in Guatemala seltener anzutreffenden Charakter eines felsigen Hochgebirges, und hier müssen auch die im Gebirgsstreichen angeordneten Paralleltäler besonders häufig sein. Dem Anschein nach wenden sie sich in ihren unteren Teilen scharf gegen das Polochíc-Tal, um sich hier mit steilem Gefälle sich zu diesem abzusenken.

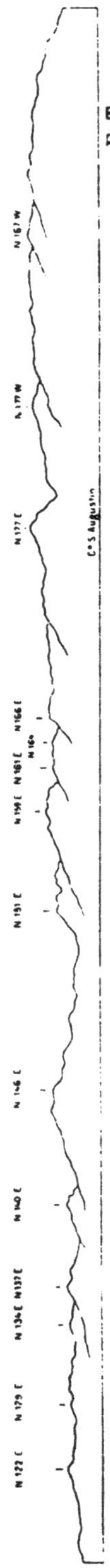

Fig. 6. Panorama der Sierra de las Minas von der Finca Actelá aus gegen Süden gesehen.

F. T.

Ganz vereinzelt finden sich die von mir beobachteten Verhältnisse auch früher angegeben. So teilte G. Bernouilli schon 1870 mit, daß ein Begleiter der angeblich zweimaligen Überquerung der Sierra de las Minas von Rio Hondo zum Polochíc-Tal durch den Pfarrer von Zacapa berichtet hätte, man müßte auf diesem Wege vier hohe Bergketten übersteigen, und Dollfus und Montserrat sprechen von „einigen parallelen, wenig voneinander entfernten Ketten" innerhalb des Gebirges[57]).

Weiter nach O erniedrigt sich das Gebirge, behält aber seinen aufgelösten Charakter bei, der erst im Übergang zur Montaña del Mico wieder mehr als zusammenhängender Kettenzug hervortritt.

Die Meereshöhen der Sierra de las Minas sind unbekannt. Schätzungsweise dürften einige der höchsten Gipfel 3000 m erreichen. Sonst liegen die Kammhöhen wohl sämtlich zwischen 2000 und 2500 m. Die benachbarten Senken weisen z. B. bei La Tinta am Polochíc 140 m, bei Zacapa am Motagua 180 m ü. M. auf, woraus am besten der gewaltige, imposante Anstieg der Sierra de las Minas deutlich wird.

Geologie: Die geologischen Verhältnisse der Sierra de las Minas sind nur aus ihren westlichen Randgebieten besser bekannt. Ferner lassen sich Angaben über die unteren Partien des Südabfalls und der Nordabdachung im Bereich des Rio Panimá machen. Was sonst an Beobachtungen über den nördl. Abfall vorhanden ist, beruht auf indirekten Schlußfolgerungen auf Grund der Gerölle in den südl. Nebenflüssen des Rio Polochic. Sapper hat bereits die geologischen Verhältnisse längs einer Route von Chilascó nach dem Panimá und südlich zum Rio Motagua beschrieben[58]) und teils direkt teils indirekt in den unteren Hanglagen Serpentine auf der Südseite des Gebirges, in den oberen Glimmerschiefer nachgewiesen, die nach N zu von einem Streifen Granit abgelöst werden. Ich habe dieselben Verhältnisse auf meiner Route von Chilascó südöstl. zum Hauptkamm des Gebirges angetroffen. Auch auf diesem Wege ist wie auf dem von Sapper eingeschlagenen eine mächtige Verwitterungsdecke vorhanden. die das Anstehende verhüllt, die aber auch hier alle Anzeichen dafür bietet, daß sie auf Glimmerschiefern lagert. Man steigt dann durch dichten Höhenwald zum Hauptkamm auf, der steil mit Absätzen zum Motagua-Tal abfällt und aus Serpentin besteht. Die Meereshöhe beträgt hier 2420 m. Ich verfolgte den Kamm nach W zu dem höchsten Punkt, der von den begleitenden Einwohnern aus Chilascó als „Loma del Pinalón“ bezeichnet wurde und 2550 m Höhe besitzt. Der Kamm wird an einigen Stellen zu einem 12 m breiten Grat, auf dem man Felsblöcke aus Serpentin beobachtet. Die vom Windbruch gefällten Baumstämme auf dem schmalen Kamm, dicht mit Moospolstern bewachsen, verbergen sonst das Anstehende, das aus demselben Material bestehen muß. Beim Abstieg auf dem Südgehänge, der bis zu einer Höhe von ca. 2100 m ausgeführt wurde, war nirgends Anstehendes zu bemerken, doch deutet der Formenschatz daraufhin, daß hier Kristallines vorhanden ist. Aus den von Sapper weiter westl. angetroffenen Verhältnissen ist zu schließen, daß der Serpentin zumindest das obere Drittel des Südhangs auch hier noch zusammensetzt.

Im N von Chilascó dehnt sich eine auffällige Hochebene aus, die stellenweise versumpft ist. Weiter nördlich steht nach Sapper Granit an, der zugleich auch einen mächtigen Steilabfall zum Panimá-Tal bildet. Wie weit sich die Granitzone nach O erstreckt, ist nicht festgestellt. Jedenfalls muß sie, auf Grund von Geröllvorkommen in den Flüssen Pueblo Viejo, Zarco u. a. weiter östlich zu schließen, an ein Kalkgebiet angrenzen. Und zweifellos entspricht diesem der wild zerklüftete Teil der Sierra de las Minas, den man von Actelá aus in ca. N 150 O bis N 160 O erblickt und der auch aus der Gegend von Zacapa sichtbar wird. Dieser Abschnitt zeichnet sich auch durch seine zum Polochíc-Tal abstürzenden Felswände aus. Der einzige Vorstoß an den Fuß dieser Wände, von dem ich Kenntnis habe, ist von Herrn Heinrich Runge ausgeführt worden. Es fuhr den Rio Las Minas mit Canoa aufwärts und gelangte unmittelbar an die schroffen Felswände. Aus ihnen kommt der Fluß mit grünlichem Wasser mit einer Wassermenge von ca. 2000 Sek/l hervor, muß also unterirdisch fließen, was natürlich für Kalkformation spricht. Nach Angabe von Herrn Runge soll der Fluß aus einem bisher unbekannten Parallеltal (Längstal) des Gebirges kommen und den Querriegel zum Polochíc-Tal unterirdisch durchbrechen.

Die Frage nach der Ausdehnung und dem Alter dieser Kalkformation muß bis heute unentschieden bleiben. Denn weder Sapper noch Termer fanden in den Kalkgeröllen der Flüsse Zarco bzw. Pueblo Viejo und Tinajas Versteinerungen. Das dunkle bläuliche Aussehen des Kalkes und seine leicht kristalline Struktur machen ihn ähnlich den Kalken bei Santo Tomas (s. o. S. 161) und den Vorkommen im Polochíc-Tal südlich von Pancajché. Aus diesen sind durch P. E. Raymond große Fusulinen bestimmt worden, die er dem Oberkarbon (Pennsylvanian) zuwies, während E. O. Ulrich, wie oben schon angedeutet, die Fossilführung der Kalke bei Santo Tomás dem oberen Unterkarbon (oberes Mississippian) oder unteren Oberkarbon (unteres Pennsylvanian) eingliedern wollte[59]). Der Erhaltungszustand der Fossilien aus dem Polochíc-Tal ist jedoch so mangelhaft, daß sich nur schwer Bestimmungen vornehmen lassen, so daß gewisse Änderungen später immer noch möglich sein werden. Nach Schuchert müssen sie dem Perm angehören. So darf man denn auch vermuten, daß die Kalke am Nordhang der Sierra de las Minas ebenfalls Karbon oder Perm sein werden. Sie treten damit in engere Beziehungen zu den Vorkommen der südlichen Alta Verapaz (Sierra de Xucanéb, Vorkommen von Pancajché, Chamiquín) und des Cerro San Gil. Leider läßt sich über die Meereshöhe, bis zu denen in der Sierra de las Minas diese Kalke hinaufreichen, keine Aussage machen. Folgen wir den Formen des Gebirgsprofils in diesem Abschnitt, so dürften noch die steilen, schartigen Kämme dem Kalkgebiet zukommen, deren Höhe ich auf rd. 2500 m schätzte. Auch das würde mit den Verhältnissen des Cerro San Gil in Einklang stehen, wo wir diese Kalke bis zu Höhen um 1800 m vermutet haben. Über weitere Formationen in der Sierra de las Minas ist bis jetzt nichts bekannt geworden. Sie ähnelt also in vielem ihrem geologischen Aufbau nach dem Cerro San Gil.

Die Tektonik des Gebirges ist uns noch unbekannt. Die Lagerung der Glimmerschiefer im W, die von Sapper beobachtet wurde, deutet auf alte Brüche hin, und wenn man das Vorhandensein einzelner paralleler Ketten in den östlichen Teilen anzunehmen berechtigt ist, so verweisen sie ebenfalls auf beträchtliche tektonische Vorgänge. Klarer liegen die Verhältnisse hinsichtlich der tiefen Senken des Polochíc und Motagua, die sich so auffallend dem allgemeinen Gebirgsstreichen des nördlichen Mittelamerika einpassen. Hier handelt es sich um die beiden bedeutendsten Bruchlinien unseres Gebietes. Nach beiden hin stürzt die Sierra de las Minas steil ab. Wenn auf der Südseite vielfach am Gehänge ein mehr oder weniger breiter Absatz zu bemerken ist, so zeigt schon die Art der schütteren Bewaldung im Gegensatz zu den höheren Kammpartien an, daß es sich hier um das mächtige Band von Serpentinen handeln muß, das in so großartiger Anordnung fast den gesamten Kettenzug des zentralen Guatemala begleitet. Die niedrige, licht bewaldete Hügelzone, die sich am Fuß des Gebirges am Nordufer des Motagua etwa von Gualán bis Los Amates hinzieht, entspricht der tertiären Zone, die sich an die Serpentine anschließt. Auch im N gewinnt man, soweit überhaupt das Waldkleid Beobachtungen nach dieser Richtung hin erlaubt, den Eindruck, daß die Sierra de las Minas unmittelbar zur Senke des Polochíc ohne bemerkbare Hangabsätze abbricht. Der See von Izabal gehört in die Störungszone mit hinein, wie schon Sapper bemerkt hat[60]).

Morphologie: Über sie lassen sich bis jetzt nur einige Angaben für den äußersten W des Gebirges machen. Beherrscht wird hier das Formenbild im großen zunächst durch den Gegensatz zwischen dem Becken von Salamá und den sich zu ihm sanft abdachenden Gehängen der Sierra de las Minas. Nur dort, wo auch in der nordöstlichen Umrandung des Beckens das schmale Band von Kalken auftritt, die hier noch weiter östlich bis oberhalb Xocoyá (1650 m) sich erstrecken, als die Sapper'sche Karte angibt, sind die Formen der kleinen Seitentälchen schärfer ausgeprägt. Sonst sind sie im Bereich der überall vorherrschenden Glimmerschiefer sanft geböscht. Tiefgründig verwittert, bedingt der Mantel des Verwitterungsbodens überall ausgeglichene Gehänge, die gerundete Rücken flankieren. Die Talsporne, die sich vom Gebirge östlich in das Becken von Salamá vorschieben, sind breit gerundet und in sich kaum durch Erosionsrillen zerschnitten. Ist doch die Senke von Salamá ein im Lee gelegenes Trockengebiet innerhalb des Kettengebirges, in dem daher die Abtragung langsam arbeitet. Sobald man in die höheren Glimmerschiefergebiete gelangt, die von 1200 m Höhe an aufwärts von lichten Höhenwäldern bedeckt sind, wird der Einfluß der chemischen Verwitterung dank der größeren Feuchtigkeit dieser Gebiete stärker. Und es fehlt nicht an mehrfachen Beweisen, daß hier der Verwitterungsboden so sehr aufgeweicht wird, um durch Erdrutsche an den Böschungen der kleinen Täler abzugleiten. Zu beobachten sind sie jedoch fast nur an den Rändern, die gegen das Becken von Salamá gerichtet sind. Daß bei dem hier herrschenden Charakter eines echten tropischen Wechselklimas die feuchten Jahresperioden der chemischen Verwitterung Vorschub leisten, ist klar, wie denn die Rutschungen sich gewöhnlich erst im weiteren Verlaufe der Regenzeit oder an ihrem Ende zu ereignen pflegen. In einem nicht übermäßig steilen Anstieg erreicht man gegen O in ca. 1920 m Höhe eine Ebenheit, die sich in größerer Ausdehnung bis östlich von Chilascó hinzieht. Nach N bricht sie steil zum Tal des Rio Panimá ab. Im S wird sie überragt von dem schmalen Kamm der Sierra de las Minas, während sich weiter im O ein unübersichtliches kuppiges und welliges Waldgelände anschließt. Es handelt sich um jene Oberflächenformen des Gebirges, die in unserm Panorama (Fig. 6) um den Punkt N 167 W sich ausbreiten und die wiederum zwischen den Punkten N 166 O und N 177 O hervortreten. Ein sicherer Nachweis über den Untergrund der Hochebene bei Chilascó läßt sich nicht erbringen, da sich eine mächtige Verwitterungsdecke hier ausbreitet. Aber das Auftreten von Felsblöcken aus kristallinen Schiefern, das Sapper nördlich von Chilascó beobachtete, ferner die Verwendung von Glimmerschieferplatten als Fußbodenbelag in den Hütten von Chilascó deuten darauf hin, daß das Gebiet der Glimmerschieferzone der westlichen Sierra de las Minas angehört. Auffallend ist die Verebnung derselben in unserm Gebiet. Nur leicht eingesenkte Dellen und Mulden, in deren einer Chilascó selbst angelegt ist, zergliedern die Hochebene zu einem sanft welligen Gelände, das an vielen Stellen versumpft ist. Die Entwässerung, die ihr Quellgebiet südlich und südöstlich von Chilascó in dem Grenzgebiet zwischen Glimmerschiefern und Serpentin besitzt, wie der Vormarsch zum Hauptkamm zeigte, richtet sich nach N zum Panimá-Tal. Die Bäche eilen mit geringem Gefäll zum Nordrande des Plateaus, um hier in steilen Schluchten den Abfall zu überwinden.

Über den Formencharakter der weiterhin nach O folgenden Gebirgspartien wissen wir nichts. So lassen sich auch keine Aussagen darüber machen, ob die in unserm Gebirgsprofil hervortretenden horizontalen Kammlinien wirklichen Kämmen oder ähnlichen Hochebenen entsprechen, wie sie bei Chilascó vorhanden sind. Ich suchte hierüber Erkundigungen bei Einwohnern von Chilascó einzuholen, jedoch ohne Erfolg, da diese trotz häufiger Jagdzüge in die Umgebung ihres Dorfes jene Gebiete niemals betreten. Immerhin ist es möglich, daß im Bereiche der Glimmerschiefer in den Höhenlagen von 1900 bis 2000 m sich Reste einer Verebnungsfläche erhalten haben, deren Nachweis als einer Rumpffläche sich bei Chilascó mangels jeden geologischen Aufschlusses nicht führen läßt, die sich aber nach Analogie von Verebnungsflächen im kristallinen Gebiet Westguatemalas und im O des Xucaneb-Massivs wahrscheinlich machen läßt.

Als weiteres Formenelement tritt der Hauptkamm der westlichen Sierra de las Minas hervor, der hier durchweg aus Serpentin besteht. Von Seitentälchen wenigstens in dem von mir besuchten Teil ist nichts zu bemerken. Die Hangnischen und Quellmulden finden sich unterhalb des Serpentins in den Glimmerschiefern angelegt, die das weniger widerstandsfähige Gestein bilden. Der Serpentin erhebt sich über ihnen als steiler Kamm, der stellenweise zu einem 12 m breiten First verschmälert ist. Auf diesem finden sich blockartig herausgewitterte Felsen verstreut vor. Nach S fällt der Kamm steil zum Motagua-Tal ab, wo erst wieder flachere Böschungswinkel in den Glimmerschiefern auftreten. Der Kamm selbst zeigt in seiner Profillinie flache Einsenkungen abwechselnd mit kuppigen Erhebungen, deren höchster in diesem Teil des Gebirges der Cerro Pinalón (2550 m) ist. Er bildet eine ca. 130 m über dem Sattel von Timiluya (2420 m) sich erhebende kuppige Anhöhe. Der Verlauf des Firstes ist gradlinig von W nach O, so daß hierdurch von der Nordseite her das Bild einer Mauer noch mehr betont wird. Bemerkenswert ist für das Serpentinvorkommen an dieser Stelle, daß es hier die größte Meereshöhe in Guatemala erreicht, gleichzeitig aber auch die bedeutendste Mächtigkeit aufweist. Denn von 2550 m bis hinab zum Motagua-Tal nimmt im Querprofil von San Vicente nach Morazán dieses Gestein allein an dem Aufbau der Gebirgsflanke teil. Auf dem von mir weiter östlich gelegten Querprofil Chilascó—San Augustín dagegen schaltet sich, wie die Karte von Sapper richtig vermerkt[61]), Kristallines ein, so daß dort ein oberes und unteres Band von Serpentin erscheint, Verhältnisse, die hier zur Ausbildung einer deutlich ausgeprägten Hangstufe geführt haben.

Bei meinem Abstieg vom Sattel von Timiluya gegen S, den ich bis 2160 m ausführte, gelangte man bereits bei 2220 m in die sanfteren

Hänge des Kristallinen, wo auch alsbald Quellbäche mit flachen Gehängenischen und Bachrissen sich einstellten, die uns einen gewünschten Platz zum Lager abgaben.

Das Südgehänge der Sierra de las Minas erscheint durch zahlreiche Seitentälchen reich gegliedert, die vielfach das Serpentinband in steilen Schluchten durchbrechen. An einzelnen Stellen stürzen die Bäche in Wasserfällen über die Felsriegel hinab, so der bedeutendste dieser Art, El Chorro genannt, oberhalb von Rio Hondo, den der Rio Colorado, ein Quellbach des Rio Hondo, bildet und der heute zu einer elektrischen Kraftanlage verwertet wird[62]). Die zwischen den Bächen liegenden Riedel und Sporne sind an ihren Enden breit abgeflacht, steil nach den Bachschluchten geböscht. Diese sind sämtlich Kerbtälchen und enge Schluchten.

Im Vergleich zum Südhang ist der Nordhang noch steiler geböscht. Der Granit im W, die Kalke im O bilden Steilhänge, wie sie für die Kordilleren Guatemalas selten in gleichem Ausmaß wieder begegnen. Da auf dieser Luvseite die Hangzerschneidung noch beträchtlicher ist als auf der Südseite, so haben sich, nach unseren bisherigen Kenntnissen zu urteilen, im westlichen Abschnitt zwischen Chilascó und Sinanjá scharfe schmale Grate ausgebildet, deren Begehen nach Sappers Erfahrungen gefährlich ist. Hangrutschungen schärfen sie stets aufs neue zu, so daß die Abtragung hier schnell vonstatten geht. Im Quellgebiet des Rio Samilhá, wo dichter Urwald die Gebirgsflanke überzieht, müssen auch unter der Walddecke scharfe gratartige Sporne vorhanden sein. Wenigstens lassen darauf die Angaben des Herrn Richard Gregg schließen, der vor Jahren einmal den Versuch machte, von dieser Gegend aus das Gebirge zu ersteigen.

Was das Vorkommen von Terrassen anbetrifft, so habe ich selbst entsprechende Beobachtungen nur auf dem Wege von Salamá nach Chilascó anstellen können, wo in der Talmulde bei La Vega (1540 m) an dem dortigen Bach eine niedrige Flußterrasse von 3 m zu bemerken ist. Bei Chilascó aber habe ich an dem gleichnamigen Quellbach des Rio Matanzas keine derartigen Formen wahrnehmen können.

Die Abtragungsverhältnisse zeigen also einen deutlichen Unterschied in der Intensität zwischen dem Nord- und Südabfall des Gebirges, insofern als die Erosion durch die kurzen Hangflüsse mit ihrem sehr steilen Gefäll besonders in der Granitzone der Nordabdachung eine stärkere Zerschneidung hervorgerufen hat als in dem leeseitig gelegenen von Serpentinen und Glimmerschiefern aufgebauten Südgehänge. Nur in der Kalkzone des östlichen Abschnittes scheint die

Talbildung auf die wenigen Rinnen der bedeutenderen Flüsse beschränkt zu sein. Diese Verhältnisse werden auch durch den Verlauf der Wasserscheide angedeutet, die zumindest in den von mir besuchten westlichen Abschnitten auf dem Hauptkamm am Motagua-Tal verläuft, also dort über die Glimmerschieferzone hinweg bis an das Serpentingebiet verlegt ist.

Die Flüsse, die aus der Sierra de las Minas stammen, sind sämtlich kürzere Wasserläufe mit steilem Gefälle und schwankender Wasserführung. Die meisten sind ihrem Lauf nach unbekannt, daher auf den Karten nur angenähert verzeichnet. Wahrscheinlich strömen einige des östlichen Teiles in ihren Oberläufen in kurzen Längstälern, um dann scharf nach N zum Polochíc-Tal abzubiegen. Die Nordabdachung (Luvseite) besitzt die längeren und wasserreicheren Flüsse, unter denen der östlich von Chilascó entspringende Panimá, der Samilhá, Pueblo Viejo und Zarco die bedeutendsten sind. Von ihnen sind die letzten beiden im Unterlauf mit Einbäumen befahrbar. Die Wasseradern der Südabdachung (Leeseite) sind unbedeutende Bäche, die vielfach in Wasserfällen über Felswände stürzen, um mit kurzen Unterläufen alsbald im Motagua zu münden. Abgesehen von einer etwaigen Ausbeutung für Wasserkraftanlagen kleinen Ausmaßes haben sie keine Bedeutung.

Die Pflanzenwelt der Sierra de las Minas zeigt sich verschieden nach Regen- und Schattenseite sowie nach der Höhe des Gebirges. An der Nordabdachung überziehen dichte Urwälder, sich abstufend vom Tieflandswald bis zum feuchten Bergwald die Hänge, in denen sich entsprechend den Wärmezonen die tropischen und warm- bis kühlgemäßigten Vertreter zusammenreihen. Der Bergwald der Höhen zeichnet sich durch seine üppigen Moospolster und Flechten aus, wie sie in gleicher Fülle mir kaum aus einem anderen ähnlichen Gelände in Guatemala bekannt geworden sind. Allenthalben liegen auf dem wasserscheidenden Kamm gestürzte Stämme mächtiger vermoderter Laubbäume umher, die von dem dichten Moospolster überwuchert sind, so daß das Passieren hier außerordentlich erschwert wird. Genau die gleichen Zustände berichtete mir Herr Gregg von seinem Vorstoß oberhalb von Westfalia. Üppig wachsen in jenen Höhenwäldern Bambusse, reich sind stachlige Lianen vertreten, wogegen die Nadelhölzer auf dem Hauptkamm selbst zurücktreten. Um so mehr gewinnen sie die Oberhand, wenn man sich westlich von Chilascó zum Becken von Salamá hinab bewegt, wo auf weite Strecken der Mischwald mit vorherrschenden Nadelholzbeständen (Kiefern) die kristalline Zone bedeckt. Sie finden sich ferner in den unteren Lagen des Südgehänges und sind hier an die Serpentinzone gebunden. die bereits in die Trockenregion der Motagua-Senke hineinreicht. Man beobachtet dort allenthalben von San Agustín Acasaguastlán bis Zacapa einen recht schütteren Waldbestand.

In die Urwälder der Nordabdachung ist bis zu mittleren Höhenlagen der Tierra templada aufwärts Rodungsland freigelegt worden. soweit die Gehängeneigung hier Kulturland entstehen ließ. Es ist das der Abschnitt zwischen dem Panimá und Samilhá. Weiter östlich wird die Böschung zu steil, so daß dort noch der ganze Gebirgsabfall von seinem unberührtem Waldkleid überzogen ist. Im einzelnen ist botanisch über dieses interessante Gebiet noch nicht gearbeitet worden.

Anmerkungen.

39) Mapa Catastral de la Region Nordeste de la República de Guatemala, C. A., en escala de 1 á 200 000, compilado por la Comision de Límites, Año de 1929.

40) F. Termer, Die Entwicklung der länder- und völkerkundlichen Kenntnisse über Mittelamerika im 16. Jh. (Mitt. des Deutsch-Südamerikan. und Iberischen Instituts in Köln, 1921, S. 13).

41) Hierüber Näheres im II. Teil dieser Studien.

42) Fuentes y Guzmán, Recordación Florida. Lib. V. cap. 7 (Biblioteca „Goathemala", vol. VII, Guatemala 1933, Bd. II. Karte bei S. 260).

43) Cartografía de la América Central (Atlas). Guatemala 1929, der eine sehr nützliche Zusammenstellung der meisten älteren Karten bringt. Die Reproduktion ist teilweise mangelhaft. — Vgl. auch Wappäus, Handbuch der Geogr. und Statistik des ehemalig spanischen Mittel- u. Südamerika, Leipzig 1863—70, S. 276 li.

44) Bernouilli, G., Reise in der Republik Guatemala, 1870. (Pet. Mitt. 1875, S. 332).

Nach ihm bezeichneten die Anwohner den San Gil als Vulkan, wobei sie darunter einen kegelförmigen Gipfel verstanden. auf dem ein See liegen sollte. Vielleicht handelt es sich um jene Erhebung, die man von Puerto Barrios aus in N 140° W erblickt (vgl. Figur 2, S. 153). Was Bernouilli weiterhin über Obsidianvorkommen am Izabál-See in diesem Zusammenhang berichtet, entspricht nicht den Tatsachen und geht wohl auf falsche Angaben Einheimischer zurück.

45) Sidney Powers, Notes on the Geology of eastern Guatemala and northwestern Spanish Honduras. (The Journal of Geology, Bd. 26 (1918], S. 507 bis 523).

46) F. Termer, Berichte über Reisen in Mittelamerika. (Mitt. Geogr. Ges. Hamburg, Bd. 41 (1930), S. 1ff.)

47) Exploration de l'Amérique Centrale et particulièrement de la province de Vera-Paz et du District de Santo-Tomas de Guatemala. Instructions générales et Rapports. Paris 1844. S. 7 u. 11.

[48]) K. Sapper, Über Gebirgsbau u. Boden des nördl. Mittelamerika. (Pet. Mitt. Erg. Heft 127, Gotha 1899). Geologische Karte. Taf. II.

[49]) Ebendort, S. 68.

[50]) Ebendort, Geol. Karte, Taf. II.

[51]) Ebendort, S. 61.

[52]) Aus einem ähnlichen Quell soll die Wasserleitung von Puerto Barrios gespeist werden, die bei Las Escobas gefaßt ist und durch Röhrenleitung unter dem Meer an Santo Tomas vorüber nach dem Hafenplatz geleitet wird.

[53]) K. Sapper, Congrès International des Sciences Anthropologiques et Ethnologiques. Compte-rendu de la première Session, Londres 1934, S. 241 ff.

[54]) Vgl. das Bild das S. Gil in W. T. Brigham, Guatemala, the Land of the Quetzal, New York 1887, S. 59.

[55]) Fuentes y Guzmán, Recordación Florida (a. a. O., s. Anm. 42), Bd. III. S. 290. — Auch G. Bernouilli, nach Hörensagen (Pet. Mitt. 1875, S. 334 li.).

[56]) Vermutlich handelt es sich um denselben Weg, von dem Bernouilli spricht (Pet. Mitt. 1875, S. 334 li.). Ein Pfarrer aus Zacapa hätte das Gebirge kolonisieren wollen und zwei Mal eine Überquerung von Rio Hondo nach dem Rio Polochic ausgeführt, nachdem Indianer einen Fußpfad ausgehauen hätten. Ein Teilnehmer an den Expeditionen hätte von vier Gebirgsketten gesprochen, die zu überschreiten wären. Der Pfad entspricht wahrscheinlich dem noch bis in die neunziger Jahre des vorigen Jahrhunderts bekannten „Camino de las flautas", der auf der Karte von J. Gavarrete, 1882, eingezeichnet ist.

[57]) Schon Dollfus und Montserrat erkannten diesen Charakter des Gebirges, ohne daß später von anderen Reisenden wieder darauf hingewiesen worden wäre: „Une grande chaîne, décomposée quelquefois en chaînons parallèles, peu distantes les unes des autres." (op. cit. S. 91).

[58]) K. Sapper, Üb. Geb. Bau u. Boden usw. (s. Anm. 48), S. 42 u. 52.

[59]) Sidn. Powers (s. Anm. 45), S. 518.

[60]) K. Sapper, s. Anm. 48, S. 90.

[61]) K. Sapper, ebendort, Tafel II.

[62]) José Archila Lemus, Monografía del Departamento de Zacapa. Guatemala 1928, S. 180.

Kapitel IV.

Die nichtvulkanischen Gebirge von Westguatemala.

(Sierra Madre.)

Die Mestizenbevölkerung kennt den Namen „Sierra Madre" für verschiedene Züge der zentralen Ketten in Westguatemala. Daneben tragen sie aber für sich wieder Einzelbenennungen, die bestimmten Siedlungen dieser Gebiete zukommen und von ihnen auf die Gebirge übertragen worden sind. Will man einen einheitlichen Namen für die ganze nichtvulkanische Kordillere von Mittelguatemala wählen, die sich von Chiapas bis zur Sierra de las Minas hinzieht, so empfiehlt sich dafür Sierra Madre zu setzen, zumal diese Kette eine Fortsetzung derjenigen in Chiapas ist.

Trotzdem wir uns hier mitten im Herzen des Landes befinden, ist die wissenschaftliche Kenntnis über diese Gebiete nicht weit entwickelt. Die Reisenden haben immer jene Gebirge auf den kürzesten Wegen von S nach N überschritten, wobei jeweils an ihren Routen wertvolle Beobachtungen über den Gebirgsbau angestellt werden konnten. Es ergab sich, daß eine verhältnismäßig weitreichende Einförmigkeit diesen Bau beherrscht.

Betrachten wir von O nach W schreitend diesen Kettenzug, so finden wir ihn gegen die Sierra de las Minas nicht eben scharf abgesetzt. Vielmehr leitet eine mäßig tiefe Paßeinsattlung südlich S. Jerónimo von einem zum anderen Gebirge über. In Wirklichkeit besteht keine Grenze geologischer Art, sondern die Sierra de las Minas setzt sich nach W in die Sierra Madre fort. Von der genannten Paßeinsattlung bis zu dem Übergang südlich von Rabinal heißt das Gebirge Sierra de Chuacús, von dort bis gegen Santa Cruz Quiché kennt man es als Sierra de Zacualpa. Von hier nach W fehlen Eigennamen; wir nennen das Gebirge daher einfach Sierra Madre bis zur Landesgrenze. Von dem Hauptzuge spalten sich einige Nebenäste nach N und NO ab, so bei Chicáj und Rabinál, bei Canillá und Sajcabajá, sowie südöstlich von Zacapulas. Aber besondere Namen trägt keiner dieser Höhenzüge. Im W vereinigt sich die Kordillere mit dem vulkanischen Massengebirge von Südguatemala, um in Chiapas als mächtiger Höhenzug sich längs der pazifischen Küste fortzusetzen[63]). Die Gestalt dieser Züge wird beherrscht durch langgestreckte Ketten, die durch Senken im N und S gegen benachbarte Ketten abgegrenzt sind. Die größten Höhen finden sich im W, wo der Cerro Boquerón über 3000 m erreicht. Die Sierra de Zacualpa wird von einigen Kammerhebungen und zwei weithin sichtbaren Kuppen nordöstlich von Zacualpa bis über 2500 m überragt. Sonst bewegen sich die Kammhöhen um 2000 m. Tiefe Einsattlungen fehlen. Die Pässe überschreiten zwischen 1600 und 2000 m Höhe das Gebirge (Cumbre de S. Jerónimo 1475 m, C. de Chuacús 1630 m, C. de El Chol 1890 m, C. de Cubulco am Weg nach Pachalúm 2180 m; Weg nach Joyabaj 2180 m, C. de Chinique, Weg nach Sajcabajá 2470 m, C. de Santa Rosa, Weg nach Sajcabajá 2510 m). Westlich einer Linie Santa Cruz Quiché—Zacapulas ändert sich der Charakter des Gebirges insofern, als anstelle der Kette niedrige wellige Rücken treten, die breite Senken zwischen sich lassen, so daß man, etwa von der Cuesta von Chiantla nach S blickend, den Eindruck gewinnt, als breite sich zwischen den Cuchumatanes und dem vulkanischen Massengebirge im S eine Gebirgssenke aus, in der niedrige Rücken von W nach O streichen. Westlich des Rio Cuilco erhebt sich das Gebirge zu einem breit abgeflachten Massiv, das nach W ansteigt. Der Kettencharakter verliert sich dort. Es ist das Gebiet, in dem sich vulkanisches Massengebirge und nichtvulkanische Sierra Madre miteinander vereinigen. Abseits davon liegt die kurze aber hohe Kette der Sierra de Cuilco, die durch kettenartige Verbindungsstücke mit den Cuchumatanes zusammenzuhängen scheint.

Herrscht so im allgemeinen die Längserstreckung in diesen Gebirgen vor, so wird das orographische Relief verwickelter in den östlichen Abschnitten, in denen Querriegel kurzer Erstreckung in nordsüdlicher Richtung verlaufen. Sie sind teils hügelartige Züge (Canillá, Chirrumán bei Cubulco, Salamá), teils auch höhere Rücken (San Gabriel Pansuy, Xeococ bei Rabinal), die über 1500 m aufsteigen. Sie stellen im Becken von Salamá die Verbindung zu Längsrücken her, die sich im NW von der Sierra de las Minas abzweigen und als Sierra de Pansál und S. de Chijolóm die südliche Grenze der Alta Verapaz bilden. Durch die wenig bekannte Sierra de Belejú leiten sie in die Cuchumatanes über.

Die Entwässerung der hier behandelten Kordillerenzüge richtet sich nach der atlantischen Seite und zwar in den drei Hauptsammelrinnen des Rio Motagua nach O, des Rio Negro nach N und des R. Cuilco nach NW. Von diesen sind Cuilco und Negro Durchbruchsflüsse, die in engen Tälern die Gebirge nach N durchströmen.

Der Motagua ist ausgesprochener Längsfluß. Er entspringt aus mehreren kleinen Quellbächen westsüdwestl. von Chichicastenango, ohne daß bis jetzt die Hauptquelle genauer bekannt ist. Sie ist daher auf der Karte nach Mitteilungen von Indianern aus diesem Dorfe eingetragen worden. Schon bald nach seinem Ursprung durcheilt der Quellast tiefe Barrancos in vulkanischen Lockermassen, in denen ihm eine Reihe von Bächen von der Sierra de Zacualpa zueilen, so der zweite Quellast Rio de Santa Cruz, der Rio Tululché und R. Joyabaj. Unter den südlichen Zuflüssen, die wasserreicher sind, und ihren Ursprung auf dem vulkanischen Massengebirge der Sierra de Tecpán haben, ist der bedeutendste der Rio Xecamán, der in tiefem Barranco bei La Garrucha einmündet. Östlich dieses Punktes werden die Lockermassen von anderen festen Formationen abgelöst, in denen ein tiefes Felsental ausgenagt ist, durch das der nun schon stattliche Fluß schäumend mit erheblichem Gefälle strömt. Es bedürfte eines großen Kartenmaßstabes, um diese Verhältnisse wiedergeben zu können. Daher gewinnt man aus den vorhandenen Karten niemals eine richtige Vorstellung von der tiefen Rinne, die der Motagua bis zu seinem Eintritt in die breite Senke bei La Canoa sich angelegt hat. Unter den Nebenflüssen auf dieser Laufstrecke ist der von S kommende Rio Pixcayá der bedeutendste, der nördlich von Chimaltenango entspringt. Die nördlichen Zuflüsse sind kleine, aber reißende Gebirgswässer, die mit steilem Gefälle von der Sierra de Chuacús herabeilen.

Der Rio Negro ist in seinem Oberlauf ebenfalls Längsfluß. Er entspringt bei Estancia La Virgen in ca. 2000 m Meereshöhe und empfängt seine Hauptflüsse von S her, so den R. Pacarnate, der sein Sammelgebiet zwischen dem Cerro Calél und Momostenango hat, den R. Cakihá, der die Gegend von Chiquimula und Ilotenango entwässert, weiterhin einige längere, jedoch wasserarme Nebenflüsse, die ihm von der Sierra de Zacualpa zueilen wie den R. Chichimá bei Sajcabajá. Weiterhin sind Zuflüsse spärlich, meist nur Bäche oder periodisch fließende Rinnsale. Erst der Rio Somá, der sein Quellgebiet bei Cubulco und Rabinal hat, ist bedeutender, wenn auch wesentlich wasserärmer als die Zuflüsse des R. Motagua. Das besprochene Laufstück ist als tiefe Rinne ausgebildet, man kann auch hier von Barrancos sprechen, die bei Zacapulas von einem mächtigen Felsental abgelöst werden. Östlich davon wird das Talprofil im Querschnitt asymmetrisch. Denn im S breiten sich Lockermassenebenen aus, während im N unmittelbar über dem Fluß ein steiler Gebirgshang aufsteigt, der eindrucksvoll auf dem Wege Sajcabajá—Uspantán hervortritt. Unterhalb davon ist mir das Tal nicht bekannt geworden. Anscheinend sind auch frühere Reisende dort nicht gewesen. Erst das Durchbruchstal von San Joaquín, eines der merkwürdigsten und imposantesten Täler von Guatemala ist bereits beschrieben worden[64]). In ihm erhält der Hauptfluß von O her den Rio Salamá und Carchelá, sonst nur unbedeutende Bäche.

Der Rio Cuilco entwässert den westlichen Abschnitt der Sierra Madre zur Senke von Mittelchiapas. Er setzt sich aus einem nördlichen Oberlauf und einem ostwestlichen Mittellauf zusammen. Die Quellen liegen bei Ixchiguán in über 3100 m und östlich von S. Antonio Sacatepequez in über 3000 m. Eine Anzahl von Zuflüssen vereinigt sich von W, wenige von SO und O her mit ihm, so der Rio

Ixchól von Calél. Unbedeutend weil wasserarm sind die Zuflüsse des Mittellaufes von N und S her; unter ihnen ist der geröllreiche Rio Agua caliente zu nennen, der aus dem Gebirge bei Tectitán stammt. Der Oberlauf des Cuilco schlängelt sich in eine wenig modellierte Hochfläche eingesenkt nach NW, um plötzlich bei San Gaspar Ixchíl nach W abzubiegen und durch die breite Senke von Cuilco nach W zu strömen. Bei Amatenango tritt der Fluß in das Durchbruchstal von Amatenango ein, ehe er die Senke von Mittelchiapas erreicht.

Der Rio Saleguá (auch Seleguá) entwässert den Südabfall der Cuchumatanes, durchbricht bei San Ildefonso das Gebirge in dem großartigen Tale von Ponsáj und fließt ebenfalls der Senke von Chiapas zu. Seine Nebenflüsse sind nur unbedeutende Rinnsale. Sehr auffällig ist das Verhältnis des Cuilco zum Saleguá, die sich bis auf 3,5 km nähern. Wir kommen darauf später zurück.

Die geologischen Verhältnisse dieser Gebirgszüge sind im allgemeinen bekannt geworden, so daß hier auf die betr. Schriften verwiesen sein mag[65]). In der Sierra de Chuacús und Sierra de Zacualpa herrschen im O Glimmerschiefer und Serpentine vor, enger begrenzt treten Granite und Gneise auf, die häufig ineinander übergehen. Vielfach ist der Gneis chloritisiert (z. B. Weg Rabinal—Cubulco). Östlich von Joyabaj findet sich im Gneis Bergkristall. Phyllite traf ich auf dem Wege von Cimarrón nach Granados östlich des erstgenannten Weilers. Südlich von Salamá und Rabinal durchragen kristalline Kalke die Glimmerschiefer. Im W treten die Glimmerschiefer zurück. Sie werden abgelöst von jungvulkanischen, meist andesitischen Gesteinen, mit deren Auftreten die zunehmende Höhe der Sierra de Zacualpa im W zusammenhängt. Auf dem Wege von Santa Cruz Quiché nach Sajcabajá trifft man auf Kristallines mit eingeschaltetem schmalen Band von Granit, der eine sandige Verwitterungsdecke trägt, danach wieder auf Kristallines mit rötlichem, lehmigem Boden und tiefen Erosionsrillen. Darüber folgt Andesit, der den Hauptkamm zusammensetzt (2510 m). Auf der nördlichen Seite folgt rötlicher Lehmboden bei Santa Rosa Chujuyúb, das in einer breiten Talmulde liegt. Nordöstlich davon steigt man zu einem von Nadelholzwald bestandenem Rücken auf, der aus Glimmerschiefern mit reichlichen Quarzeinschlüssen (Str. NO/SW), aus Gneis und wieder aus Glimmerschiefern besteht (Str. N 110° O, Fallen 30° SW). Später beobachtet man wieder Gneis mit östlichem Streichen und steilem Einfallen von 80° nach N. Beim weiteren Abstieg in die Senke von Sajcabajá treten Granit, Phyllit und ein schmaler Streifen von Serpentin auf. Die geologischen Verhältnisse dieser Senke bis an den Rio Negro hat schon Sapper mitgeteilt[66]).

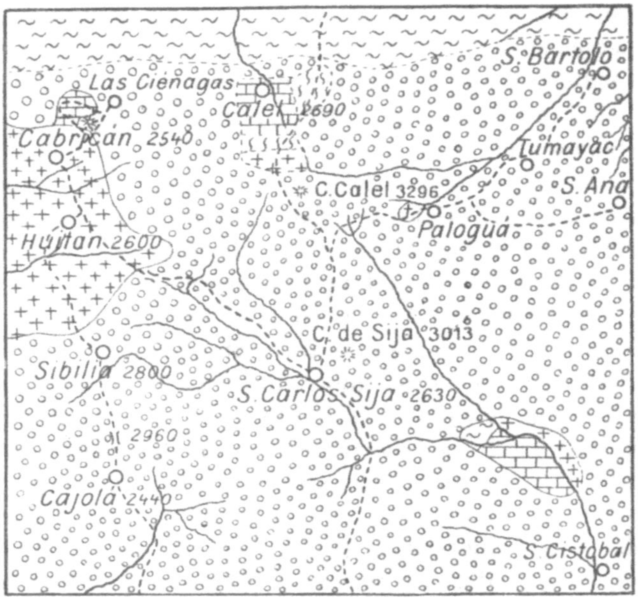

Geologische Skizze der Gegend von Cabricán und San Cárlos Sija (1:300000)

Flußläufe — *Routen von F. Termer*

Kristallines — *Kreidekalke u. Dolomite*

Granit — *Jungeruptives Massengebirge*

Serpentin

Die Einträge bei Calel nach Angaben der internat. Eisenbahnkommission 1891–93.

Fig. 7.

Die Granit- und kristalline Zone weiter westlich ist nach S stellenweise durch Auftreten kleiner Granitinseln und zusammenhängender niedriger Rücken aus Gneisen und Glimmerschiefern ausgeprägt, die die Senke zwischen Cuchumatanes und dem jungvulkanischen Massengebirge des Cerro Calél einnehmen. Ein geologisches Profil von S nach N hat längs des Weges Olintepeque—Xecúl—Sija—Estancia La Virgen—San Lorenzo—Huehuetenango die Ingenieurkommission der interkontinentalen Eisenbahnkommission gelegt, leider ohne das Profil selbst zu veröffentlichen, so daß man auf den Text angewiesen ist[67]). Die Route folgte dem alten Reitwege von Quezaltenango über die Estancia nach Huehuetenango; der heutige Fahrweg bleibt meist westlich davon und trifft nur stellenweise, so bei der Estancia und San Lorenzo, mit dieser Route zusammen. Daher mag es kommen, daß sich einige Abweichungen zwischen den Beobachtungen der Kommission und den meinigen ergeben haben. Da das Werk der Kommission selten ist, so sei kurz das damals aufgestellte Profil hier mitgeteilt.

Olintepeque—Xecúl: grauer Granit mit dünnen Streifen weißen Sandsteins(!), der W/O streicht und steil einfällt (69°). Auf der Höhe von Xecúl lagert dieser Sandstein horizontal. In der breiten Mulde, die der Rio Nimá (Rio Sija) durchströmt, lagert eine mächtige Tondecke mit vielen Quarzen, so daß sie als Verwitterungsdecke von Granit angesprochen wird. Es sei hier hervorgehoben, daß Sapper Granit und Kalk in dieser Gegend am Rio Nimá eingetragen hat (Geol. Karte, 1899).

Sija—Calél—Huehuetenango: Höhen oberhalb von Sija Granit, der auch nördlich der Wasserscheide des Cerro Calél ansteht. Er geht nach N über in Chloritschiefer und Glimmerschiefer. Auf sie folgen Dolomite, die bis 1 Legua (4,5 km) nördlich von der Estancia anstehen sollen. Danach treten wieder Chlorit- und Glimmerschiefer auf, gelegentlich von Gneisen unterbrochen, die bei San Lorenzo von grauen Graniten stellenweise überlagert sind. Die Unterlage des mit Lockermassen erfüllten Beckens von Huehuetenango sind kristalline Schiefer. Glimmerschiefer und Gneise sind zwischen der Estancia und San Lorenzo stark gefaltet.

Auf meiner Route, die dem neuen Fahrweg folgte und die ich nicht genauer aufnehmen konnte, beschränken sich meine Beobachtungen nur auf einige allgemeine Feststellungen und eine genauere Beobachtung in der Umgegend von San Carlos Sija. Hiernach wird der Abfall des Gebirges zur Ebene von Quezaltenango nördlich von Olintepeque von Andesiten gebildet, die ich ebenfalls am Abfall bei Cajolá und bei San Andres Xecúl fand. Es kann sich also bei dem Xecul-Granit der Kommission nur um ein kleines Vorkommen handeln. Die Höhen bei Sija, die ich im N des Dorfes kennen lernte und von denen ich den Cerro de Sija im O erstieg, bestehen aus Andesit, der Cerrode Sija aus einem Vitrophyr (Opielok). In kleiner Verbreitung steht im N an der Cumbre del Aire Granit (Biotitgranit) an, den man etwas östlich davon auf dem Pfad nach Paloguá in Bacheinschnitten als Liegendes der Andesite findet. Die Höhen des Cerro Calél sind Andesit.

Nördlich von der Estancia beobachtete ich verwitterte Granite und Glimmerschiefer, deren Verwitterungsdecke ein heller, an Glimmer reicher Quarzsand ist. Dann treten Kalke auf, die teilweise metamorphosiert sind und den kontaktmetamorphen Kalken von Cabricán gleichen. Nördlich davon stehen wieder Glimmerschiefer und Gneise an, die in Granit übergehen. Man sieht einige Male Stauchungen und Fältelungen in den Gneisen, so etwas südlich von Malacantancito. Ebendort fand ich Kalkglimmerschiefer (nach der Bestimmung von Opielok).

Wo jungvulkanische Gesteine auftreten, handelt es sich stets um Andesite, die die höchsten Partien des Gebirges am Cerro Calél einnehmen und keine erhebliche Mächtigkeit besitzen dürften. Östlich der Cumbre del Aire bis in die Gegend von Momostenango bilden diese Andesite steil nach S abbrechende Übergußtafeln mit ebener Oberfläche. In der Senke des Rio Nimá (R. Sija) lagern vulkanische Tuffe. Es besteht Grund zu der Annahme, daß die Streifen hellen Sandsteins bei Xecúl (s. S. 185) ebenfalls verfestigte Bimssteintuffe sind.

Westlich von Sija auf dem von mir begangenen Wege Sija—Huitán—Cabricán stehen in der Talmulde des Rio Sija Tuffe an, die bei Sija geschichtet und von Lockermassen überdeckt sind. Bei Recuerdo Barrios steigt man in Andesiten zur Paßhöhe auf, auf der Tuffe grusig zersetzten grauen Granit überlagern. Dieser bleibt bis Cabricán anstehend und bildet eine weit nach W zu verfolgende Fläche, die von Tälern vielfach zerschnitten ist. Nordwestlich von Cabricán ragt ein Höhenzug auf, die Sierra de Tuichámen. Er besteht in seinem westlichen Abschnitt aus metamorphosierten marmorartigen Kalken und Dolomiten, die in Parallele mit den Dolomiten von der Estancia zu setzen sind. Südlich der Mulde von Sija fand ich das Gebirge bei Sibilia aus Andesit bestehend. Es ergibt sich hiermit, daß wir im N des Beckens von Quezaltenango einen Andesitzug, der kleine Graniteinseln birgt, vor uns haben. Auf ihn folgt nördlich ein Zug aus Graniten mit einer wenig mächtigen Andesitdecke. Die Senke nördlich davon besteht aus kristallinen Bildungen und Dolomiten. Im Aufbau haben wir also eine Fortsetzung der Sierra Madre anzunehmen, die je weiter nach W zu, um so stärker von Andesiten überlagert wird.

Die Granite setzen sich dann in größerer Ausdehnung über Colotenango nach W fort und bilden dort die südliche Einfassung der Senke von Cuilco. Diese entspricht einer ostwestlich streichenden Störungslinie. Denn auf der südlichen Talseite stehen kristalline Gesteine und Gneise, auf der nördlichen Kalke an, die an dem von mir begangenen Wege Cuilco—Ruinen von San Juan vielfach gestört sind. Man beobachtet kleine Falten und Verwerfungen und bei San Juan ein Streichen nach N 65° W und Fallen von 70° nach SSW. Die Kalke, die sich talaufwärts bis in die Nähe von San Ildefonso fortsetzen, sind die von uns bereits mehrfach erwähnten dunklen Kalke, die von Schuchert als permischen Alters angesprochen werden (früher Karbon-Kalke Sappers). Teilweise sind sie leicht kristallin und von Dolomiten und Kalkbrekzien begleitet, die man zwischen Cuilco und San Juan findet. Nach den Mitteilungen der internationalen Eisenbahnkommission folgen auf dem Wege San Juan—Chiquihuíl (2340 m) rote Sandsteine und Dolomite, die die höheren Hangpartien zusammensetzen und wahrscheinlich den Todos Santos-Schichten entsprechen. Die Sierra de Cuilco gipfelt in einem der Form nach aus Kalk bestehenden Kamm, dessen höchster Punkt der Cerro Boquerón (3493 m) ist, den man weithin im Hochlande von West-Guatemala sieht. Näheres über das Alter dieser Höhenkalke ist nicht bekannt. Sapper bezeichnet sie auf seiner geologischen Karte von 1899 als Karbonkalke.

Das Tal von Cuilco, dessen Sohle beim gleichnamigen Dorf in 1160 m Meereshöhe liegt, und das im N von der bis über 3000 m sich erhebenden Sierra de Cuilco überragt wird, ist von mächtigen Schotterablagerungen erfüllt. Sie bestehen überwiegend aus kristallinen Gesteinen, Graniten, Serpentinen, zeigen also die Produkte einer Abtragung des südlich verbreiteten Gebirges. Durch Erosion des Rio Cuilco sind die Schotter zerschnitten worden, die auf dem nördlichen Ufer bis zu 150 m über dem Fluß angetroffen wurden. In diesen Schottern sind zwei Terrassen angelegt, stellenweise ist eine dritte, noch tiefere in kleineren Resten erhalten. Die oberste trägt auf Kalken Schotterauflagerungen und liegt 110 m über dem Fluß, die untere besteht aus Schottern und liegt 50 m über dem Cuilco. Die unterste, in Resten, z. B. einem Umlaufberg unterhalb Cuilco erhaltene, mag rd. 15 m über dem Fluß sich erheben. Am deutlichsten sind die beiden Hauptterrassen am nördlichen Ufer ausgebildet, am südlichen treten sie in weniger ausgedehntem Zusammenhang auf. Sie erniedrigen sich entsprechend dem Talgefälle nach W. Wie die Verhältnisse unterhalb der Finca Canibál sich gestalten, entzieht sich meiner Kenntnis.

Es sei hier auf die Angaben von Waibel verwiesen, der Flußterrassen in der Sierra Madre von Chiapas beobachtete[68]), ohne nähere Angaben darüber zu machen. Er spricht von 3 Terrassen am Rio Coatán, der der pazifischen Abdachung angehört, aber immerhin uns die Dreizahl wiederholt. Ich selbst habe das Cuilco-Tal noch einmal kurz bei Cuxhú berührt, ohne dort bei der Kürze des Aufenthaltes Terrassen gesehen zu haben. Unter den südlichen Nebentälern der Cuilco-Senke zeichnet sich das Tal des Canibál-Flusses (auch Rio Agua caliente) ebenfalls durch 2 Terrassen aus. Die untere entspricht der 50 m-, die obere der 100 m-Terrasse. Erstere ist in Schottern angelegt, letztere ist eine in Kristallinem ausgebildete Felsterrasse. Beide sind aber nur in Resten vorhanden.

Die morphologischen Formen der Senke werden noch abwechslungsreicher durch einige breite Gehängeabsätze, die als Denudationsterrassen den Gesteinswechsel am nördlichen Talhang anzudeuten scheinen. Sie sind von mir nicht begangen worden. Deshalb soll nicht weiter darauf eingegangen werden. Es kann sich auch um Störungen längs der Bruchlinie handeln.

Die Talgeschichte des Cuilco- und Saleguá-Tales einerseits, des oberen Rio Negro andererseits wirft interessante Fragen morphologischer Art auf. Betrachtet man auf der Karte diese drei Flüsse, so fällt die Anordnung ihrer Oberläufe, beim Cuilco des Laufstückes Colotenango—Canibál längs einer Ost-Westlinie auf, die sich vor dem Südabfall der Cuchumatanes, der Sierra de Atitlán und Sierra de Cuilco entlangzieht. Überblickt man das Gelände von der Paßhöhe bei La Magdalena nach W, so breitet sich in dieser Richtung eine Hochfläche aus, deren höchster Punkt westlich von Aguacatán in 2260 m liegt. Als Hochfläche von 2000 m zieht sich das Gelände über Ocubilá nach Chiantla (1980 m). Die Hochfläche besteht aus Granit. Stehen wir etwas oberhalb von Tectitán, so tritt ebenfalls eine Niveaufläche in 2230 m deutlich heraus, die sich sowohl nach O wie nach W verfolgen läßt und ebenfalls in Granit angelegt ist. Sie wird allerdings zwischen Colotenango und Tectitán von den tiefen Paralleltälern der südlichen Zuflüsse des Cuilco zerschnitten, ist aber gut über sie hinweg zu verfolgen. Wir haben es hier zweifellos mit einer breiten Verebnungsfläche zu tun, wie sie auch sonst, wenn auch in kleinerem Ausmaß, den Kettengebirgen des nördlichen Mittelamerika nicht fremd sind (z. B. Sierra de las Minas bei Chilascó s. S. 174 und im O des Xucanéb-Gebirges). In diese Verebnungsfläche haben sich von O nach W betrachtet eingeschnitten: der Rio Pajaritos, Rio Blanco,

Rio Chiantla bzw. Rio Saleguá; an ihrem Nordrande in der Cuilco-Senke der Rio Cuilco. Bewegt man sich bei Aguacatán im Tale des Rio Blanco, so treten beiderseits des Flusses zwei Terrassen hervor. Sie bestehen auf der nördlichen Talseite aus den dunklen Kalken der südlichen Cuchumatanes, auf der südlichen aus Graniten. Auf beiden lagern in geringer Mächtigkeit angewehte Lockermassen vulkanischer Herkunft. Die untere liegt 40 m, die obere 90 m über dem Fluß (Rio S. Juan). Eine Felsterrasse in 130 m ist außerdem am nördlichen Gehänge ausgeprägt. Die Terrassen fallen gleichsinnig mit dem Rio Blanco nach O ab, auch die Felsterrasse senkt sich leicht nach O. Am Rio Aguacatan sind die Felsterrasse (150 m) und die beiden unteren Terrassen (80 m und 30 m) ausgebildet. Bei Chiantla (1890 m) haben wir 2 Terrassen, eine untere in 30 m, eine obere in 80 m über dem Rio Chiantla in vulkanischen Lockermassen, die auch bei den Ruinen von Zaculeu vorhanden sind. Sie finden sich ferner im Tal des Rio Naranjo westlich von Huehuetenango. Als 20 m- und 60 m-Terrassen treffen wir sie bei San Sebastián im Saleguá-Tal wieder. Alle diese Tatsachen zeigen eine junge Hebung an, die das ganze südliche Vorland der Cuchumatanes und der westlichen Gebirge betroffen hat. Junge Krustenbewegungen haben anscheinend das heutige Flußnetz nachhaltig beeinflußt, das durch die tiefen Durchbruchstäler des Cuilco und Saleguá zur Senke von Mittelchiapas in seiner gegenwärtigen Entwässerungsrichtung bestimmt worden ist. Einer älteren Epoche entsprechend ist die Entwässerung wohl nach O hin erfolgt, so, daß der ursprüngliche Rio Cuilco mit dem Saleguá auf der Verebnungsfläche in Längsrichtung der Kettenzüge ostwärts flossen. Es bildete sich dann das Senkungsgebiet von Cuilco aus, das sich mit Schottern auffüllte, während nach NW hin das Durchbruchstal von Amatenango angelegt wurde. Hierdurch fand eine Umkehrung des Flußgefälles nach W und NW hin statt, so daß nunmehr der Cuilco nach W abgelenkt wurde. Eine zweite Ablenkung fand in Verbindung mit der Ausbildung des Durchbruchstales von Ponsáj statt, die so erheblich war, daß der Rio Saleguá nach NW abgeleitet wurde. Das entstehende Gefälle zur Erosionsbasis der Chiapassenke (550 m) war so bedeutend, daß der Saleguá dem Cuilco abspenstig gemacht wurde, während der im O sich immer weiter eintiefende Rio Negro (bei Zacapulas 1160 m) die Entwässerung bei Aguacatán an sich zog. Wir müssen also annehmen, daß die Ausbildung der Chiapassenke richtunggebend auf die Entwicklung des hydrographischen Netzes der westlichen Kettengebirge eingewirkt hat. Zu einer genauen Zeitbestimmung dieser Vorgänge reichen unsere geologischen Kenntnisse des Gebietes noch nicht aus. Wir können nur so viel mit Sicherheit annehmen, daß die Herausbildung der Durchbruchstäler mit den spättertiären umfassenden Gebirgsbildungen, Brüchen, Hebungen und Senkungen erfolgte, so daß wir damit einen Anhalt für das Alter der Verebnungsflächen in Westguatemala erhalten und es als jungtertiär bezeichnen dürfen. Im O läßt sich die ursprüngliche Entwässerung nicht genau verfolgen, da dort das Durchbruchstal des Chixoy die Verhältnisse verschleiert hat. Nahe läge es, wie auch schon Sapper einmal vermutete, den Ur-Rio Negro sich in einem Urpolochíc nach O fortsetzen zu lassen. Die Trennung beider Flüsse wäre dann durch den gewaltigen Querbruch des heutigen Chixoy-Tals erfolgt. Eine Parallele zu den Durchbrüchen des Cuilco und Saleguá besteht vielleicht darin, daß wie hier die Senke von Chiapas die Gewässer an sich zog, so beim Ur-Polochíc das Senkungsgebiet des Petén eine ähnliche Rolle gespielt haben mag.

Wie oben gezeigt wurde (s. S. 184), bilden kristalline Gesteine, Gneise, Granite und Dolomite die breite Mulde zwischen dem Gebirgszug von Calél und Chiantla, jenes flachwellige Gelände, das zwischen 1900 bis 2000 m Höhe aufweist und das, wie uns wieder der Überblick vom Paß bei La Magdalena zeigt, nur ein Teil der breiten Einebnungsfläche ist, die wir bei Aguacatán kennen lernten. Wir kennen das Alter der Dolomite nicht, aber aus den verschiedenen Vorkommen solcher Bildungen im Bereich der südlichen Kettenzüge zu schließen, dürfen wir sie wohl mit Kreidekalken und Dolomiten gleichsetzen und damit die Entwicklung der Verebnungsfläche in tertiäre Zeiten verlegen. Ob es sich bei ihr um eine Rumpffläche handelt, ist heute noch nicht einwandfrei festzustellen. Dafür sprechen die allerdings von mir nur an einer Stelle südlich von Malacatancito beobachteten Faltungen in den Gneisen und Glimmerschiefern, wo deutlich eine Kappung der Falten durch die Landoberfläche hervortritt. Sie ist von den jungen, auch von Waibel in der Sierra Madre erschlossenen Hebungen mit betroffen worden, und zwar am stärksten in dem Gebirgsabschnitt zwischen Tejutla und Cuilco. Von dort aus dacht sie sich sanft von rd. 3000 m nach O ab, liegt bei Huitán in 2800 m, senkt sich also von hier aus auch nach N ab. Der größte Teil des westlichen Hochlandes vom Cerro Cotzíc bis zum Rio Cuilco zwischen Tejutla und Colotenango ist von der Einebnungsfläche eingenommen. Ihre Scheitelhöhe liegt bei Ixchiguán in 3100 m. Sie wird aber überdeckt von Andesiten, die den flachwelligen Höhenzug des Cerro

Cotzíc (3620 m) aufbauen. Durch ihn erfährt das ganze Gebiet eine schildförmige flache Aufwölbung. Die Anordnung des Gewässernetzes in radialen Richtungen von diesem Punkt hebt den schildförmigen Bau dieser Hochfläche deutlich hervor. Von W her ist das Gebiet durch junge Erosion bereits angegriffen worden, und daher ziehen sich breite Mulden von W nach O entlang. Unter ihnen ist die Mulde von Tacaná (2440 m) die bedeutendste. Steigt man von Sibinál her auf dem Camino real nach Tacaná abwärts, so fallen drei terrassenartig gegeneinander abgesetzte Niveauflächen auf. Die oberste (2620 m) trägt ein Denkmal für den Präsidenten Justo Rufino Barrios, die zweite liegt in 2540 m, die dritte wird vom Dorfe Tacaná eingenommen. Die obere und mittlere zeigen anstehenden Andesit, die untere wird über anstehendem Andesit von einigen Geröllen (Andesit und Granit) bedeckt. Unterhalb von Tacaná folgt noch eine vierte aus Flußschottern bestehende Terrasse (Andesite und Granite) mit leichter Bedeckung von vulkanischen Lockermassen. In sie hat sich der Rio Coatán eine 180 m tiefe Schlucht eingeschnitten. Diese Verhältnisse zeigen uns, daß eine ältere langsame Hebung kenntlich an den breiten Terrassenflächen von einer jungen kräftigen und schnellen gefolgt worden ist. Der Rio Coatán besitzt zudem bei seinem Lauf nach der pazifischen Küste ein steiles Gefälle, wodurch die Zerschneidung um so kräftiger erfolgte.

Weiter östlich im Flußgebiet des Rio Negro tritt die Verebnungs- bzw. Rumpffläche bei La Magdalena deutlich hervor. Man sieht sie von der Hacienda westlich, wo sie infolge der Talentwicklung des Rio Blanco und Rio Pajaritos leicht erniedrigt ist. Sie liegt dort in rd. 1850 bis 1900 m Höhe. Östlich des Rio Blanco greift sie auf die paläozoischen Kalke, Dolomite und Tonschiefer über. Wir finden sie wieder in der Paßeinsattelung zwischen La Magdalena und Cunén, der Cumbre de Chiúl, wo sie in 2230 m liegt. Dort aber wird sie noch weiter nach O durch die Talbildung von Cunén—Uspantán aufgelöst, und es bleibt fraglich, ob ihr als Rest der Höhenzug zuerkannt werden darf, der sich zwischen Rio Cunén und Rio Negro erhebt. Die geologischen und morphologischen Verhältnisse werden durch erhebliche Störungen in diesem Gebirgsteil unübersichtlich.

Die Zertalung bei La Magdalena ist durch die Zuflüsse des Rio Negro kräftig erfolgt. Wir befinden uns zwar in einem niederschlagsarmen Gebiet im Windschatten der Cuchumatanes, wo Magdalena im Jahre 920 mm Niederschlag empfängt. Aber die Art der Niederschläge in Form heftiger Platzregen verbunden mit dem kurzen, steilen Gefälle zur Sammelrinne des Rio Negro gestalten die Erosion kräftig. Morphologisch treten uns wieder Terrassenbildungen entgegen. Im Pajaritos-Tal ist eine Hoch- und Niederterrasse in 120 bzw. 20 m ausgebildet. Erstere liegt in Phylliten, letztere ist eine Schotterterrasse. Wie schnell übrigens die Eintiefung vor sich geht und wie für die Ausgestaltung des Formenschatzes die Kalke maßgebend sind, zeigt uns das Hängetal am Rio Pajaritos. Und an der Niederterrasse beobachten wir die Unterschneidung der Hänge und die Ausbildung eines schmalen Spornhalses (Mitt. Geogr. Ges. Hamburg, Bd. 39 (1928), Taf. 5, Abb. 2).

Auch im Rio Negro-Tal sind Terrassen entwickelt. In der Talaue lagern mächtige Schotter und Lockermassen vulkanischer Herkunft, die vom Rio Negro und seinen Nebenbächen aufgelöst sind (vgl. Mitt. Geogr. Ges. Hamburg, Bd. 39 (1928), Taf. 6, Abb. 2). Am Südufer ist eine Terrasse in 60 m entwickelt, ferner in Resten eine untere Schotterterrasse in 10 m, auf der Zacapulas liegt (1170 m). Am Nordhang sind die beiden Schotterterrassen ebenfalls entwickelt, die untere in größeren Resten als auf dem Südufer. Darüber aber folgt am Talgehänge in 130 m noch eine Hochterrasse aus Granit mit aufgelagerten, wenig mächtigen Geröllen. In den oberen Hangpartien treten noch zwei Absätze in 300 und 490 m über dem Fluß hervor, der untere als Granit-, der obere als Kalkstufe ausgebildet, über die man zum Rücken des Gebirges aus Tonschiefern emporsteigt. Ob es sich um Denudationsterrassen oder um Absätze infolge tektonischer Störungen handelt, die in diesem Gebirgszug weiter östlich deutlich zu beobachten sind, muß dahin gestellt bleiben.

Es bleibt noch übrig, die Rumpffläche östlich von der Estancia La Virgen zu verfolgen. Sie dehnt sich dort bis in die Senke des Quiché aus, wie der breite Raum zwischen der vulkanischen Südkordillere und der Sierra de Zacualpa zu bezeichnen ist. Wir hatten bereits erfahren, daß sie bei Huitán und am Cerro Calél etwas nach S ansteigt. Ihre Oberfläche ist dort in Graniten angelegt. Wir können sie sowohl in diesem höheren wie in dem etwas tieferen Niveau von der Estancia nach O nachweisen. Bleiben wir zunächst bei letzterem. Hier finden wir sie zwischen Momostenango und Santa Maria Chiquimula in 1960 m wieder, wo die Ruinenhügel von Zacuój auf ihr liegen. Bei San Antonio Ilotenango liegt sie in 1900 m, am Automobilweg Totonicapán—Santa Cruz Quiché nordwestlich von Patzité in 1980 m. Von Chiquimula an wird sie von Lockermassen überdeckt, die nun die ganze Senke weiter nach O hin überziehen. Aber noch bei Chiché bis gegen Joyabaj bemerken wir sie, wo sie leicht nach O sich abdacht (auf 1500 bis 1600 m). Bei der Annäherung der nördlichen und südlichen Einfassung der Motagua-Senke verschwindet sie.

Das höhere Niveau, das wir bei der Cumbre de Huitán in 2700 m kennen lernten, läßt sich infolge Überdeckung von Andesiten zunächst nicht weiter verfolgen. Aber östlich der Cumbre del Aire unweit Paloguá stoßen wir auf eine Granitunterlage junger Deckenergüsse in 2700 m, die in Bacheinschnitten zutage tritt. Nördlich davon findet sich bei San Bartolo Aguas calientes eine Fläche in 2200 m, die von jungen vulkanischen Massenbildungen teilweise überlagert ist. Auch bei Momostenango finden wir in den tiefen Barrancos noch Spuren von Graniten unter der mächtigen vulkanischen Decke an, deren Höhe hier rund 1900 m beträgt. Die Deckgebilde erschweren die Festlegung des genauen Verlaufes der Verebnungsfläche. Aber das gleichmäßige Niveau der Granite deutet doch darauf hin, daß wir es hier mit einer alten Einebnungsfläche zu tun haben, die zu jener in Westguatemala gehört. Wir lernen aus den beobachteten Tatsachen, daß sie bestanden haben muß, ehe die jungvulkanischen Ereignisse eintraten, also schon im Spättertiär angelegt gewesen wäre.

Im westlichen Vorland der Cuchumatanes fehlen Verebnungsflächen in so ausgedehntem Ausmaße wie in den zentralen und westlichen Kettenzügen. Hier treten nur breite Gehängeabsätze, von Parallel-tälern zerschnitten auf, die als Verwitterungsterrassen, oft nur bruchstücksweise erhalten sind. Das Dorf San Martín (1840 m) liegt auf einer solchen. Talaufwärts des Rio Huista (auch R. Todos Santos) werden die Verhältnisse verwickelter. Dort liegt das Dorf Todos Santos auf einem alten Talboden 90 m über dem Fluß. Er fällt gleichsinnig mit diesem abwärts und entspricht der Hangterrasse von San Martín. Bezeichnen wir ihn als erste Terrasse, so folgen darunter zwei weitere Terrassen, eine mittlere in 50 m über dem Fluß nur in Resten erhalten (der Friedhof des Dorfes liegt auf ihr) und eine untere in 25 m über dem Fluß, der hier einer Verwerfungslinie folgt. Denn an seinem südlichen Gehänge stehen Sandsteine und Mergel der Todos Santos-Schichten, auf dem nördlichen Kalke an. Oberhalb des Dorfes Todos Santos am Südgehänge treten außerdem noch zwei Gehängeterrassen in 2510 und 2600 m hervor, die als Verwitterungsterrassen in den wechselnden Gesteinen der Todos Santos Schichten zu erklären sind. Wichtig ist vor allem die Feststellung, daß die unteren Flußterrassen von 25 und 50 m den beiden jungen Terrassen entsprechen, die wir in der Längssenke von Aguacatán bis San Sebastián kennen gelernt haben (s. S. 189). Die junge Hebung hat also auch das westliche Vorland der Cuchumatanes mit umfaßt.

Anmerkungen.

[63]) L. Waibel, Die Sierra Madre de Chiapas. (Mitt. Geogr. Ges. Hamburg, Bd. 43 (1933), S. 12—162).

[64]) G. Bernouilli in Pet. Mitt.; K. Sapper, Die Alta Verapaz (Mitt. Geogr. Ges. Hamburg, Bd. 17 [1902]); F. Termer, Mitt. Geogr. Ges. Hamburg, Bd. 41 (1930), S. 58f.

[65]) Vgl. besonders K. Sapper, Pet. Mitt. Erg.-Heft 127 (1899).

[66]) K. Sapper, Pet. Mitt. Erg.-Heft 127 (1899), S. 46 u. Profil 14 (Taf. V).

[67]) Intercontinental Railway Commission, vol. I Part. II. Report of Surveys and Explorations made by Corps 1, 1891—93. Washington 1898, S. 94—96.

[68]) L. Waibel (s. Nr. 63) S. 67.

Kapitel V.

Die Altos Cuchumatanes.*)

Lage und Name: Im Nordwesten der Republik hebt sich aus den Kettenzügen ein Gebirge heraus, das sich nach allen Himmelsrichtungen scharf gegen die anschließenden Gebiete durch seine Steilabfälle absondert. Nur im O und SO ist ein Übergang in die Nachbarzüge des mittleren Guatemala erkennbar, der allerdings eher geologisch und orographisch als landschaftlich hervortritt. Im N grenzt dieses Gebirge an das Tiefland des Rio Lacantún und Rio Dolores; im S bildet die Rinne von Aguacatán—Pixiquíl—La Magdalena—Uspantán die Trennungslinie zu den zentralen Kettengebirgen. Im W steigt das Gebirge steil von einer zerschnittenen Vorlandplatte auf, die von der zentralen Meseta in Chiapas herüberreicht, während im O die Furche des Rio Putúl und der Rio Chixoy eine deutliche Grenze gegen die Alta Verapaz bilden. In dieser Ausdehnung erfüllt das Gebirge als Komplex fast den gesamten Nordwestabschnitt von Guatemala und sondert ihn, wie früher gezeigt wurde (s. S. 112) auch landschaftlich deutlich von seiner Umgebung ab.

Einen einheitlichen Namen kennt die Landessprache für dieses Gebirge nicht. Nur sein höchster westlicher Teil, der Rand gegen das Vorland von Nentón und Jacaltenango zu, wird seit dem 16. Jahrhundert als Gebirge von Cuchumatlán oder Cuchumatán bezeich-

*) Vgl. Taf. 33 u. 34.

net. ein Name, der von den damals am Hauptwege von Guatemala nach Mexico liegenden Dörfern San Martín Cuchumatlán und Todos Santos C. hergeleitet sein dürfte. In den älteren Quellenwerken über Guatemala tritt der Name erst im 17. Jahrhundert auf. Thomas Gage spricht mehrfach von den „Cuchumatanes", wobei wir wohl „Altos" zu ergänzen haben; der anonyme Verfasser der „Isagoge Histórico" verwendet ebenfalls stets den Plural „Cuchumatanes", ebenso wie Ximenez[69]). Bei diesem Geschichtsschreiber grenzen die „montes de los Cuchumatanes" im N an die Landschaft Acalan und an das Gebiet der Lacandonen, wofür wir heute sagen würden, an das Tiefland von Chiapas. Fuentes y Guzmán aber, der das Gebiet selbst aus eigener Anschauung kannte, nennt es „La Sierra" schlechthin oder auch „La Sierra de los Mames" nach einem der Indianerstämme von Westguatemala. Auf seiner Karte der Distrikte von Totonicapán und Huehuetenango verzeichnet er bei dem heutigen Dorfe Todos Santos den Namen Cuchumatan[70]). In der Gegenwart verwendet die anwohnende Bevölkerung für den Teil, der sich zwischen Chiantla, Todos Santos, Nentón, Acatán, Coatán, San Mateo Ixtatán ausbreitet, die Bezeichnung „Altos Cuchumatanes", folgt also der kolonialspanischen Benennung. Die südöstlichen Ausläufer von Aguacatán bis Cunén und Uspantán heißen einfach „Sierra Madre", eine auch auf andere Teile der zentralen Kordillere angewandte Namengebung der Mestizen. Der übrige Rest im N, NO und O, also die Gebiete bei Barillas, Amelco, Ilóm und Chajúl besitzen keinen zusammenfassenden Namen. Die indianische Bevölkerung hat nur einige wenige besonders hervortretende Gipfel oder ein paar durch ihren Wiesenplan ausgezeichnete Mulden der Hochfläche mit Sondernamen belegt. Dagegen erfährt man für alle Bäche und kleinen Flüsse eigene indianische Namen, die der Chujsprache in den westlichen, der Ixilsprache in den östlichen Abschnitten angehören.

Da geographisch und landschaftlich das ganze Gebirge eine Einheit bildet, empfiehlt es sich, hierfür den Namen der „Altos Cuchumatanes" in Anwendung zu bringen, wie es bereits Sapper getan hat. Nur darf nicht der Rio Chixoy zwischen Chamá und der Mündung des Rio Coopóm als Grenze angesehen werden, da dort die Alta Verapaz nach W über den Fluß hinübergreift. Vielmehr muß dort der Rio Putúl als gute Abgrenzung bezeichnet werden.

Erforschung: Wie Andeutungen in den Chroniken zeigen, ist das westliche Gebiet teils ein Fürstentum des Quiché-Reiches teils der Mames gewesen[71]), dessen wichtigster Punkt neben Zaculeu wohl das heutige Dorf Todos Santos war, das, wie oben bemerkt, noch den alten Namen Cuchumatlán (bzw. Cuchumatán) sich in der spanischen Zeit bewahrte. Noch heute sind unmittelbar bei dem Ort ansehnliche Reste von Tempelbauten des einfachen Hochlandstils der Maya erhalten. Andere Punkte lagen bei San Mateo Ixtatán, Soloma und Ixcoy, wo überall noch in der Gegenwart die Ruinen alter Tempelbauten vorhanden sind. Die Spanier brachen die Herrschaft des Reiches der Mam-Indianer mit seinem Vorort Zaculeu bei Huehuetenango 1525, ohne daß die Quellen darüber Aufschluß gäben, ob auch damals schon das Gebiet bei Cuchumatán unterworfen wurde. Nur in einer Quelle heißt es, daß 1526 Teile der Cuchumatanes erobert wurden. Von Kriegszügen nach Ixtatán, Soloma und Ixcoy hören wir nichts. Es scheint, daß diese Gebiete mit dem Fall des Mamreiches ihre Herrschaft ebenfalls eingebüßt haben. Denn wir erfahren erst wieder aus der Mitte des 16. Jahrhunderts, daß Mönche des Ordens La Merced in den Cuchumatanes Reduktionen anlegten, auf die die heute bestehenden größeren Dörfer sowohl am Westabfall wie auf der Hochfläche der Cuchumatanes zurückgehen. Bis in die zweite Hälfte des 17. Jahrhunderts blieb der Westabschnitt in dieser Ausdehnung bekannt. Er war als Durchgangsgebiet dadurch wichtig, daß die beiden Hauptwege von Guatemala nach Mexico, die durch Zentralchiapas leiteten, die Cuchumatanes berührten. Der eine zog sich am Westabfall entlang und überquerte nur zwischen Chiantla und Todos Santos die Hochfläche; der andere zog von Chiantla über sie in nördlicher und nordwestlicher Richtung nach Comitán. An ihm entstanden als Reduktionen die Dörfer Soloma, Santa Eulalia und San Mateo Ixtatán.

Der östliche Abschnitt unseres Gebietes war das Stammesterritorium der Ixiles, deren Hauptplatz Nebáj noch heute an seinen Erdhügeln kenntlich ist. Es wurde durch den Eroberungszug des Francisco de Castellanos zusammen mit dem Dorfe Chajúl im Jahre 1530 erobert, anschließend das Fürstentum von Uspantán unterworfen. Damit war die Eroberung der östlichen Cuchumatanes beendet. Es wurden auch hier im Laufe des 16. Jahrhunderts eine ganze Reihe kleinerer indianischer Orte zu Reduktionen zusammengelegt, aus denen die heutigen großen Dörfer Nebáj, Cotzál, Chajúl, Zotzíl und Ilóm hervorgegangen sind. Von einer Hispanisierung war dort weniger die Rede als am Westrande der Cuchumatanes, da die Gegenden abseits des großen Verkehrs lagen und bei ihrer dichten Walddecke und Unwegsamkeit das Vordringen der Spanier hemmten.

Erst gegen Ende des 17. Jahrhunderts wurden die Gebiete im N und NO näher bekannt. Es waren Unternehmungen der Regierung gegen die unabhängigen Indianerstämme des Tieflandes um den Rio Lacantún und Usumacinta, die Lacandones, die von Santa Eulalia und Ixtatán aus in Szene gesetzt wurden. Sie führten die Spanier wohl erstmalig in die Gegend des heutigen Barillas und an den Rio Ixcán, ohne daß es zur Gründung von Niederlassungen gekommen wäre. Das ganze Gebiet außerhalb einer Linie Ixtatán—Ixcóy—Ilóm blieb so gut wie unbekannt.

Moderne Reisende haben die Cuchumatanes nur wenig berührt. J. L. Stephens benutzte den Weg von Chiantla nach Todos Santos. Der Botaniker G. Bernouilli besuchte Nebáj und Ilóm in den siebziger Jahren des vorigen Jahrhunderts. Erst K. Sapper befaßte sich eingehender mit der Geologie, lernte aber das Gebirge nur im W längs der oben genannten beiden Hauptstraßen kennen. F. C. Manó widmete sich den geologischen Verhältnissen des Südabfalls.

1899 hat der deutsche Ingenieur O. Preiser den Rio Ixcán von San Jorge bis zur Mündung in den Lacantún befahren. Sein Bericht darüber an die Landesregierung ist anscheinend verloren gegangen[72]).

1926 und 1927 bereiste F. Termer die westlichen und zentralen Teile, letztere erstmalig auf einer Route von Ixcoy—San José de las Flores—Palo Grande—Barillas—Santa Eulalia sowie die östlichen Teile (1927) längs des Weges Nebáj—Salquíl Grande—Soloma—Santa Eulalia—Barillas—Yula San Juán—Ilóm—Chajúl—Cotzál—San Francisco—Rio Putúl—Zona Reina—Chamá (Alta Verapaz). Kurz vorher im Jahre 1927 hatte auch eine Expedition der Anglo-Persian Oil Co. den Weg Chiantla—Santa Eulalia—Barillas—Ilóm—Nebáj genommen, ohne daß über die erlangten Ergebnisse der schnellen Reise etwas bekannt geworden wäre.

Landeskundlich zusammenfassend sind die Cuchumatanes, soweit sie in das Departament Huehuetenango fallen, von Adrian Recinos 1913 behandelt worden, der sich in seinen wissenschaftlichen Angaben auf die Arbeiten von Sapper und Manó stützt, darüber hinaus aber manche topographisch wichtige Hinweise mitteilt.

J. Lentz endlich widmete in seiner Schilderung der Hochländer von Guatemala den Cuchumatanes einen besonderen Abschnitt[73]).

Orohydrographische Übersicht: Die Altos Cuchumatanes zerfallen in zwei verschiedenartig gestaltete Teilgebiete. Der W wird von einem 2800 bis 3500 m hohen Plateau eingenommen; der O ist ein tief und eng zertaltes Gebirgsland. In dieses erstreckt sich im S eine schmale Fortsetzung des Hochplateaus, dem die beiden kastenartigen Gipfel des Cerro Salquíl und Cerro Tzumál mit annähernd 3400 m Meereshöhe aufgesetzt sind. Im W fällt das Plateau mit breiten mächtigen Absätzen gegen die Grijalva-Senke des mittleren Chiapas ab, die durch eine Reihe paralleler Hangflüsse in massige Sporne gegliedert werden. Von S gesehen steigt es mauerartig um mehr als 1200 m aus der Furche von Chiantla—Aguacatán (Cuesta de Chiantla) auf. Hier ist die Hanggliederung schwächer ausgeprägt. Nur an zwei Stellen sind tiefe Kerben in das Gehänge eingeschnitten, deren eine bei Chiantla sich gegen El Rosario erstreckt, während die zweite weniger umfassende, aber nicht minder tiefe bei Aguacátan nach Chancól hinaufzieht. Einzelne breit vorspringende Hangterrassen gliedern diesen Wall in horizontal verlaufende Absätze, die sich östlich von Aguacatán verlieren. Der Nordabfall bricht steil zum Tiefland des Rio Lacantún bzw. zur Hochfläche von Mittelchiapas ab, wo man auf dem Wege nach Yalambojóch schnell absteigt, wogegen die Formen weiter östlich nach Nucapoxlác und San Ramón durch die dichte Bewaldung verhüllt werden und im einzelnen noch nicht bekannt sind.

Die östliche Abteilung des Hochplateaus ist durch eine Anzahl von Flußtälern zerschnitten, zwischen denen Reste desselben erhalten geblieben sind. Diese erniedrigen sich im allgemeinen nach O und bedingen dadurch eine weniger ausgesprochene Abgrenzung des Plateaus gegen die östlichen Cuchumatanes. Solche Ausläufer und Reste des Plateaus bilden die dicht bewaldeten Höhen nördlich von El Quetzál und Barillas; zu ihnen gehört der schmale steile Höhenzug, der sich im O von Santa Eulalia hinzieht und im Cerro Yaxcalanté mit 2950 m den höchsten Gipfel dieses Gebietes aufweist. Im S folgt ein Höhenzug im O von Soloma und endlich zieht sich eine schmale Hochfläche weit nach O zum Cerro Tzumál hin. Ganz allgemein senkt sich das Plateau langsam vom Westrand nach O, zeigt aber auch hier durchschnittlich noch Meereshöhen von rd. 2800 m. Stärker hervortretende Gipfel außer den genannten fehlen in diesem Gebiet. Höhenunterschiede auf dem Plateau werden nur wenig ausgeprägt durch einige sanft gerundete Rücken bedingt, die von W nach O die Hochfläche durchziehen. Ihr bedeutendster ist der Rücken von Chemal mit rd. 3400 m. Es sind meist wenig langgestreckte Gebilde, die schon östlich des Weges von Chiantla nach Quisíl verschwinden. Der Weg von Palóp nach Soloma kreuzt nur noch eine solche Höhenschwelle in 3100 m.

Ist also das orographische Bild der westlichen Cuchumatanes einfach, so wird es in den östlichen Abschnitten um so verwickelter gestaltet. Durch seine hohe Taldichte wird dieses Gebiet in eine große Zahl von Längs- und Querriegeln gegliedert, die steil zu tiefen Kerbtälern sich absenken. An die Stelle einer vorwiegend westöstlichen orographischen Streichrichtung tritt hier eine ausgesprochen südwest—nordöstliche, die noch weiter im O zu einer süd-nördlichen wird. Im großen gesehen erstrecken sich hier zwei Gebirgszüge begrenzt von den Taleinschnitten des oberen Ixcán, Xacbál und Putúl nach NO und N, die sich im S an den langen bis zum Rio Chixoy reichenden Ausläufer anlehnen. Letzterer kann am besten als Sierra de Uspantán bezeichnet werden. Dieses Gebirgsland ist niedriger als das Plateau des Westens, senkt sich aber wie dieses nach O ab. Seine größeren Höhen liegen im Umkreis um den Cerro Tzumál mit rd. 2500 m. Alle übrigen Teile überschreiten 2000 m nicht. Bei der mangelhaften Kenntnis dieser schwer zugänglichen Waldgebirge fehlen eingehendere Angaben über die Höhenverhältnisse. Ich habe sie längs meiner Routen wohl etwas genauer angeben können, muß mich aber außerhalb derselben auf Schätzungen oder auf einige mittels Horizontglas ermittelte Daten beschränken. Deutlich kenntliche Gipfel fehlen hier fast ganz. Nur nördlich und nordöstlich von Amelco werden ein paar kegelartige Gipfel bemerkbar, deren höchster im NW von Yula San Juan dicht über dem Tal des Ixcán-Flusses aufsteigt. Überblickt man das Gebirge von einem der wenigen freien Punkte auf dem Wege Ixabáj—Amelco aus nach O zu, so tritt eine allgemein nach O leicht abfallende Gipfelflur hervor. Sicher ist, daß die auf der Karte kaum gegliedert erscheinenden Züge zwischen Ixcán und Xacbál sowie zwischen Xacbál und Putúl durch eine große Zahl von Zuflüssen der genannten Wasserläufe zerschnitten sind. Doch muß diese Zerschneidung zum Xacbál stärker sein als nach O zum Putúl, der ein verhältnismäßig schwacher Fluß ist. Auch die durch frühere Aufnahmen (E. Rockstroh) festgestellten kleinen Nebenflüsse, die der Chixoy von W her auf seiner Laufstrecke von der Mündung des Coopóm bis zum Lacantún empfängt, weisen durch ihre geringe Anzahl auf eine schwache Entwässerung des Höhenzuges zwischen Xacbál und Putúl nach O hin. Es möge hervorgehoben sein, daß die genaue Geländeaufnahme durch die Urwälder außerordentlich erschwert wird, eine Beeinträchtigung, die auch durch Aufnahmen aus dem Flugzeug kaum behoben werden dürfte, da eben unter der Walddecke eine ganze Anzahl von kleineren Tälern und Bächen vollkommen verschwinden.

Die Sierra von Uspantán, der am weitesten nach O reichende Ausläufer der Cuchumatanes, ist ein schmaler, steil nach N und S abfallender Zug, der jäh an dem großartigen Engtal des Chixoy bei Tiritiból abbricht. Etwas breiter ist es als Rückengebirge zwischen Chipáj—La Taña angelegt. Doch ist der Abfall zur Zona Reina ebenfalls steil geböscht. Bei Uspantán zweigt sich ein Nebenzug ab, der als Sierra de Belejú nach SO streicht und am Rio Negro endet. Er gehört dem zentralen Kettenzug von Guatemala an und ist daher bei diesem zu behandeln. Jedenfalls aber stellt er eine Verbindung zwischen diesem und dem Cuchumatanes-System dar.

Die Entwässerung des Cuchumatanes ist nach den Hauptsammeladern des Rio Grijalva im W, Rio Usumacinta im N und NO und dem Rio Negro bzw. Rio Chixoy im S und O gerichtet. In dem hydrographischen Netz nehmen die Zuflüsse des Usumacinta-Systems die weiteste Verbreitung ein. Denn durch sie sind die Cuchumatanes in allererster Linie entwässert. Die beiden Hauptadern sind Rio Ixcán und Rio Xacbál, zu ihnen gesellt sich als dritter der Rio Putúl.

Der Rio Ixcán entspringt mit seinem Hauptquellast etwas nordwestlich von San Juan Ixcoy, dem kleinere Bäche von dem Höhenrücken von Chemal zufließen. Er durcheilt als klarer Bach das geweitete Tal von San Juan Ixcoy, besitzt in einer Talenge unterhalb des Ortes einen Wasserfall und Stromschnellen und vereinigt sich bei Ixtiapóc mit dem Quellbach Jolomcú und führt jetzt den Namen Rio Ixtiapóc oder Tajach'en. Ein zweiter Quellast entspringt etwas westlich von Quisíl bei dem Weiler Tocál und durcheilt unter dem Namen Rio Quisíl ein breites Tal nach O, das sich alsbald verengert, und nimmt unterhalb des Weilers San José de las Flores von links her den Rio Ixtiapóc auf. Der Hauptfluß heißt jetzt Rio Naranjo. Er empfängt besonders von S her eine Reihe von Zuflüssen, die sämtlich an den Hängen des Cerro Tzumál entspringen, so Rio Cajixác, R. Mixláj, R. Poxláj, R. Cuxláj, R. Palo Grande und Yula Ilóm. Da ich keinen Überblick über die unbewohnten Uferhänge des linken Ufers vom Rio Naranjo bekommen konnte, zumal mein Weg auf dem rechten Talhang entlang führte, bin ich nicht in der Lage, über etwaige rechte Nebenbäche Aussagen zu machen. Es kann sich bei ihnen nur um kurze Wasserläufe handeln, da der schmale Gebirgssporn zwischen Rio Naranjo und Rio Soloma für die Entwicklung größerer Wasseradern keinen Raum läßt. Unterhalb von Cocolá erst strömt dem Ixcán von links ein dritter wichtiger Quellast zu, der in seinem Unterlauf Rio Amelco heißt. Er entsteht aus drei Ursprüngen, dem Rio Soloma, Rio Paijilá und Rio Barillas. Die Quellen des Rio Soloma liegen westlich des Dorfes, kleinere Bäche, unter denen der R. San Antonio und R. Ixlacuítz etwas bedeutender sind. Sie vereinigen sich im O des Ortes zum Rio Soloma, dessen Tal sich schnell vertieft und den Fluß nach NO bis in die Gegend des Weilers Chojzuníl leitet. Von links eilt ihm ein gefällreicher Bach, Rio Chival, von den Hängen des Cerro Yaxcalanté entgegen. Von rechts her erhält er eine Anzahl kleiner Bäche, die in tiefen Kerben zu Tal eilen, deren Namen mir aber nicht bekannt geworden sind.

Der Rio Paijilá entspringt westlich von S. Mateo Ixtatán, nimmt von rechts den Yulaixcáp und Rio Paiconop sowie die nördlichen Hangflüsse des Cerro Yaxcalanté auf, während ihm von links der Yulachú mit dem Rio Nojcá zufließt. Der Hauptfluß strömt dann oberhalb von Amelco mit dem Rio Soloma zusammen und heißt von dieser Mündung aufwärts bis zu jener des Yulachú Rio Puente Grande (auch P. Alto). Von Amelco ab bis zur Mündung in den Rio Naranjo führt er dann den Namen Rio Amelco.

Der Rio Barillas entsteht aus einigen Bächen östlich des Dorfes Quetzál; er fließt durch das Sohlental von Barillas, wo er von links den Yolhuítz erhält. Von dessen Mündung bis zu jener in den Rio Amelco wird der Fluß Yulconop genannt.

Kehren wir nunmehr zu dem stattlich angewachsenen Hauptfluß zurück, den wir bei Palo Grande und Cocolá verlassen hatten, so finden wir ihn von Cocolá bis zu der Hacienda von San Juan als Yula San Juan bezeichnet. Er tritt dann in ein enges mit Urwald bedecktes Felsental und führt von da an den Namen Rio Ixcán, der ihm bis zur Mündung in den Rio Lacantún bleibt. An Zuflüssen streben ihm bis Yula San Juan von links der kurze Rio Jute, von rechts der längere Rio Cobán zu. Wie weiter unterhalb die Nebenflüsse angeordnet sind, ist nicht näher bekannt, zumal, wie oben erwähnt, die einzige bisherige Aufnahme von O. Preiser verloren gegangen ist.

Als zweiten wichtigen Fluß der Cuchumatanes finden wir den Rio Xacbál, der an Lauflänge der bedeutendste des Gebirges ist. Seine Quelle liegt bei Palóp nordwestlich von Nebáj. Unter Aufnahme einiger wasserreicher Bäche, die am Abfall des Hochplateaus austreten, durcheilt er unter dem Namen Rio Chel ein tiefes Felsental. Von links fließt ihm der wasserreiche Rio Xacbál zu, der in der Nähe der Paßhöhe von Chilimatón entspringt und nun dem ganzen Fluß dauernd den Namen gibt. Von Nebenflüssen sind mir die beiden linksseitigen, Rio Zotzíl mit dem Rio Las Perlas und der Rio Xixilá bei Ilóm bekannt geworden. Zum größten Teil ist das übrige Flußtal, besonders abwärts von der Hacienda Covadonga noch so gut wie unbekannt. Es bedarf dringend einmal einer genaueren Aufnahme.

Der letzte Hauptfluß des Gebirges ist endlich der Rio Putúl. Er entsteht aus den beiden Quellästen des Rio Chajúl und Rio Cotzál und fließt unter dem Namen Rio Cotzál in östlicher Richtung bis zur Hacienda San Francisco, wo er nach N umbiegt und von dort an den Namen Rio Putúl trägt. Besonders von rechts strömen ihm mehrere kurze Wasserläufe zu, so der Rio Chipál und der Rio Putúl. Aus dem Karsttiefland der Zona Reina erhält er als einzigen Nebenfluß den Rio Pajuíl, im Unterlauf Rio Satán genannt, von dessen Mündung an der Hauptfluß Rio Coopóm heißt.

Die übrigen Flüsse der Cuchumatanes sind Randflüsse, die besonders im W zahlreicher angeordnet sind. Entspringen doch hier einige der Zuflüsse des Rio Grijalva wie Rio Cajtaví, Rio Xaxcuá-Cabiál, Rio Coyá-Ochevál und Rio Concepción. Im S handelt es sich um einige kurze, mit steilem Gefäll ausgestattete Hangflüsse, unter denen die Quellbäche des Rio Saleguá bedeutender sind. Sie entspringen als Rio Pino und Rio Las Calaveras in Form von wasserreichen Bächen, die in enger Felsschlucht dicht bei Chiantla austreten. Zu ihnen gesellen sich abwärts der Rio Toxnogál und Rio Chochál, der auf der Hochebene von El Rosario entspringt. Im O durcheilt die prachtvolle Hangschlucht bei Aguacatán der Rio Chaquixlá, der bei Chancól auf dem Plateau entspringt und nach Vereinigung des ihm von W her zuströmenden Rio Bucá als Rio Aguacatán nach O eilt. Von Aguacatan ab entspringen Bäche nurmehr in den unteren Hangpartien des Gebirges, so der mit einer Riesenquelle austretende Rio San Juan und Rio Blanco, der dann in den Rio Negro als Hauptfluß mündet. Ihm ist der von Magdalena kommende Rio Pajaritos tributär. Bei Cunén vereinigen sich einige Bäche, darunter der mit einer Riesenquelle entspringende Rio Cunén, der dem Rio Negro zueilt, und der Rio San Miguél bei Uspantán. Noch weiter östlich sind einige Nebenflüsse des Chixoy zu erwähnen, die in der Sierra de Uspantán entspringen. Die wichtigeren sind der Rio Chipáj, Rio Laguna und Rio El Soche.

Im N endlich ist die Entwässerung wegen des Kalkgebirges spärlich. Als größere Adern fließen hier Rio Yolhuitz, Rio Pojóm von Cananá her und Rio San Ramón mit dem Rio Chancolín dem Lacantún bzw. Ixcán zu. Der San Ramón besitzt dicht oberhalb seiner Mündung in den Ixcán eine unterirdische Laufstrecke, die etwa 1 km betragen soll.

Das hydrographische Netz zeigt somit eine nach N und NO gerichtete Entwässerung. Alle bedeutenderen Flüsse gehören zum Usumacinta-Flußsystem. Die Wasserscheide zwischen diesem und dem Rio Grijalva folgt dem Rande des westlichen Hochplateaus von N nach S. Ihre schmalste Stelle liegt auf dem Wiesenplan von Pet (2650 m). Der Südrand des Gebirges bildet von Chancól bis San José El Soche eine sekundäre Wasserscheide zwischen den nach N strömenden Zuflüssen des Lacantún und den südlichen Gerinnen zum Rio Negro. Beide Sammeladern, Rio Lacantún und Rio Negro, sind dem Usumacinta tributär. Was den Wasserreichtum anbetrifft, sind die Zuflüsse des Lacantún die bedeutendsten. Im Unterlauf schiffbar sind Rio Ixcán und San Ramón für Canoas bis San Joaquín. Über die Befahrbarkeit des unteren Rio Xacbál liegen noch keine Angaben vor.

Die geologischen und morphologischen Verhältnisse: Die Ergebnisse der Untersuchungen und Beobachtungen sowie die Karten von K. Sapper müssen hier als bekannt vorausgesetzt werden. Eine geologische Karte der Cuchumatanes veröffentlichte F. Termer, der ein zusammenfassender geologischer Überblick beigegeben wurde[75]. Es sollen ihm weitere Einzelheiten der bereisten Gebiete des Gebirges hinzugefügt werden.

1. Das Gebirge zwischen Rio Ixcán und Rio Barillas

(Route: S. Juan Ixcoy—Palo Grande—Barillas—Santa Eulalia und Nebenrouten):

Das Tal von San Juan Ixcoy. Hat man von S kommend das Tal von Quisíl und einen schmalen Ausläufer des Hochplateaus in 2450 m überquert, so öffnet sich der Talkessel von San Juan Ixcoy, dessen Boden rd. 300 m unter dem Paß liegt. Das Dorf San Juan Ixcoy nimmt etwa die Mitte dieses Kessels ein, in den von W her das tiefe Tal des oberen Ixcoy-Flusses leitet, während nach NO dieser Fluß den Kessel wiederum in einem schmalen Tale verläßt. Die Formation wird vornehmlich von hellen Ixcoy-Kalken gebildet, die an der Südflanke oberhalb und südlich des Ortes verhältnismäßig homogen ausgebildet zu sein scheinen und wenig gut erhaltene Stromatoporen enthalten. An der nördlichen Talflanke sind die Kalke der unteren Partien dunkler gefärbt, löcherig und zeigen beim Anschlag einen deutlich bituminösen Geruch. Eingeschaltet sind zahlreiche Hornsteine und Feuersteine, die von der Bevölkerung zu Gebrauchszwecken verwendet werden. An etwas weniger steilen Stellen des Hanges lagert als Verwitterungsdecke auf diesen Bildungen ein gelber bis bräunlicher eisenschüssiger Lehm, der einen Quellhorizont entstehen läßt. Die oberen Hangpartien weisen wieder die helleren Ixcoy-Kalke auf. Versteinerungen konnten in diesen Teilen nicht gefunden werden. Wandert man talabwärts vom Dorf, so breiten sich in geringer Ausdehnung und Mächtigkeit feine vulkanische Bimssande aus, die den östlichen Boden des Talkessels einnehmen und am rechten Ufer des Flusses gut aufgeschlossen sind. Es handelt sich um äolisch abgelagerte Materialien, die in gleicher Weise, nur etwas ausgedehnter auch bei Soloma vorhanden sind. Bald danach tritt man in das untere Tal ein, das sich alsbald zwischen Kalkhängen verengert. Man beobachtet auf dem rechten südlichen Ufer von unten nach oben folgend dunkle harte Kalke (ca. 30 m mächtig), darüber flacher geböscht bituminöse Kalke, die weniger hart sind und an der Oberfläche grusartig verwittern (ca. 15 m mächtig). Es folgt dann mit etwas steilerem Böschungswinkel eine Kalkbrekzie hellerer Färbung, die nach oben in löcherigen hellen Kalk übergeht. Er enthält zahlreiche Feuersteinknollen und setzt das obere Gehänge bis zu den Kammhöhen zusammen. An Bachrissen und weniger geneigten Böschungen überzieht den Kalk, der vielfach von Kalkspatadern durchzogen ist, eine tonig-lehmige Verwitterungsdecke von wechselnder Mächtigkeit. Talabwärts erweitert sich das Tal, und es treten unter den Kalken die mergeligen Bänke der Todos Santos-Schichten zutage, die von Ixtiapóc den Fluß anscheinend weiter abwärts begleiten.

Begeben wir uns westlich von San Juan Ixcoy talaufwärts, so wird der Boden des Talkessels von anstehendem Kalk zusammengesetzt, den der Ixcoy-Fluß in engem felsigen Bett durcheilt. Eine Anzahl von Kolken zeichnet dieses aus. Einige Male durcheilt der Fluß auf kurze Strecken niedrige Kalktunnels. Stellenweise lagert über diesen Kalken eine gelb gefärbte tonige Verwitterungserde. An der nördlichen Talflanke treten etwas oberhalb der Talsohle eine Reihe von Quellen aus, die teilweise durch Tunnels strömend dem Ixcoy-Fluß zustreben. Am Südgehänge wird durch Kulturland der Indianer und durch Waldwuchs das Anstehende verdeckt, so daß sich die Gliederung der Kalke, wie wir sie talabwärts trafen, hier nicht nachweisbar ist.

In dem westlichen Abschnitt des Ixcoy-Tales treten auf der Südflanke deutlicher als an der nördlichen einige Terrassen auf. Man unterscheidet 4 Terrassen, von denen 2 als Flußterrassen, die beiden anderen als Gehängeterrassen (Felsterrassen) sich darstellen. Wir finden die beiden ersteren zu 15 bzw. 30 m Höhe über dem Fluß, die letzteren ziehen sich in 210 und 460 m über der Talsohle an den Gehängen entlang. Sie lassen sich auch in den südlichen Nebentälern verfolgen, schienen mir aber auch in dem nach NW sich erstreckenden Tal sich fortzusetzen. Auf der dritten und zweiten Terrasse sind einige Hütten der Eingeborenen mit ihren Feldern angelegt.

Am nördlichen Gehänge ist beim Ort die dritte Terrasse ausgebildet, auf der die oberen Häuser des Ortes liegen (vgl. Mitt. Geogr. Ges. Hamburg, Bd. 38, Taf. I, Abb. 1). Dahinter öffnet sich ein breites, kurzes Nebental, das als Hängetal in das Ixcoy-Tal mündet und über dessen Rand ein Bach in Kaskaden und Wasserfällen hinabstürzt. Der Talboden liegt rd. 100 m über dem des Ixcoy-Tals und wird aus lehmig-tonig verwitterten eisenschüssigen Kalken gebildet. Westlich davon bemerkt man die erste Terrasse als Eckflur ausgeprägt, die Felder und eine Hütte trägt (vgl. die zitierte Abbildung). Die zweite Terrasse ist nur angedeutet. Sie wird auf dem Bilde deutlich durch die oberste Grenze der vom Tal heraufreichenden zusammenhängenden Rodungsfläche. Talabwärts lassen sich infolge der Bewaldung die Terrassen nicht verfolgen, wohl aber bemerkt man auch hier noch ein weiteres Hängetal, das als Trockental ausgebildet ist. Am Südgehänge sind die Terrassen weniger gut zu beobachten. Teils verdeckt sie der Waldwuchs, teils aber werden sie nur dadurch erkennbar, daß infolge des beschriebenen Gesteinswechsels flacher und steiler geböschte Abschnitte wechseln.

Der Charakter der beiden oberen Terrassen, auf denen sich keine Gerölle finden, ist der von Felsterrassen, die Reste alter Talböden vorstellen. Die unteren lassen sich einwandfrei als Flußterrassen infolge fehlender Gerölle nicht nachweisen, dürften aber trotzdem diesen Charakter besitzen, zumal bei der nur oberflächlichen Felderbearbeitung durch die Indianer etwaige Rollstücke noch in der Tiefe vorhanden sein könnten, Verhältnisse, die von denen unserer mitteleuropäischen Gebiete abweichen. Die beiden oberen Terrassen neigen sich gleichsinnig mit dem Talgefälle gegen O.

Die Talweitung oder der Talkessel wird besonders dadurch hervorgerufen, daß das Ixcoy-Tal abwärts scharf nach NO abbiegt und aus einem Längstal zu einem kurzen Durchbruchstal zwischen Ixcoy und Ixtiapóc wird. Die Ausweitung besonders nach S dürfte mit der petrographischen Verschiedenheit der Kalke in Zusammenhang stehen, die sich als fest oder mehr tonig ausgebildet gezeigt haben. Für eine tektonische Anlage liegen keine Anzeichen vor. Auffällig aber bleibt in dieser Hinsicht der Durchbruch bei Ixtiapóc. Denn in seiner Streichrichtung von SSW nach NNO entspricht er den Richtungen vieler Haupttäler der Cuchumatanes, worauf später noch eingegangen werden soll.

Das Flußgebiet des Rio Quisíl—Rio Ixcán. Zwischen San Juan Ixcoy und Quisíl zieht sich als trennender Teil der Hochfläche ein mächtiger Riedel nach O, der aus blaugrauen, löchrigen Kalken aufgebaut ist. Sie gehören den Ixcoy-Kalken an. Ebenso steil wie nach dem San Juan Ixcoy-Tal fällt der Riedel nach dem Quisíl-Tal ab, dessen Sohle bei der Mühle von Quisíl in 2150 m liegt (San Juan Ixcoy 2170 m). Die Fläche des Riedels ist eine kuppige, wellige Hochebene, die gegen W zu ansteigend mit Wald bedeckt ist, während nach O freie Kulturlandflächen zwischen Waldinseln sich ausbreiten. Am Osthorizont überragt der Cerro Tzumál mit dem anschließenden Hochplateau das stark zertalte Gebirge. Der von der Paßhöhe (2490 m) nach O führende Fußpfad leitet auf die wellige Kalkfläche hinab, auf der sich die zerstreuten Hütten des Weilers Jolomhuítz (2415 m) mit ihren Maisfeldern unregelmäßig verteilen. Bald östlich davon treten mehrere Dolinen auf (Xjaap im Chuj), die teilweise Wasser enthalten. Der vorwiegend aus Eichen bestehende Laubwald wird auf dieser verkarsteten Fläche von niedrigem Buschwerk abgelöst, das aus größeren Flächen des Pajón-Grases hervorragt. Nachdem man ein paar lichte Eichengehölze passiert hat, erreicht der Pfad eine flache nordsüdlich verlaufende Mulde, in der sich der Camino real von Chiantla nach Soloma hinzieht. Dort ragen mauerartig verwittert Kalkfelsen auf, die den Ixcoy-Kalken angehören.

Von hier senkt sich der Pfad nach SO zunächst durch Büschelgras, dann durch Eichenwald zum Quisíl-Tal hinab, das hier steil eingesenkt ist. Die Ixcoy-Kalke bilden auf dem nördlichen Hang steile Felswände, in denen man etwa in halber Höhe über dem Talboden einen terrassenartigen Absatz beobachtet. Beim Abstieg tritt als Liegendes der blaugrauen Massenkalke eine Kalkbrekzie zutage. Man erreicht den Quisíl-Fluß, der an dieser Stelle ein schmales, tief eingesenktes Felsental nach ONO durcheilt, in einer Meereshöhe von 2070 m. Etwas talaufwärts weitet sich das Hochtal ähnlich wie das

Ixcoy-Tal beim gleichnamigen Dorfe. Man findet auch bei Quisíl zwei Terrassen ausgebildet, die den beiden unteren Ixcoy-Terrassen entsprechen, während Gehängeterrassen nicht hervortreten. Das Waldkleid kann sie aber hier verbergen. Da ich die unteren Terrassen nur aus der Ferne gesehen habe, vermag ich über ihre Höhenunterschiede nichts anzugeben.

Verfolgen wir den Quisíl-Fluß talabwärts, so strömt er in einem natürlichen Kalkkanal, in einem Sinterbett dahin, das von je einem Randwulst eingefaßt ist. Zu beiden Seiten begleitet den Hauptkanal je ein trocken liegender Nebenkanal aus Kalksinter, der wohl in Schwellzeiten von Hochwasser erfüllt ist.

Dann ändert sich plötzlich der Charakter des Tales. Die steilen Felswände der Enge treten zurück, der vorher durch sie über Kaskaden strömende Bach eilt nun mit gleichmäßigem Gefälle rasch dahin. Es begegnet uns hier derselbe Wechsel wie bei Ixtiapóc. Auch im Quisíl-Tal treten an dieser Stelle als Liegendes der Ixcoy-Kalke die Todos Santos-Schichten auf, die durch rote Sandsteine mit feinen Quarzkörnern und wenig Glimmer in den unteren Hangpartien, durch rote Tone oder Letten in der Talsohle vertreten sind. Das Streichen ist N 60 W, das Fallen 12° WSW, also gegen die Talsohle geneigt. Am Pfad findet man einige von den oberen Gehängeteilen abgestürzte Blöcke, die einem mit zahlreichen Quarzen durchsetzten Konglomerat entstammen, das die obere Grenze der Todos Santos-Schichten gegen die Ixcoy-Kalke bilden muß. Es lagern also auf den gegen den Fluß geneigten Sandsteinen und Letten die Massenkalke auf, und so ist nicht zu verwundern, wenn wir dicht bei der Brücke, die den Quisíl-Fluß überspannt, einen Bergsturz antreffen, der einen Teil der Kalke zu Tal förderte. Die Absturzmassen bilden einen Schuttfächer, der auf das südliche Ufer hinüberreicht. Der Fluß hat ihn schon wieder durchschnitten und eilt auf der tonigen Unterlage durch die Kalktrümmer nach O. Auf der südlichen Talseite sind drei Terrassen ausgebildet, auf deren unterster der Weiler San Francisco Conopchíl (2000 m) liegt. Sie entspricht einer 5 m hohen Flutterrasse. Die andern beiden sind als 15 und 25 m-Terrassen talabwärts auf beiden Ufern zu verfolgen und treten dadurch deutlicher hervor, daß sie einige Hütten und Maisfelder tragen. Vergleichen wir sie mit den Terrassen bei der Mühle von Quisíl, so werden wir sie mit diesen in Zusammenhang bringen dürfen. Wir erinnern uns, daß wir auch bei San Juan Ixcoy die beiden unteren Terrassen zu 50 und 30 m gefunden hatten, so daß auch diese mit ihnen und den Quisíl-Terrassen ein System bilden.

Bei San Francisco steigt der Weg steil in Sandsteinen aufwärts und leitet in das von S her einmündende Tal des Baches Ixachán über. In 80 m über der Talsohle bei San Francisco erreicht man einen Gehängeabsatz mit den beiden Hütten des Indianerranchos Ulevál (2085 m). Dieser Absatz entspricht dem Gesteinswechsel, insofern hier die Grenze zwischen den Todos Santos-Schichten und den Ixcoy-Kalken verläuft. Es ergibt sich also, daß die Todos Santos-Schichten hier nach S über das Quisíltal hinüberreichen und etwa senkrecht zum Streichen vom Quisíl-Fluß durchschnitten werden. Von hier aus nach O und NO bleibt nun die Todos-Santos-Formation die vorherrschende, die den Gebirgsbau und die Oberflächenformen bestimmt. Die Tiefe der Täler, ihre engen V-Formen, die steilen Flanken deuten darauf hin, daß wir uns in einem Gebiete sehr kräftiger Erosion befinden. Wir treten hier in den stark zerschnittenen östlichen Teil der Cuchumatanes ein.

Das Haupttal des Quisíl, das hier die lokale Erosionsbasis bildet, ist ein so enges, tiefes Kerbtal, daß es weder Siedlungen noch Pfade begleiten. Der Weg führt daher auf dem Südhang entlang und quert dabei einige der südlichen Nebentäler. Von Ulevál steigen wir zunächst in das Tal des Ixachán-Baches hinab, dessen Gehänge uns die Todos Santos-Formation mit roten Sandsteinen, darin eingeschalteten dünnen Mergelbänken und Puddingsteinen zeigen. Der Bach selbst, der in 1960 m überschritten wird, fließt in roten Sandsteinen. Hier sind auf beiden Talflanken drei Terrassen ausgebildet. Sie entsprechen Gehängeterrassen, die durch Gesteinsunterschiede bedingt sind. Auffallend ist, daß die Terrassen des östlichen und westlichen Gehänges nicht im gleichen Niveau, sondern vielmehr die östlichen durchweg höher liegen als die westlichen. Die Verhältnisse sind folgende (die Höhen bezogen auf den Ixachán-Bach, 1960 m):

	Westlicher Talhang	Östlicher Talhang
3. Terrasse	55 m	70 m
2. ,,	70 m	140 m
1. ,,	85 m	210 m

Diese Ungleichmäßigkeit der Talterrassen ist auch sonst in den östlichen Cuchumatanes zu beobachten. In unserem Falle entspricht die untere Terrasse auf beiden Ufern Sandsteinen, die zweite auf dem westlichen Ufer der Mergelzone, auf der östlichen einem Konglomerat, die erste im W Sandsteinen mit Kalkmergeln, im O einem tonig-lehmig verwitternden Sandstein.

Die Gründe für das eigenartige Verhalten lassen sich erst durch eine genaue geologische Aufnahme bzw. Kartierung finden. Es wäre möglich, daß jene Täler Verwerfungslinien entsprächen, an deren Flügeln verschiedene Glieder der Todos Santos-Formation anstehen, und daß daher die Gesteinsunterschiede auf beiden Talseiten zu einer verschiedenen Zahl von Felsterrassen Anlaß gegeben haben. Möglich wäre aber auch, an Hebungen verschiedener Teilschollen in unter schiedlichem Rhythmus zu denken, zumal das gesamte Gebirge ein Gebiet intensiver Hebungs- und Brucherscheinungen ist[75]).

Ein schmaler Rücken scheidet das Tal des Ixachán von dem östlichen Paralleltal des Rio Nojchacóm. Die trennende Kammhöhe führt den Namen Chonquixnác (2270 m)*). Das Tal von Nojchacóm ist ebenso steil und tief eingesenkt als das von Ixachán und zeigt die gleichen drei Terrassen, namentlich auf der westlichen Talflanke. Besonders deutlich ist die zweite Terrasse ausgebildet, die einem Mergelhorizont entspricht und allenthalben durch die zahlreichen Quellaustritte sich bemerkbar macht. Sie liegt 100 m über dem Nojchacóm-Bach, den man in 2110 m überschreitet. Die andern beiden Terrassen verschwinden vielfach unter der Walddecke. Um so besser aber sieht man gegen den Talausgang zu die Mergelterrasse sich hinziehen, die dort eine breite Eckflur bildet und durch eine indianische Einzelsiedlung mit dem zugehörigen Feld besetzt ist. Der Nojchacóm-Bach selbst fließt in roten Sandsteinen. Das östliche Gehänge, dem der Weg aufwärts folgt, ist mit Wald, nach oben zu durch eine Viehweide eingenommen. Anstehendes ist hier nicht sichtbar, doch deutet der glimmerhaltige Boden daraufhin, daß wohl vorwiegend Sandsteine die Unterlage bilden. Man erreicht die Höhe von Nanhuitz (2540 m) und damit zugleich den höchsten Punkt eines schmalen Riedels, der sich nach NO erstreckt. Er wird im NW begrenzt vom Tal des Rio Quisíl, im SO von dem des Rio Cajixác. Auf dieser Cumbre, deren rötlicher Verwitterungsboden wieder auf die Todos Santos-Schichten hinweist, liegen einige Hütten namens Patzáj, auf die alsbald der Weiler San José Las Flores (2470 m) folgt. Er nimmt den Rücken des Riedels ein, andere Hütten sind verstreut an dessen Abhängen gegen das Cajixác- und Quisíl-Tal angelegt. Wieder sind es terrassenartige Absätze, die für die Anlage der Einzelsiedlungen benutzt worden

*) Die hier angegebenen Namen sind die meiner indianischen ortskundigen Führer. Spanische Namen scheinen dafür nicht zu existieren.

sind. Während sich mir kein Einblick in das Quisíl-Tal bot, vermochte ich jedoch einen solchen in das Cajixác-Tal zu gewinnen. In ihm werden auf der nördlichen Flanke fünf Absätze bemerkbar, auf der südlichen konnte ich nur zwei deutlicher in der Tiefe erkennen. Da die Hänge darüber mit dichtem Urwald bedeckt sind, läßt sich über weitere Absätze dort nichts aussagen.

Die Riedelhöhe von San José selbst ist deshalb zu beachten, weil sich ein gleiches Niveau auch als Eckflur zwischen Quisíl-Tal und Tajach'en-Tal findet, wohl die Reste einer alten Talflur, die sich heute in rd. 900 m Höhe über den betr. Talgründen erhebt. Die Absätze, von denen wir am Cajixác-Tal fünf kennen lernten, von denen man aus der Ferne drei im Tajach'en-Tal bemerkt, werden hier in den oberen Hangpartien als Gesteinsterrassen, in den unteren als Flußterrassen angesprochen. Als Beweis für die ersteren diente die Begehung der beiden oberen Absätze bei San José zum Cajixác hinab. Wir treffen hier zuoberst tonige, dünnplattige, glimmerhaltige Sandsteine, die den Rücken des Riedels zusammensetzen, dann folgt als Absatz ein tonig mergeliger Horizont mit Quellaustritten, der von Sandsteinen unterlagert wird mit einem in ca. 750 m über der Talsohle liegenden Terrassenabsatz, und schließlich finden wir als Liegendes dieser Sandsteine Quarzite, die den zweiten Terrassenabsatz in ca. 620 m. über dem Talboden darstellen. Die Absätze 3 bis 5 habe ich nicht begehen können, vermute aber auf Grund gleich zu erwähnender geologischer Verhältnisse aus der Nachbarschaft und aus einem deutlichen Vegetationswechsel, daß zumindest der Absatz 3 ebenfalls gesteinsbedingt ist.

Zum Verständnis dieses unübersichtlichen und geologisch anscheinend komplizierten Gebietes ist es nötig, sich die Hauptlinien des hydrographischen Netzes einzuprägen, wie sie in meine Karte eingezeichnet wurden (vgl. Tafel 33).

Die südlichen Bäche, die dem Rio Quisíl (oder, wie er von hier ab heißt, Rio Nojléx, auch Rio Grande) zufließen, haben sämtlich ihre Quellen an den Abhängen des Cerro Tzumál und zeichnen sich durch ihre tiefen Erosionstäler aus. Ist doch, wie das Beispiel des Cajixác zeigte, dieses Tal um rd. 900 m eingesenkt.

Von San José Las Flores aus senkt sich der Riedel zunächst sanft nach NO ab. Er ist hier mit sandigem glimmerhaltigen Verwitterungsboden bedeckt und trägt Kiefernwald, auf kleineren Lichtungen Farnkrautdickichte. Sehr steil fällt das Gehänge zum Cajixác-Tal ab, während der Pfad nicht ganz so steil am Riedelsporn hinabführt.

Man trifft hier von oben nach unten auf plattige tonige Sandsteine (vgl. S. 210), bei 1940 m auf Puddingsteine, bei 1880 m auf Sandsteine, in die dünne Mergelbänke stellenweise eingelagert sind und die an einer Stelle N 50 O streichen und mit 55° nach NW einfallen. Bei 1720 m treten Quarzite auf, die einen deutlichen Absatz im Gehänge bilden und die nun bis zum Cajixác-Fluß (1610 m) anstehen. Dieser Fluß selbst führt grobe Gerölle von Konglomeraten und dunklen Schiefern, dazu reichliche Quarze. Kurz danach erreicht man über eine Schotterbank hinweg den Rio Mixláj, der aus einem tiefen Tal von O her strömt und die gleichen Gerölle wie der Cajixác führt. Eine niedrige Flutterrasse (ca. 5 m) trägt einzelne Indianerhütten und kleine Zuckerrohrfelder. Am Osthang stehen zuerst dunkle Schiefer an, die N 160° O streichen und mit 50° nach WSW einfallen, darüber folgen mit deutlichem Absatz feinkörnige helle Sandsteine und Mergel. Es liegt also auch hier wohl eine westöstliche Verwerfung vor, die sich im Mixlác-Tal fortsetzt. Im Walde bemerkt man zwei terrassenartige Absätze, den einen in 210 m, den anderen in 440 m über dem Cajixác-Fluß. Wahrscheinlich entsprechen diese der dritten und vierten Talterrasse im Cajixác-Tal unterhalb von San José Las Flores (s. S. 210).

Der Pfad, ein von Indianern angelegter Waldweg, steigt nun einen ähnlichen Riedel hinan, wie er uns beim Abstieg von San José begegnete. Bei den Hütten von Mixláj (2000 m) beginnt der schmale, leicht ostwärts ansteigende Riedelrücken, der noch mit Maisfeldern besetzt ist. Auf diesem biwakierte ich in 2055 m Höhe, dicht vor Beginn des Urwaldes, der von hier an bis Palo Grande das Gebirge überzieht. Infolge des um 16.³⁰ Uhr schon einsetzenden Nebels waren mir Sichten auf die umliegenden Höhen und Einblicke in die Nachbartäler verwehrt, so daß auf der Karte der Oberlauf des Rio Mixláj mit Nebenbächen nur angenähert eingetragen werden konnte.

Geologisch wichtig ist, daß unter den Geröllen des Cajixác und Mixlaj dunkle Schiefer auftreten, die demnach im Oberlauf, d. h. also am Nordhang des Cerro Tzumal vorhanden sein müssen. Ob es sich nur um lokal begrenzte Vorkommen oder um eine Schieferzone handelt, die das Bergmassiv auch im O umgibt, muß dahingestellt bleiben. Auf der geologischen Karte von NW-Guatemala (Zeitschr. Ges. f. Erdkde. Berlin 1932) ist von mir hypothetisch eine Schieferzone eingezeichnet worden.

Gleich hinter dem Lager Mixláj beginnt der Urwald, der aus immergrünen Laubbäumen und zwischen ihnen eingestreuten Kiefern besteht und eine Fülle von Epiphyten und dichtes Unterholz aufweist.

Anstehend ist nur gelegentlich Mergel und toniger Sandstein zu beobachten, der hellgelb gefärbt ist. Sonst überzieht alles eine mächtige lehmige gelbbraune Verwitterungsdecke. Einmal beobachtete ich ein SSO-Streichen der Mergel mit Einfallen nach WSW, kurz darauf ein Streichen von N 100 O mit Einfallen von 35° nach NNO. In 2250 m erreicht man den Rücken eines schmalen Bergvorsprunges zwischen dem Mixláj- und Poxláj-Tal, von dem aus sich gelegentlich ein Blick in das sehr tiefe Waldtal des Rio Grande (R. Nojléx) bietet. Aber der Wald verhindert auch hier wieder die Erkenntnis der Oberflächenformen. So ist es auch nicht möglich gewesen festzustellen, ob die Zertalung auf dem linken Gehänge des Rio Grande ebenfalls so tiefgreifend ist als auf dem rechten. Manches später Beobachtete scheint mir dagegen zu sprechen, und auch ein Blick auf die Karte zeigt, daß der schmale Gebirgsausläufer zwischen Rio Soloma und Naranjo kaum ein so gut entwickeltes Gewässernetz zulassen wird, wie der Cerro Tzumál im Süden. Sehr steil senkt sich der Weg von dieser Höhe zum Rio Poxláj hinab, wobei man stets in der Todos Santos-Formation bleibt. Ich notierte dabei von oben nach unten Mergel (Str. N 100 O, F. 35° NNO), Sandsteine, Quarzite, die einen schmalen, steil geböschten Grat bilden. Auf sie dürften auch die ähnlichen schmalen firstartigen Riedel zurückzuführen sein, die man spornartig sich ins Poxláj-Tal vorstrecken sieht. Man erreicht den Rio Poxláj bei 1620 m, wo zwei Häuser von Ladinos aus Chiantla liegen, und muß abermals zu einem Sporn aufsteigen, der das Poxláj-Tal vom Rio Cuxláj trennt. Ersteres ist bei den Häusern in einem Felscañon angelegt, an dessen Wänden Quarzite anstehen. Die Gerölle des Baches zeigten Sandsteine, Konglomerate und dunkle Schiefer, ähnelten also denen des Mixláj und Cajixác.

Der Anstieg von Naranjo führt auf schwierigem Urwaldgelände sehr steil in die Höhe. Aufschlüsse oder Anstehendes sind nirgends zu bemerken. In 2130 m ist wieder die Höhe des Spornes erreicht, der von prachtvollem üppigen Bergwald mit zahlreichen Schlingpflanzen und Moosen bekleidet ist. Um 13 Uhr kamen wir hier in Nebel, der bald darauf in einen feinen Nieselregen überging. Bei einem offenen Blätterdach, wie es die Indianer als Unterkunftsplatz auf ihren Reisen benutzen, fand sich an der Quelle Agua Escondida (1815 m) wieder Sandstein anstehend. Es sind hier zweifellos dieselben Glieder der Todos Santos-Formation vorhanden wie in den vorher passierten Gebieten. Deutlich bemerkt man die Zunahme des Niederschlags, je weiter man nach O bzw. NO vordringt. Der Wald ist triefnaß. Laubbäume sind nur noch allein vorhanden; die Nadelhölzer haben ihre Grenze etwa bei Naranjo erreicht. Deutlich beobachtet man aber auch, wie die Höhe der Riedelrücken nach NO hin abnimmt. Von Agua Escondida geht es dauernd durch Urwald über einzelne schäumende Gebirgsbäche (Rio Jolomchén, Rio Sanicláj) bergab. Kurz vor dem letzteren bei 1730 m tritt Quarzit auf. Damit beginnt aber zugleich der Böschungswinkel der Gehänge noch steiler als bisher zu werden. Anstehendes ist erst wieder am Rio Cuxláj anzutreffen. Der Bach wird in seinem engen Felsenbett bei 840 m erreicht. Es ist die bisher tiefste Stelle des Weges. Das Anstehende erweist sich als Amphibolit; im Bach finden sich Gerölle von Granit und Glimmerschiefern. Wir haben an dieser Stelle bisher einzigartig in den zentralen Cuchumatanes das Kristalline angetroffen, das hier von der Erosion angeschnitten ist. Leider läßt sich nicht mit Bestimmtheit angeben, ob die Quarzite unmittelbar auf dem Kristallinen lagern. In den Bächen habe ich unter den Geröllen keine Anzeichen für Schiefer gefunden, wie sie vorher angetroffen wurden. Jedenfalls ergibt sich aus diesem Vorkommen, daß wir in den Cuchumatanes einen kristallinen Sockel anzunehmen haben (s. S. 131). Jenseits des Rio Cuxláj steigt man nochmals zu einem Sporn auf (1340 m), auf dem der Weiler Yulchój liegt. Auf dem Bergvorsprung trifft man auf Palo Grande (1200 m), einem von Ladinos bewohnten Weiler. Eine gelbrötliche lehmige Verwitterungsdecke überzieht das Gelände, in dem man Anstehendes nicht beobachtet.

Erst beim Orte selbst fand sich Quarzit, der die steilen Böschungen der benachbarten Täler zusammensetzt. Sämtliche Täler mit Ausnahme des Haupttales des Rio Grande (hier Rio Naranjo genannt) sind Kerbtäler, in denen sich nur im Tal des Rio Naranjo zwei Talterrassen erkennen lassen.

Der Pfad von Palo Grande nach Barillas zieht sich steil über den südlichen Abfall des Riedels hinab und erreicht nach einem Abstieg von 530 m den Rio Palo Grande (auch Yulaixmanté) in 670 m Meereshöhe. In dem Flußbett fanden sich wiederum Gerölle von Kristallinem. Da in dem tiefen Tal bereits die Zone der Tierra caliente erreicht ist, breitet sich überall üppiger Regenwald aus. So läßt sich Anstehendes nicht beobachten, und es muß daher die Frage offen bleiben, ob auf dem Grunde dieses Tals bzw. an seinen unteren, durch ihre Steilheit bemerkbaren Böschungen das Kristalline vorhanden ist. Nach Überschreiten einiger kleiner Bäche mit Quarz und Quarzitgeröllen und Überquerung eines schmalen Spornes (980 m) aus rötlichem Sandstein erreicht man den Rio Ilóm (600 m). Die grobkörnigen quarzitischen Sandsteine stehen teilweise auf dem rechten Ufer an, an dem sich der Weg wieder steil hinaufwindet. Bei 910 m gelangt man auf einen Hangabsatz, auf dem der einsame Rancho Cocolá (900 m) liegt. Von ihm steigt man abermals hinab ins Haupttal des Rio Naranjo, den eine schmale primitive Hängebrücke (415 m) überspannt. Vorher hat man noch einen Absatz im Gehänge bei 770 m zu passieren, auf dem die kleine Finca Altaluz angelegt wurde. Anstehendes erreicht man an einem Bach Altaluz, dessen Bett in rötlichen Sandsteinfelsen vertieft ist. Das Streichen ist N 35 W, das Fallen 20° SW. Am Rio Naranjo, dessen Bett in harten roten Sandsteinen liegt, beobachtete ich am rechten Ufer das Streichen derselben zu N 60 O, das Fallen zu 30° nach NW. Beim Abstieg zum Fluß trifft man bei 480 m auf Flußschotter, die eine schmale Terrasse bilden. Auf dem linken Ufer erkennt man zwei Terrassen, deren untere (425 m) Schotter trägt; die obere findet sich in 700 m und ist durch eine Zone von Quarziten als Gehängeterrasse zu deuten. Das Tal des Rio Naranjo selbst erweitert sich unterhalb der Brücke zu einem Sohlental, in dem der Fluß mäandert. Wir werden ihn später unterhalb dieser Stelle näher kennen lernen.

Der Weg leitet am linken Ufer steil über die beiden genannten Terrassen durch Sandsteine und Quarzite aufwärts. Man kreuzt in letzteren einige Quarzbänder, die oberflächlich herausgewittert sind. So erklimmt man den schmalen Riedel zwischen den Haupttälern des Naranjo und Soloma, der bei dem Rancho Ixabáj (1320 m) leicht eingesattelt ist. Die Einsattelung entspricht der vom Rio Soloma rückwärts arbeitenden Erosion, die in einem tiefen Nebentale, dessen Namen bzw. Fluß mir unbekannt geblieben ist, den Riedel angegriffen hat. In nordwestlicher Richtung steigt man auf dem Riedel bis zur Cumbre de Ixabáj (1420 m) an und muß danach sehr steil zum Rio Amelco (490 m) absteigen. Immer wieder ist man über die tiefe Zerschneidung des Gebirges und die durch den Gesteinscharakter bedingte Steilheit der Böschungen überrascht. (Gehängeböschungswinkel 25 bis 32°). Am Abfall zum Rio Amelco sind zwei Terrassen zu bemerken, die als Talterrassen ausgebildet sind (obere in 1285 m, untere in 1220 m Meereshöhe, d. h. in 795 m bzw. in 730 m über dem Rio Amelco). Der Rio Amelco führt wieder in seinen Schottern häufig kristalline Gerölle. Das Tal ist als Sohlental ausgeblidet und zeigt auf beiden Ufern drei Flußterrassen, von denen die beiden unteren als Schotterterrassen ausgebildet sind (untere 3 m, obere 10 m über dem

Fluß). Die dritte ist im Anstehenden angelegt und liegt 95 m über dem Fluß. Bei einem Blick in das benachbarte Tal des Yulconóp sind vier Terrassen zu beobachten, von denen mir die drei unteren denen im Amelco-Tal zu entsprechen schienen, während die oberste eine Felsterrasse sein dürfte.

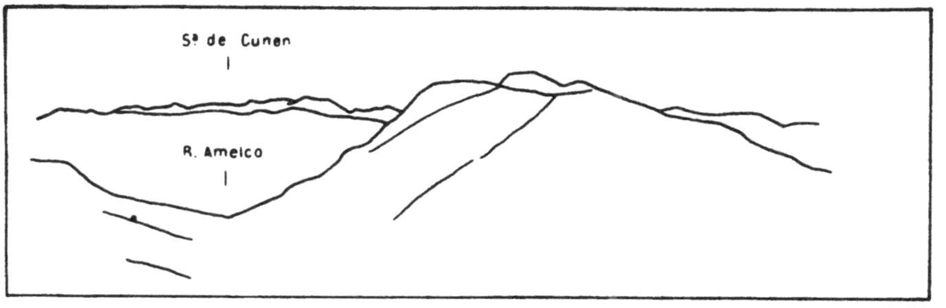

Fig. 8. Blick von El Quetzál gegen Osten.

Man bewegt sich nun zunächst auf der unteren Schotterterrasse in dem breiten Sohlental entlang, das in seiner morphologischen Gestalt so sehr von den bisherigen engen Kerbtälern abweicht. Auf dieser Terrasse liegt auch der Weiler Amelco. Von hier steigt man auf die Hochterrasse hinauf, die uns als Anstehendes Mergel und Letten zeigt, die N 50 W streichen und mit 50° nach NO einfallen. Wir sind damit in die obere Schichtenserie der Todos Santos-Schichten gelangt, was darauf hinweist, daß das westöstlich sich erstreckende Amelco-Tal einer Verwerfungslinie entsprechen muß, an deren Nordflügel das Gelände abgesunken ist.

Die Lettenschichten zeichnen sich durch die feuerrote Farbe ihres lehmigen Verwitterungsbodens aus. Sie bleiben unterbrochen von dünnen Kalkmergelbänken bis zur Höhe des Riedels, den man zwischen den Flüssen Puente Grande und Yulconóp ersteigt (1670 m). Hier trifft man auf wenig mächtige Sandsteine, die die Oberfläche des Rückens weiterhin bedecken. Sie sind plattig und glimmerreich, streichen N 35° O und fallen mit 50° nach SO ein. Durch die Wechsellagerung der Mergel- und Lettenschichten und der hangenden Sandsteine wird der Riedel zu einem langgestreckten, steilen, sich über der flacher geböschten Mergelterrasse erhebenden Rücken, der Nadelholzwald trägt. Nach Barillas absteigend gelangt man wieder in die Mergelzone, in die bei 1560 m eine Kalkbank eingelagert ist.

Sehr gut ist von der Höhe des eben beschriebenen Rückens der Gegensatz der Oberflächenformen im N und S desselben zu beobachten. Der Rio Naranjo (bzw. Rio Ixcán) als Hauptfluß und sein wichtiger, fast ebenso wasserreicher Nebenfluß, der Rio Soloma (bzw. Rio Amelco), strömen in tiefen Erosionstälern, von denen aus die rückwärtige Zerschneidung der Talflanken nicht weniger energisch gearbeitet hat. So besitzt das Gebirge in dem Raume, den wir durch die Orte Soloma, Chojzuníl, Amelco, Cocolá, San Francisco begrenzen können, eine sehr dichte Talanordnung bei gleichzeitiger erheblicher Taltiefe. Im N aber blicken wir in sanft geböschte, breite Talmulden, die die Flüsse Barillas und Yulconóp durcheilen. Außerdem vermißt man die starke Zertalung der Hänge. Diese Erscheinungen hängen damit zusammen, daß der Rio Yulconóp, bestehend aus den beiden Quellästen des Barillas und Yolhuítz, weniger wasserreich ist und zudem in jenem Gebirgsabschnitt die Kalkformation stark in den Vordergrund tritt.

Eine andere beachtenswerte Tatsache ist die Anordnung der Täler des Rio Soloma, Rio Naranjo und Rio Puente Grande (bzw. Rio Amelco), auf die noch eingegangen werden soll.

Der Weg von Barillas (1410 m) nach El Quetzál (2040 m) steigt langsam in der Talmulde nach W an und bewegt sich ausschließlich in der Mergelzone, die hier violett und grünlich gefärbt sind und an die Keupermergel Süddeutschlands erinnern. Abgestürzte Felsblöcke von dem nördlichen Talgehänge zeigen, daß über diesen Mergeln wieder Sandsteine folgen müssen. Deutlich ausgeprägt ist im Barillas-Tal eine Terrasse, die man auf dem Wege nach Quetzál in 1470 m quert. Sie entspricht einem Kalkband, das in die Mergel eingeschaltet ist. Ob es sich hier um denselben Kalkhorizont handelt, den man beim Absteigen nach Barillas (1590 m) kreuzte, kann mangels jeder Fossileinschlüsse nicht festgestellt werden. Der Kalk ist dicht und von heller Farbe. Je höher man nach Quetzál hinaufsteigt, um so häufiger sind in die Mergel Kalkbänke von 25 bis 40 cm Mächtigkeit eingeschaltet. Bei 1760 m begegnen die ersten anstehenden Sandsteine rötlicher Färbung, die dann mit dünnen bunten Mergel- und hellen Kalkbänken wechsellagern. Bei 1940 m werden plattige dünne Sandsteinlagen angetroffen, auf die wieder Kalke und Mergel folgen. Man gewinnt also bei diesem von 1410 m auf 2040 m ansteigenden Wege einen guten Einblick in die obere Serie der Todos Santos-Schichten mit ihrem lebhaften Gesteinswechsel. Bei Quetzál selbst steht löcheriger Kalk an, der vielleicht schon den Ixcoy-Kalken zugerechnet werden kann.

Von diesem Dorf aus steigt man in das Tal des Yulachú hinab, wo

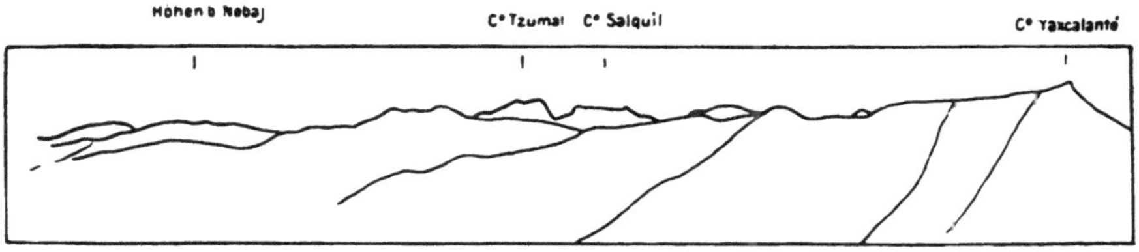

Fig. 9. Panorama der östlichen Cuchumatanes gegen Süden von El Quetzál.

die gleiche Serie der Todos Santos-Formation vorhanden ist wie beim Anstieg von Barillas. Am Yulachú (1960 m) fand ich in den Geröllen Gipsbrocken neben Kalken. Auf der rechten Talseite ergeben sich erhebliche geologische Unterschiede zu den bisherigen Verhältnissen. Denn hier treten anstehend dunkle Tonschiefer auf, die nun auf dem weiteren Wege in vielfachen Aufschlüssen zu beobachten sind. Sie sind in stark gestörter Lagerung. Streichen und Fallen wechselt häufig, stellenweise sieht man saigere Stellung, auch Stauchungserscheinungen sind gelegentlich vorhanden. Bei den Häusern von Yulachú streichen die Tonschiefer N 15° W und fallen mit 42° nach O ein.

In diesen Schiefern fließt der Rio Nojcá (1770 m). Etwa 6 km danach sieht man am Wege in einer Felswand eine Verwerfung, die nordsüdliches Streichen aufweist. 1 km weiter streichen die Schiefer N 90° W und fallen mit 20° nach S ein. An zwei Stellen finden sich am Wege aufgeschlossen Diabasgänge, die die Tonschiefer durchsetzen. Mehrfach treten in diesen Quellen zutage, die dem Rio del Puente Grande zueilen. Der Weg verläuft fast horizontal am Nordgehänge des Tales, bis man in die Schlucht des von NW her kommenden Rio Paijilá gelangt, in die es im Zickzack hinabgeht. Den Fluß, der bei San Mateo Ixtatán entspringt, überschreitet man in 1630 m. Am rechten Ufer geht es aufwärts wieder in den Tonschiefern, die am Flußübergang N 35° W streichen und mit 40° nach SW einfallen. Rund 30 m über dem Fluß werden die Tonschiefer dünnplattig und ähneln den Dachschiefern. Nach 2 km streichen sie N 45° O und fallen mit 20° nach SO ein. 1 km weiter beobachtet man eine ganz verworrene Lagerung, die auf starke Schichtstörungen hinweist. Man gewinnt den Eindruck, als wenn die Schichtenköpfe am Wege ausstreichen, gegen den sie mit 37° geneigt sind. Eine genaue Erkenntnis dieser verwickelten geologischen Verhältnisse wird durch den Wald verhindert, der eben nur den schmalen im Gehänge angelegten Reitweg freiläßt. Mich erinnerte diese Stelle an die ebenfalls äußerst komplizierten Lagerungsverhältnisse der Tonschiefer und Grauwacken bei Santa Isabel im NW von Huehuetenango. Eine gründliche geologische Untersuchung, sobald einmal in Zukunft der Wald mehr gelichtet sein wird, wäre an beiden Stellen sehr erwünscht[76]).

Etwas weiter erreicht man eine Stelle am Wege, an der man das Hangende der Tonschiefer trifft. Es sind Sandsteine. Nach einer Dünnschliffuntersuchung, die von Herrn J. Opielok im mineralogischen Institut der Universität Würzburg ausgeführt wurde, handelt es sich um metamorphe Sandsteine mit zahlreichen Sprüngen und häufigen Kluft- bzw. Spaltfüllungen von Quarz. Alles deutet darauf hin, daß auch die Sandsteine den Störungsvorgängen mit unterlegen haben. Unmittelbar danach fand ich in den Tonschiefern als Fossil eine sehr gut erhaltene Pecopteris (Asterotheca) cyathea Schlotheimi, die von Herrn Professor Dr. Hirmer in München als solche bestimmt wurde (s. S. 140). Hiermit wäre das Alter der Schieferformation als permisch vielleicht auch als obercarbon anzunehmen. Es ergibt sich hiermit, daß sich unter den Todos Santos-Schichten in unserm Gebirge das Perm findet. Denn wie wir später sehen werden, nimmt die Schieferformation, die wir bereits am Nordabfall des Cerro Tzumal-Massivs gefunden und aus Geröllen erschlossen haben, auch sonst noch gewisse Gebiete der Cuchumatanes ein.

Der Weg überschreitet dann den Rio Yulaixcáp in 1740 m, der von W als Nebenfluß dem Rio Paijilá zueilt, um mit ihm gemeinsam den Rio del Puente Grande zu bilden. Südlich von ihm erhebt sich sehr steil das Talgehänge, an dem scharf ein Formationswechsel auftritt. Denn wir gelangen nunmehr in die unteren Glieder der Todos Santos-Formation hinein, die die gleichen roten Sandsteine aufweisen, wie wir sie schon auf dem Wege von Quisíl nach Palo Grande angetroffen hatten. Sie werden überlagert von lettigen und mergeligen Schichten und werden bei 2120 m von Kalken abgelöst, die den Ixcoy-Kalken entsprechen. Etwas östlich vom Wege sieht man in einer engen Talkerbe den Rio Paiconóp sich mit einem hohen Wasserfall über die Felswände dieser Kalke hinabstürzen. Alles legt die Vermutung nahe, daß das Tal des Rio Yulaixcáp bzw. des Rio del Puente Grande einer Verwerfungslinie von W nach O folgt. Wir erinnern uns, daß wir bereits bei Amelco eine solche Störungslinie antrafen (s. S. 215), und wenn wir die schon von Sapper bei San Mateo Ixtatán beobachtete Verwerfung, die ebenfalls west-östlich streicht, berücksichtigen, so werden wir nicht fehlgehen, hier eine erhebliche Störungslinie in der allgemeinen Hauptstreichrichtung des Kordillerensystems anzunehmen.

In 2340 m erreicht man die Cumbre de Paiconóp, die von Kalk und Dolomit gebildet wird, und dieser bleibt nun überall anstehend, bis man das große Dorf Santa Eulalia (2530 m) erreicht. Es sind die Ixcoy-Kalke, die wir zuletzt bei San Ixcoy kennen gelernt haben. Sie sind auch hier von heller Farbe, als Kalkbrekzien und Dolomite ausgebildet, löcherig und weisen bei Santa Eulalia Höhlen auf, unter denen eine als Kultstätte der Indianer des Dorfes bekannt ist. Wir haben hier den Anschluß an die Route von Sapper gewonnen[77]).

2. Das Gebiet von Santa Eulalia und San Miguel Acatán.

Gelegentlich eines zweitägigen Ausfluges von Santa Eulalia am 3. bis 4. Februar 1927 habe ich den Weg von dort nach San Miguel Acatán aufgenommen und die in der Nähe liegenden Bleiminen besucht. Über dieses dem W-Rande der Cuchumatanes angehörende Gebiet lassen sich folgende Angaben machen.

Von Santa Eulalia aus benutzt der Weg den Camino real nach Ixtatán, der aus den Dolomiten des Dorfes alsbald in die Mergel, Sand- und Puddingsteine der Todos Santos-Schichten führt[78]). Auf dem Wiesenplan von Pet (2650 m), wo am 8./9. Februar stets die Fiesta von Santa Eulalia mit einem Jahrmarkt zu beginnen pflegt, biegt unser Reitweg nordwestlich ab und führt durch lichten Laubwald zu einer Anhöhe (2760 m) hinauf, an der die Mergel der Todos Santos-Formation anstehen. In flachen Mulden liegen dort einige Tümpel, die von Eichen und vereinzelten Madrón-Bäumen umgeben sind. Weiter nach W ansteigend und immer in denselben Schichten bleibend, erreicht man bei 2800 m den höchsten Punkt des Weges. Von dort aus öffnet sich nach W ein breites, tiefes Tal, in dem in einer schmalen Rinne der Rio Xaxcóc zur Chiapas-Senke fließt. Der Wald hört auf. An seine Stelle tritt dürrer Busch, zugleich ändert sich das Gestein. Denn von 2630 m an und talabwärts weiterhin folgend breitet sich Kalk aus, der als Massenkalk heller Färbung den Ixcoy-Kalken gleicht. Der Gesteinswechsel wird durch eine Hangterrasse angedeutet, die auch auf dem gegenüberliegenden Gehänge im S erkennbar ist. Auf ihr liegen die Hütten des Weilers Cantetáj (San Rafael La Indpendencia). Die unteren Gehänge zeigen, nachdem man den Weiler Paiconóp mit seinen Weizenfeldern passiert hat, drei Terrassen, die talabwärts sich gleichsinnig abdachen. Auf der mittleren liegt das Dorf San Miguel Acatán (1810 m). Die Kalke sind hier toniger, ähnlich wie bei San Juan Ixcoy, so daß beim Dorf einige Quellen austreten.

Ich fand keine Gelegenheit, den Aufenthalt lange genug auszudehnen, um die Terrassen genauer zu studieren. Nur im allgemeinen habe ich folgendes beobachtet. Das Nordgehänge des Acatán-Tales gliedert sich von oben nach unten:

4. eine Gehängeterrasse in rd. 2030 m (Kalk und Dolomit).
3. Terrassenartiger Absatz in 1830 m, nur an einzelnen Stellen am Nord- und Südhang ausgebildet.
2. Terrasse in 1800 m, auf der San Miguel A. liegt, durchlaufend, talauswärts fallend.
1. Terrasse 1780 m, ebenfalls durchlaufend wie 2 und wie diese auch auf dem südlichen Gehänge entwickelt.

Den Rio Xaxcóc selbst erreicht man in 1730 m (Brücke). Die drei Terrassen entsprechen also je einer 100 m-, 70 m- und 50 m-Terrasse. Schotter habe ich auf keiner derselben finden können. Man hat den Eindruck einer jungen, kräftigen Hebung dieses Gebietes. Der Rio Xaxcóc fließt in einer schmalen, V-förmigen, rund 50 m tiefen Kerbe mit unausgeglichenem Gefäll nach W. Den oberen Hangabsatz halte ich durch den Gesteinscharakter (Dolomit und Kalk) bedingt. Die unteren drei Terrassen dürften jungen Hebungen entsprechen. Doch bedarf es hier noch genauerer Untersuchungen.

Um zu den Minen zu gelangen, die im SW von Acatán liegen, muß man den Riedel zwischen Rio Xaxcóc und Rio Coyá (auch Tiayaxaquíl) queren. Der eingeborene Flußname ist interessant. „ti-a" bedeutet: „Austritt des Wassers aus der Erde, Quelle", „yaxaquil" einen der indianischen Monate des Jahres[79]). Sollte sich hierin die Tatsache verbergen, daß wir es mit einer intermittierenden Quelle des Karstgebietes zu tun haben? Nach Angabe meines Begleiters, Don Efraim Molina aus Acatán, soll tatsächlich der Fluß erhebliche Wasserstandsschwankungen aufweisen. Der Riedel besteht aus zelligen Dolomiten. An seinem südlich zum Rio Coyá fallenden Gehänge liegen die blei- und silberhaltigen Minen, über die schon an anderer Stelle berichtet worden ist[80]). Das Tal des Coyá ist ein Kerbtal, in dem ich keine Terrassen wahrnehmen konnte.

Geologisch bemerkenswert ist für diese Gegend das Auftreten der Ixcoy-Kalke unterhalb der Todos Santos-Formation. Es muß dahingestellt bleiben, ob diese weiterhin nach W als Liegendes der Kalke wieder auftritt. Nach den Verhältnissen bei Todos Santos und San Martín zu urteilen, stände dieses zu erwarten. Es sei hier darauf hingewiesen, daß Sapper in den Geröllen des Rio Nentón und Santa Catarina Kristallines fand (s. S. 130). Dieses wäre auch für unsern

Fall von Wichtigkeit, denn Rio Xaxcóc und Coyá sind die Quellflüsse des Rio Catarina. Kristallines könnte dann aber nur weiter talabwärts von Acatán zu erwarten sein.

Der Cerro Yaxcalanté[81]): Wenn man sich auf dem von uns oben beschriebenen Wege von Palo Grande nach Amelco bewegt und den Rücken von Ixabáj passiert, fällt bei einem Blick auf das eng zertalte Gebirge im W ein steiler schmaler Kamm auf, der in einer deutlichen Spitze gipfelt. Nicht weniger eindrucksvoll tritt dieser Höhenzug von N her gesehen hervor, wo man ihn besonders von El Quetzál her aufragen sieht (vgl. Mitt. Geogr. Ges. Hamburg Bd. 39 [1928], Taf. 8, Abb. 1). Ebenso erscheint dieser Gipfel als eine beherrschende Anhöhe von W her gesehen, also von Santa Eulalia aus (das Bild in ,,Anales Soc. de Geogr. é Hist. de Guatemala, T. IV [1927] S. 13 ist nicht deutlich reproduziert, so daß der Berg im Hintergrund nicht sichtbar wird). Es handelt sich um den Ausläufer des westlichen Hochplateaus der Cuchumatanes, der sich zwischen den Flüssen Puente Grande und Soloma nach O hinzieht. Bei den Indianern trägt der Gipfel den Namen Yaxcalamté (auch Yaxcalanté), bei den Ladinos wird er nach dem am Ostfuß gelegenen Weiler Volcán de Chujzuníl genannt. Wie so oft in den spanisch sprechenden Koloniallländern hat die Kegelform, die in unserm Fall nur von W und SO her klar hervortritt, zu der Vorstellung eines Vulkans Anlaß gegeben. Natürlich kann keine Rede davon sein.

Diesem Gipfel widmete ich eine Exkursion von Santa Eulalia her, von wo aus er am besten zu erreichen ist. Man steigt vom Dorf östlich in die Talmulde des Rio Paiconóp hinab, der ein unregelmäßig kuppiges Gelände durchfließt. Hier trifft man auf Todos Santos-Schichten, die von Dolomitkuppen überragt werden. Östlich der Aldea Ixtiacál beginnt der Urwald, und zugleich betritt man den spornartigen Ausläufer, der durch Seitenerosion von N und S her angegriffen ist.

Besonders steil fällt das Gelände nach S ab. Anstehendes ist nicht zu beobachten. Erst an einer Einsattlung, aus der nach S der Rio Chivál entspringt, und die von den Indianern Nanhuítz (2650 m) genannt wird, findet sich anstehend zersetzter Sandstein rötlicher Farbe. Es handelt sich also hier um Todos Santos-Schichten. Östlich von Nanhuítz erhebt sich der Gipfel des Yaxcalanté. Durch prachtvollen Urwald steigt man zunächst noch auf dem Fußpfad langsam östlich an. Üppiger Baumwuchs, die verwirrende Fülle von Lianen und die langen Bartflechten und Moospolster lassen kaum mehr Blicke in die Umgebung zu. Nach ca. 40 Minuten von Nanhuítz biegt man dann vom Pfad weglos nach NO ab, steigt steil zu einem Absatz (2800 m) empor, wo Kiefernwald beginnt, und sieht sich vor einer Felswand, die uns noch vom eigentlichen Gipfel trennt. Dichtes Gestrüpp durchsetzt den nunmehr niedrigstämmigen, aus Kiefern und Madrón-Bäumen zusammengesetzten Wald. In 2950 m erreicht man eine Plattform von 150 : 80 m Ausdehnung, die das schmale Gipfelplateau bildet, überwuchert von Madrón und dichtem Unterholz. Das Gestein, das diese letzte Partie bildet, ist, wie die genauere petrographische Untersuchung im mineralogischen Institut der Universität Würzburg ergeben hat, ein Dolomit mit dem seltenen Vorkommen von feinen Dolomitkristallen. Es lagert also hier, wie bei Santa Eulalia, Dolomit auf den Todos Santos-Schichten auf. Wir haben es hier mit dem Rest der einst weiter nach O reichenden Ixcoy-Kalke (bzw. Dolomitdecke) zu tun, die weiter im W bereits durch Abtragung entfernt worden ist. Mit seiner Meereshöhe ist, wie auch sonst schon der Augenschein lehrt, der Yaxcalanté der höchste Gipfel in dem nördlichen Abschnitt des Gebirges.

Von ihm aus bietet sich wohl der umfassendste Rundblick über die Cuchumatanes, besonders nach S und W. Am Südhorizont verläuft fast horizontal die großartige Linie des Hochplateaus von Todos Santos vom W bis zur schmalen Sierra von Cunén im O, unterbrochen nur im SO durch die beiden charakteristischen Gipfel des Cerro Tzumál und Cerro Salquíl bei Nebáj. Gegen diese einförmige Linienführung hebt sich um so schärfer das mannigfach zertalte Gebirgsland der östlichen Cuchumatanes ab, dessen tiefe Täler des Quisíl und Amelco wir nunmehr von der Höhe aus verfolgen können. Vor uns in der Tiefe leiten schroffe Abhänge in die Nebentäler des Rio Soloma. Weiter westlich erkennen wir deutlich die Hochfläche zwischen Ixcoy und Quisíl, die unser oben beschriebener Weg querte (s. S. 206). Wir beobachten, wie nach W die Zertalung weniger stark entwickelt ist und wie in den einzelnen parallelen Zügen deutlich die West—Ostrichtung hervortritt. Nach O verdecken die Höhen von Ixabáj die Fernsicht, im N erhebt sich als Horizontallinie klar ausgebildet die Sierra de Barillas, die den Fernblick ins Tiefland des Rio Lacantún verhindert.

Interessant waren an den Felsen auf dem Gipfelplateau zahlreiche Regenrillen und kleine napfförmige Schalen zu bemerken, die an den vom Moospolster freien Blöcken hervortraten.

Die Umgebung von San Mateo Ixtatán: Den Weg von Santa Eulalia nach Ixtatán hat schon Sapper geologisch beschrieben.

Er leitet vorwiegend durch Todos Santos-Schichten. die hier leicht aufgewölbt scheinen und von kleinen Kalkvorkommen der Ixcoy-Kalke vereinzelt überlagert werden.

San Mateo Ixtatán (2570 m) liegt auf einem schmalen Talriedel in einer nach O und SO sich öffnenden Talsenke. Der Riedel wird von den Quellbächen des Rio Paijilá begrenzt. Der nördliche Bach führt diesen Namen von seiner Quelle an. der südliche heißt Rio Chilón. Beide vereinigen sich dicht unterhalb des von vorspanischen Ruinen gekrönten Spornes. Das Paijilá-Tal dürfte hier durch eine Verwerfung bedingt sein. Denn an den südlichen Talwänden stehen die rötlichen Sandsteine der Todos Santos-Formation an. an den nördlichen aber Kreidekalke. die bis zur Talsohle hinabreichen. Teilweise sind die unteren Gehänge von den alten Bewohnern künstlich terrassiert worden. um auf den Plattformen Erdwerke und eine kleine Tempelpyramide zu errichten (Ruinen von Yolchunáp). Auf der südlichen Seite des Paijilá-Baches und zwar schon an der Talsohle findet man bunte Mergel der Todos Santos-Serie, die hier Salinen enthalten[82]). Der Aufbau der Kalke. die im N anstehen, ist unbekannt und wird nur durch die von Sapper westlich davon auf dem Wege Ixtatán—Comitán angestellten Beobachtungen erschlossen.

Dieser Weg. den ich in der Zeit vom 18. bis 25. Februar 1926 passierte. mag in kurzem hier noch beschrieben sein. Man steigt von Ixtatán zunächst zum Paijilá hinab. der hier als schmaler Bach fließt und seine Quelle in der Nähe haben muß. Dann geht es langsam bergan in Kalken, die dunkelgrau gefärbt sind und durchaus den Ixcoy-Kalken im Aussehen ähneln. Man gelangt auf ein Hochplateau. das landschaftlich demjenigen zwischen Chiantla und Quisíl gleicht und auch in der Tat der nördliche Ausläufer desselben ist. In 2900 m wird der höchste Punkt erreicht. Auf 2800 m absteigend öffnet sich ein freier Ausblick nach W in ein breites. fast trogförmiges Tal des Rio Cajtaví, dessen steile. felsige Talflanken eindrucksvoll das Bild einrahmen. Man blickt talauswärts in die Chiapassenke, hinter der sich die mächtige Sierra Madre von Chiapas von dem Tajumulco überragt auftürmt. Steil fallen die Cuchumatanes hier gegen ihr westliches Vorland ab, steiler als wir es bei San Miguel Acatán kennen lernten. vielmehr ähnlich der Gegend von San Martín. Weiterhin trifft man in den Kalken wieder auf zahlreiche Dolinen. allenthalben tritt löcherige Verwitterung hervor. Bald nach einigen ärmlichen Indianerhütten biegt der Weg nach NW ab, läuft eine Strecke parallel dem Cajtaví-Tal. in dessen Tiefe zwei Terrassen hervortreten. Dann aber tritt man wieder in dichten Wald ein, der auch den Nordabfall der Cuchumatanes geschlossen überzieht. Von Paluá erfolgt steil der Abstieg ständig durch Kalk, der dort als Massenkalk aus dem Boden hervorragt. Überall sind Dolinen verstreut. Schließlich erreicht man bei Chaculá (1430 m) die Kalkhügelzone, die das nördliche Vorland der Cuchumatanes bildet, eine unruhig gestaltete, durch einzelne steile Kuppen und kürzere Rücken unübersichtlich gegliederte Landschaft, die nach Zentralchiapas hinüberleitet. Sie gehört geologisch der Kreidekalkzone Südost-Mexicos an.

3. Das Gebiet zwischen Rio Barillas und Rio Xacbál.

(Route Barillas—Yula San Juán—Ilóm—Chajúl.)

Von Barillas (1410 m) breiten sich nach O und NO die Mergel und in sie eingeschalteten Kalke der Todos Santos-Formation aus, über denen sich mit deutlichem Steilabfall der Kalkzug erhebt, den wir im N von San Mateo Ixtatán kennen gelernt haben und den wir wohl mit den Ixcoy-Kalken identifizieren dürfen. Nach Erkundigungen zu urteilen und nach dem, was uns Adrian Recinos über den nördlichen Abfall dieser Sierra mitteilt, breitet sich die Kalkformation bis ins Tiefland aus, wo einige Bäche und Flüsse im Karstgebiet subterran fließen. Eine bekannte Flußschwinde dieser Art ist die des Rio San Ramón bei San Joaquín. Im übrigen aber ist dieses Gebiet spärlich besiedelt. Nur ein paar kleine Plantagen und unbedeutende Weiler unterbrechen mit ihren Rodungsflächen den Urwald.

Beim Höhersteigen zu einem niedrigen, nach SO streichenden Sporn gewahrt man im Tal des Rio Barillas zwei Terrassen, die schätzungsweise 20 und 60 m über dem Fluß liegen. Als Hangterrasse ist nördlich des Weges die Grenze zwischen Kalken und Mergeln ausgeprägt. Auf ihr liegt eine Reihe von Plantagen (Zuckerrohr und etwas Kaffee), die sich in dem von uns jetzt betretenen Tal des Rio Yolhuítz hinziehen. Bei La Florida (1510 m) werden in diesem Tal zwei Terrassen sichtbar, die sich nach SO weiter verfolgen lassen und die wir schon früher auf dem Marsche zum Rio Amelco aus der Ferne gesichtet hatten. Der Weg verläuft fast in gleicher Höhe dem Hang entlang über La Soledad, Jolontáj, Ultramarina, ohne daß geologisch Veränderungen einträten. Erst bei La Providencia, wo man den Oberlauf des von N her kommenden Baches Rio Jute durchschreitet, beginnen Kalke größerer Mächtigkeit, die aber in die Serie der Todos Santos-Schichten gehören. Denn in dem Rio Jute finden sich Gerölle rötlicher Sandsteine, die aus dem dicht in der Nähe befindlichen Quellursprung stammen müssen. Im Tal des Baches steigt man zum Rio Yula San Juan hinab, wie diese Laufstrecke des Rio Ixcán bzw. Quisíl (u. a. Benennungen s. o.) heißt. Die Todos Santos-Formation begleitet uns bis an den Fluß, wo rote Sandsteine und Quarzite anstehen. Auf letztere dürfte die Talenge zurückzuführen sein, die sich dicht unterhalb der Übergangsstelle öffnet. Nach Angaben von Bewohnern der Finca Yula San Juan ist das Tal so eng, daß der Weg nach dem unteren Ixcán von La Florida aus über das Waldgebirge angelegt werden mußte.

Der wasserreiche und schnell dahineilende Fluß wird auf einer Hängebrücke (390 m) überschritten. Etwas abseits liegt auf einem Absatz die Finca Yula San Juan (470 m), und zwar auf einem abgeflachten Sporn zwischen den Flüssen Yula San Juan und Rio Cobán. Ob es sich hier um eine Terrasse handelt, läßt sich infolge der Bewachsung und des Urwaldes, der sich dicht bei der Finca erhebt und das ganze nördliche Gehänge des Cobán-Tales überzieht, nicht feststellen. Die Gehängeformen verschwinden hier völlig unter dieser Decke. Der Boden zeigt kein Anstehendes, sondern ist von rötlichem Lehmboden überdeckt. Es dürfte sich aber auch hier wieder um Todos Santos-Schichten handeln.

Von Yula San Juan wird dann auf dem Weiterweg der wasserscheidende Rücken zwischen Rio Ixcán und Rio Xacbál überschritten. Das ganze Gebiet ist bewaldet. Es geht zunächst das Tal des Rio Cobán aufwärts, wo man in 880 m einen Absatz erreicht, danach oberhalb eine kleine Lichtung mit dem Rancho La Delfina (ca. 1250 m) quert und eine Übersicht über die Täler des Rio Palo Grande, Amelco und Yulconóp erhält (vgl. Mitt. Geogr. Ges. Hamburg, Bd. 39 [1928], Taf. 8. Abb. 2). Dann steigt man weiter durch Wald zur Paßhöhe Las Cruces (1540 m) aufwärts, an der rote Sandsteine anstehen. Sie streichen N 70° O und fallen mit 20° nach NNW ein. Wir erinnern uns, daß wir den gleichen Gebirgszug schon auf dem Wege von Palo Grande nach Cocolá an seinem Abfall zum Rio Naranjo kennen gelernt haben, wo ebenfalls Sandsteine und Quarzite der Todos Santos-Formation anstanden.

Von Las Cruces verläuft der Weg weiterhin durch dichten Wald ohne Aufschlüsse. Bei dem Indianerrancho K'ejhuitzaj (Rancho Maria, 1370 m) von meinen indianischen Begleitern übersetzt mit „Montaña Negra“, überschreitet man den Oberlauf des Rio Ilóm (s. S. 214), der hier in der Ixil-Sprache Rio Ch'a'chán genannt wird

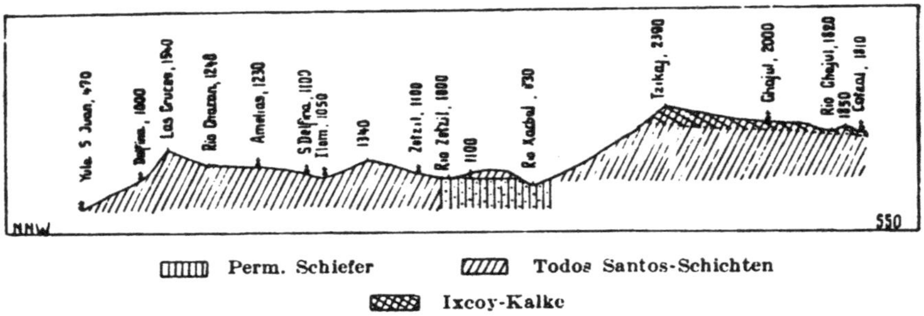

Fig. 10. Profil Yula San Juan - Cotzal

(1250 m). Dieser Bach führt Kalkgerölle, die von dem höheren nach NO streichenden Rücken stammen müssen. An dieser Stelle, wo ich Lager bezog, setzte heftiger Regen ein, der den folgenden Tag anhielt, so daß sich auf dem Weitermarsch nach Ilóm keine eingehenderen Beobachtungen anstellen ließen. Der Lagerplatz, an dem wir am Rio Ch'a'chan übernachteten und der eine Raststation der Ixil-Indianer von Ilóm ist, hieß bei meinen Begleitern „Xumbaláj". Nebel verhinderte auf dem Weiterweg jede Fernsicht. Man soll nach Angaben der Indianer von hier aus besonders gut den Cerro Tzumál sehen können. In südsüdöstlicher Richtung erreicht man nach 1 Stunde Rodungsland mit Viehweiden, die zu der seit ca. 30 Jahren bestehenden Finca Las Amelias (1800 m) gehören. Sie ist im Besitz von Don Segundo Ardavia, einem Asturier. Danach steigt man etwas aufwärts durch Wald, um alsbald in die Talweitung von Ilóm einzutreten, an deren Nordhang die Finca Santa Delfina (1100 m) liegt. Hier findet man roten Lehmboden, an einer Stelle auch stark zersetztes Anstehendes von Sandstein.

Ilóm (1050 m) breitet sich auf einer 20 m-Terrasse am östlichen Ufer des Rio Xixilá aus, der ein nach NO sich öffnendes Tal durchfließt. Dieses mündet ca. 4 km unterhalb in das tiefe Tal des Rio Xacbál ein. In großartiger Einsamkeit gelegen, umrahmt von schroffen, urwaldbedeckten Höhen, gehört dieser Weiler zu den abgelegensten der Republik und ist daher selten von Fremden besucht worden. Als wissenschaftliche Reisende sind m. W. hier nur G. Bernouilli und R. Cario im Jahre 1877 durchgekommen[83]).

Die Terrassen werden deutlicher, wenn man talabwärts sich zum Xacbál-Fluß bewegt. Es zeigt sich, daß außer der Niederterrasse mit Ilóm (20 m-Terrasse) noch eine Hochterrasse (70 m Terrasse) ausgebildet ist, auf der die Finca Santa Delfina und einige kleinere Plantagen ihrer Nachbarschaft liegen. An der Einmündung des Xixilá in den Xacbál tritt die Niederterrasse wieder hervor, die die Ruinenanlage von Xacbál trägt. Das linke Ufer ist von Urwald bedeckt. Erst auf dem rechten (östlichen) Ufer des Xacbál wird die Hochterrasse inmitten des Waldes durch die Rodungsflächen der Fincas Covadonga, Estrella Polar und des Weilers Chel erkennbar. Anstehendes trifft man am Rio Xixilá nicht. Alles überzieht ein mächtiger roter Lehmboden. In den kleinen Seitenbächen finden sich Kalkgerölle, die aus den in die Todos Santos-Schichten eingelagerten Kalkbänken stammen.

Diese bleiben weiterhin auf dem Wege nach Zotzíl, auf dem man in 1340 m den höchsten Punkt zwischen Ilóm und Zotzíl erreicht. Von letzterem Weiler geht es steil ins Tal des Rio Zotzíl hinab, den man in 1000 m auf einer Brücke quert. Dort treten am Flußbett dunkle Tonschiefer auf, die auch weiterhin den in enger Schlucht nach O fließenden Fluß begleiten. Nach Passieren der Finca Las Perlas-Chamác verläuft der Reitweg hoch über dem Fluß diesem parallel nach O, wo man an Bacheinschnitten gelegentlich Schiefer und einmal Trachyt anstehend findet. Die Bäche führen Schiefergerölle. Fast immer in gleicher Höhe bleibend, erreicht der Weg das Xacbál-Tal, das tief in denselben Tonschiefern angelegt ist. Steil steigt man zum Rio Xacbál hinab, dessen Brücke in 930 m Höhe liegt. An dieser beobachtet man das Streichen der Tonschiefer zu N 165° O, ihr Fallen mit 30° nach SW. Der Fluß strömt reißend in enger Felsenschlucht dahin. Am östlichen Hang steigt der Weg sehr steil durch dichten Urwald bis zu Paßhöhe in 2090 m aufwärts. Die geologischen Grenzen sind nicht erkennbar. Jedenfalls aber stehen auf der Cumbre Tzikáj wieder Todos-Santos-Schichten an in Form von Sandsteinen und lettigen Schichten. Bald darauf, leicht ansteigend, gelangt man in Kalke, die als Massenkalke hellerer Färbung, ohne Fossilien, den Ixcoy-Kalken gleichen und mit ihnen zu identifizieren sind. Zugleich werden die Formen des Geländes durch steile einzelne Kuppen beherrscht, die landschaftlich einen Gegensatz zu den bisherigen langen waldbedeckten Rücken bilden. Diese Kalkformation bleibt nun weiter vorherrschend. In ihr liegt das große Dorf Chajúl (2000 m). Hier öffnet sich eine breite Senke nach O, die im S von dem hohen Gebirgszug der Sierra de Cunén begrenzt wird. In ihr strömt der Rio Chajúl nach O. Südlich von ihm zieht sich ein niedriger Kalkrücken in gleicher Richtung hin, der das Chajúl-Tal von dem des Rio Cotzál scheidet. Beide Flüsse vereinigen sich, um einen der Quellflüsse des

Rio Putúl zu bilden. Die früheren Karten verzeichnen also das Entwässerungsnetz dieser Gegend falsch, wenn sie den Rio Chajúl als größeren selbständigen Fluß sich nach N in den Rio Lacantún ergießen lassen.

Die Senke von Chajúl ist eine typische Kalklandschaft. Allenthalben treten Wannen und kleinere Mulden hervor, das Gelände ist von Dolinen durchsetzt, unregelmäßig verstreut ragen Kalkkuppen auf, die bewaldet sind, während in den Senken Kulturland sich ausbreitet. Wichtig ist, daß wir soweit östlich nochmals auf die Ixcoy-Kalke stoßen, die hier deutlich das Hangende der Todos Santos-Schichten bilden, während ihr Liegendes die dunklen Tonschiefer einnehmen. Es entsprechen also die geologischen Verhältnisse denen, die wir aus der Gegend von Palo Grande und Quetzál kennen gelernt haben. Wie die Dinge in dem Gebirgsabschnitt zwischen Xacbál- und Putúl-Tal sich verhalten, ist unbekannt. Dieses Gebiet ist noch völlig unberührt und soll nach Angaben der Indianer in Ilóm nur von einem selten begangenen und daher immer wieder verwachsenen Fußpfade von Ilóm über Chel nach La Taña in der Zona Reina durchquert werden.

4. Das Gebiet zwischen Nebaj und Santa Eulalia

(Route Nebaj—Salquil Grande—Palóp—Soloma—Santa Eulalia).

Nebáj (1920 m) liegt in einer buchtartig nach S vorspringenden Senke, die von leicht welligen, durch Barrancos zerschnittenen Flächen eingenommen ist. Im S und O umrahmen die hohen Züge der Sierra de Cunén und ihr Verbindungsglied mit den Gebirgen bei Chajúl die „Bucht", im W leitet leicht ansteigend hügeliges Gelände zu den Abfällen der Cuchumatanes über. Nach N bildet eine unruhige Hügelzone die Trennungsschranke zum Tal des Xacbál-Flusses. Wenden wir unsere Aufmerksamkeit dem Aufbau dieses Gebietes zu, so finden wir bei Nebáj diese „Bucht" mit Bimssanden überdeckt, die hier wie bei San Juan Ixcoy äolisch abgelagert worden sind. Die Barrancos haben, soweit ich beobachten konnte, das Liegende dieser Lockermassen noch nicht erreicht. In nordwestlicher Richtung verläßt man das Dorf und gelangt nach ca. 1 km auf Kalke, die den hellen Massenkalken der Ixcoy-Gruppe gleichen. Sie erheben sich über einem terrassenartigen Absatz, der als breite wellige Fläche in die „Bucht" von Nebáj überleitet. Das Anstehende wird von einer mächtigen Verwitterungsdecke aus gelbbraunem bis leicht rötlichem Lehm überzogen, die auch in den Einschnitten kleiner, dem Xacbál zufließender Bäche den gewachsenen Fels nicht bloß gibt. Der Weg bleibt auf dieser Plattform, die nach S leicht ansteigt, zunächst in gleicher Höhe (1850 m), senkt sich aber zum Taleinschnitt des Rio Xacbál bis auf 1690 m ab. Bei dieser Abwärtsneigung trifft man ca. 8 km von Nebáj entfernt auf die bunten Mergel der Todos Santos-Formation, die von dünnen Sandsteinlagen durchsetzt sind. Diese bleibt auch weiterhin durch Anstehendes erkennbar. Ihre Sandsteine und Mergel rufen den breiten Hangabsatz hervor, der sich längs des nun folgenden Tales des Rio Chel sowohl auf der Süd- wie auf der Nordseite verfolgen läßt (vgl. Iberoamerikanisches Archiv, Bd. VII, Abb. 1). Mit steilen Böschungen steigen die Kalkhöhen im S wie im N darüber auf, die Hangterrasse selbst aber ist von zahlreichen Bacheinschnitten stark gegliedert und erhält durch die leicht zerstörbaren Mergelschichten ein unruhiges Relief. Man erkennt den geologischen Horizont aber auch sonst gut daran, daß diese Zone den Quellhorizont bildet und daher eine Reihe von Weilern trägt, deren bedeutendster auf der Südseite Tzalvál-Páramos (2000 m) ist, während auf der Nordseite das Dorf Salquíl Grande derselben Hangterrasse angehört. Überall zieht sich Kulturland über diesen Höhenstreifen hin. Tiefer gelegene Teilstücke von weiteren Terrassen werden sichtbar, die ebenfalls Einzelsiedlungen tragen. Vielleicht sind die verschieden widerstandsfähigen Schichten der Todos Santos-Formation hieran eher schuld, als daß man an alte Flußterrassen denken müßte. Schotter sind jedenfalls auf den von mir berührten Terrassen nicht gefunden worden.

Es folgt dann der Abstieg zum Rio Chel. Bei 1750 m treten in dem

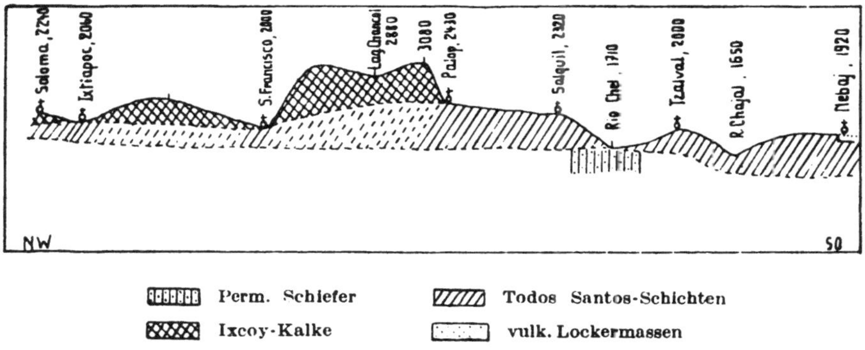

Fig. 11. Profil Soloma - Nebáj.

engen felsigen Kerbtal, das in die breiten Hangschultern jäh eingesenkt ist, dunkle Tonschiefer auf, nachdem man darüber noch Sandsteine passiert hat. Sie treten deutlich als eine Steilwand über den Schiefern heraus. Vom südlichen Gehänge münden die Seitentälchen als Hängetäler, eine ganze Reihe von Bächen stürzen mit Wasserfällen von ihnen zum Rio Chel ab. Man quert den Fluß auf einer Brücke (1710 m), um am Nordabhang steil wieder durch Todos Santos-Schichten zur Gehängeplattform zu gelangen. Sie ist schmaler als auf der Südflanke, steigt nach N zu an, wo an der Grenze von Ixcoy-Kalken und Todos Santos-Schichten das Dorf Salquíl Grande (2320 m) liegt.

Nach NW bewegt man sich in diesen Kalken weiter, übersteigt in 2500 m einen schmalen, aus Kalk bestehenden Bergvorsprung, um nach der Einzelsiedlung Palóp (2430 m) zu gelangen. Die Kalke sind wieder Massenkalke, dazwischen Kalkbrekzien, oft löcherig verwittert. Westlich von Palóp steigt mauerartig steil das Hochplateau der Cuchumatanes auf, dessen Abfall völlig von Urwald bedeckt ist. Die Ixcoy-Kalke bleiben nun allein vorherrschend. Man erreicht die Hochfläche in 3100 m, die von einem unmittelbar nördlich des Weges verlaufenden west-östlich streichenden Höhenzug (Cerro Palóp) überragt wird. Er mag sich etwa 80 bis 100 m über der Fläche erheben. Auf einer Ebene liegt die kleine einsame Laguna de Chancól, die der Weg im N umgeht, um dann in westlicher Richtung in einem Trockental, Rio Seco genannt, auf den Hauptweg von Chancól nach Soloma zu stoßen. Diesem folgt man stets in nördlicher Richtung, bald waldige Hochflächen, bald niedrige Bodenwellen und Rücken querend. Dolinen, bizarr herausgewitterte Kalkfelsen, Wannen und endlich der aus einer Karstquelle hervortretende Rio Seco, der alsbald wieder unterirdisch verschwindet, verleihen der Hochfläche denselben verkarsteten Charakter, wie er weiter westlich auf dem Wege von Chiantla nach Ixcoy hervortritt. So erreicht man den Abstieg ins Quisíl-Tal, an dem man Kalke und Kalkbrekzien sowie Dolomite trifft und den Rio Quisíl in 2050 m an der Stelle, die wir schon früher (s. S. 206) berührt hatten. Der Weg fällt von hier an zusammen mit jenem von Ixcoy nach San Francisco, bis man den Camino real von Quisíl nach Soloma trifft. Diesem folgend bewegt man sich in der Hochebene mit ihren Karsterscheinungen in den Ixcoy-Kalken, die wir bei Jolomhuitz kennen lernten (s. S. 206). In 2470 m überschreitet man den schmalen Höhenzug, der das Ixcoy-Tal im S begrenzt und von Wald bedeckt ist. In flachen Talmulden, die wasserlos sind, besitzen die Indianer ihre Schafweiden. Nach N, also ins Ixcoy-Tal senken sich einige Trockentäler von diesem Höhenzug abwärts, von denen ich eines mit dem Rancho Cantelá auf einer Exkursion von San Juan Ixcoy aus kennen lernte. Der Hauptweg senkt sich zur Mündung des Ixcoy- und Ixtiapóc-Flusses hinab, wo die Todos Santos-Schichten als Liegendes der Ixcoy-Kalke zutage treten.

Nördlich führt der Weg zum trennenden Rücken zwischen dem Ixtiapóc- und Soloma-Tal aufwärts, wo bald nach dem Fluß Ixcoy-Kalke die Todos Santos-Mergel und Puddingsteine überlagern. Von der Höhe überblickt man das breite Hochtal von San Pedro Soloma, das nach O durch den Rio San Antonio, dem Hauptquellbach des Rio Soloma entwässert wird. Im Gegensatz zum Ixcoy-Tal ist das Tal von Soloma ein breite Mulde, die von niedrigen Geländewellen und Buckeln unruhig gegliedert ist. An den im NW und SW umrandenden Höhen treten wie im Ixcoy-Tal einige Gehängeterrassen hervor. Dort ist das Tal enger, ähnlich dem Ixcoy-Tal, zumal es wie dieses in Ixcoy-Kalken angelegt ist. So mögen jene Hangterrassen ebenfalls petrographisch bedingt sein, wie wir es bei Ixcoy bei den oberen Absätzen kennen lernten. Auf der Talsohle bei Soloma (2240 m) breiten sich Lockermassen vulkanischer Herkunft aus, die äolisch abgelagert wurden. Sie verhüllen das Anstehende. Aber aus den aus Ixcoy-Kalken und Dolomiten bestehenden, jene Massen durchragenden Höhen kann man den Schluß ziehen, daß auch der Untergrund der Lockermassen aus Kalken bzw. Dolomiten besteht. Im Tal selbst sind beiderseits des Rio San Antonio zwei Terrassen ausgebildet, die obere in 60 m, die untere in 20 m über dem Fluß. Auf der oberen fand sich Kalk anstehend. Wir können diese beiden Terrassen mit den beiden unteren Flußterrassen von Ixcoy (15 m und 30 m, s. S. 205) in Parallele setzen. Nördlich davon an dem zweiten Quellbach des Rio Soloma, den man auf dem Weg nach Santa Eulalia quert, treten sogar drei Terrassen auf, indem sich noch eine höher gelegene zu den beiden genannten gesellt. Den Weg zwischen Soloma und Santa Eulalia hat Sapper beschrieben[84]).

5. Das Gebiet des Rio Putúl

(Route Chajul—Cotzal—San Francisco—La Taña).

Auf keiner der bis jetzt vorhandenen Karten von Guatemala ist das Gewässernetz dieses östlichsten Gebietes der Cuchumatanes richtig dargestellt worden. Entweder sollten die Flüsse bei Cotzál in den

Rio Chajúl nach N sich ergießen, der also unserem Rio Xacbál identisch ist, oder es wurde ein Rio Cotzál angenommen, der in den Rio Lacantún münden sollte. Letzteres ist noch auf der Karte von Urrutia von 1923 der Fall. In demselben Jahre besuchte Sapper flüchtig die Gegend von Nebáj und Cotzál, wo er bis zur Finca San Francisco Cotzál gelangte, um von dort südlich nach Uspantán abzubiegen. Er sah damals den Rio Cotzál an der genannten Finca nach O strömen und erfuhr von dem Besitzer derselben, daß er in den Rio Chixoy münden sollte[85]). Um die Richtigkeit dieser Angaben nachzuprüfen, bereiste ich das Flußgebiet 1927 und konnte feststellen, daß der Rio Cotzál der Hauptquellfluß des Rio Coopóm ist, der in seinem Mittellauf Rio Putúl heißt. Orographisch gehört das Gebiet im W und S des Rio Cotzál zu den Cuchumatanes, zu denen wir auch noch das Gebirge rechnen können, das sich zwischen S. Francisco Cotzál und Uspantán bis an den Rio Chixoy erstreckt.

Gelangt man von Chajúl her in die Senke des Cotzál, so hat man südlich des Rio Chajúl, eines unbedeutenden, nach O und SO zum Rio Cotzál fließenden Baches, auch indianisch im Ixil-Dialekt Majolá genannt, Kalke und Kalkbrekzien vor sich, die einen niedrigen (1880 m) Hügelzug west-östlicher Richtung zusammensetzen. Jenseits davon steigt man in einem Bachtal abwärts zum Dorf Cotzál (1810 m), in dessen Nähe südlich der Rio Cotzál entlangfließt. Der von hier nach O verlaufende Weg bleibt nun stets in Kalken. Diese sind als Massenkalke ausgebildet, enthalten vielfach Kalkbrekzien. An einer Stelle bei dem Weiler Chichalá sah ich unter den Kalken violette Mergel in einer Bachschlucht hervortreten. Östlich von Cotzál zieht sich die Talsenke breit, von einzelnen Kalkkuppen durchsetzt, nach O hin, überragt im S von der hohen waldbedeckten Sierra de Cunén, im N begleitet von niedrigen waldigen Höhenzügen, die das Tal von der Senke von Chajúl trennen. Man überschreitet den Rio Cotzál (1720 m), der nunmehr auf unserer nördlichen Seite bleibt und von Chichalá an sein Tal wesentlich vertieft hat. Enger treten seine Hänge zusammen, der bis dahin lichte Eichen- und Kiefernwald mit den breiten Flächen Weide- und Ackerlandes wird vom feuchtern Laubwald des gemäßigten Landes abgelöst. An die Stelle des breiten Sohlentals tritt von jetzt an ein enges Kerbtal, so daß der Weg am Gehänge über dem Fluß sich entlangwinden muß. Kalke bleiben weiterhin anstehend, Dolomite und Kalkbrekzien wechseln mit ihnen ab, die man bei der Finca Santa Avelina findet. Nachher verhindert der Wald die genauere geologische Erkundung, doch verraten Kalkfelsen oberhalb des Weges die gleiche Formation wie bisher.

Im O von der Finca San Francisco Cotzál (1060 m), die auf einer Terrasse liegt, findet sich auf dem freigeschlagenen Gelände brauner lehmiger Verwitterungsboden, aus dem hier und dort Kalkfelsen hervorragen. Dann überschreitet man den aus engem Felsental von S her eilenden zweiten Quellfluß des Rio Putúl in 960 m, der mit dem Cotzál vereinigt von hier direkt eine nördliche Richtung nimmt. Der Weg steigt dann steil immer durch Kalk ein urwaldbedecktes Gehänge hinauf zur Paßhöhe Putúl (1770 m). Schon bei 1610 m trifft man auf Mergel, die N 80° O streichen und mit 10° nach S einfallen. Darüber wechseln Sandsteine hellgelber Farbe mit dünnen Kalkbänken ab, in die nach der Paßhöhe zu wieder wenig mächtige Mergelschichten eingelagert sind. Wenn auch an dieser Stelle keine Fossilien gefunden werden konnten, so glaube ich doch, diese Schichten mit den Sepur-Schichten des älteren Tertiärs gleichsetzen zu können. In ihrer ganzen Ausbildung ähneln sie den entsprechenden Vorkommen in der Alta Verapaz und den kleinen Vorkommen, die Sapper auf dem Hochplateau der Cuchumatanes auf dem Wege von Chemal nach Chiantla getroffen hatte. Ob die Lagerung hier am Cerro Putúl konkordant oder diskordant zu den Ixcoy-Kalken ist, ließ sich nicht erkennen. Immerhin gibt uns dieses Vorkommen wichtige Hinweise für den Gebirgsbau des nördlichen Guatemala und füllt eine weitere Lücke aus in den verwickelten Verhältnissen des Tertiärs der Republik.

Vom Cerro Putúl senkt sich der Pfad sehr steil in das hügelige, niedrige Vorland im N ab, das als Zona Reina bezeichnet wird. Ebenso steil ist aber auch der Abfall des Gebirges gegen den Rio Putúl bzw. Coopóm im W, was man trotz des dichten Waldes gut beobachten kann. Dieses Tiefland greift buchtartig in das Kettengebirge ein. Man hat den Eindruck, daß hier tektonische Verhältnisse in Form von Brüchen die Zona Reina als Senkungsgebiet haben entstehen lassen.

Die Zona Reina selbst gehört nicht mehr zu den Cuchumatanes, sondern ist vielmehr eine Fortsetzung der Alta Verapaz nach W über den Rio Chixoy. In ihr herrschen durchweg die Ixcoy-, d. h. die Coban-Kalke Sappers vor. Es ist ein verkarstetes, oberirdisch spärlich entwässertes Gebiet.

6. Die Sierra de Uspantán

(Route San Miguel Uspantán—Chicamán—San José El Soche—Tiritból—Zona Reina.)

Wir haben schon oben diesem Ausläufer der Cuchumatanes den Namen der Sierra de Uspantán gegeben. Es handelt sich um einen schmalen nach O streichenden, urwaldbedeckten Kamm, der in seinem Inneren noch unbekannt ist. Ein Weg von San Francisco Cotzál nach Uspantán über Calanté ist die einzige Querverbindung. Erst im O längs des Chixoy-Tales führt ein sehr schlechter Pfad über Tiritiból nach der Zona Reina. Schon ein Blick auf die Karte lehrt, daß in diesem Gebirgsabschnitt die Entwässerung verhältnismäßig spärlich ist. Einige kleinere Bäche fließen dem Chixoy nach SO und O zu, im nördlichen Vorgelände eilt nur ein Flüßchen, der Rio Cuatro Chorros, an Lancetillo vorüber zum Chixoy. Über den Charakter dieser Gegend ist schon früher berichtet worden (vgl. Mitt. Geogr. Ges. Hamburg, Bd. 41 [1930], S. 54ff.).

Geologisch bekannt geworden ist der Weg von Uspantán nach dem Chixoy durch Dollfus und Montserrat, deren Angaben über das abwechselnde Auftreten von dunklen, graublauen Massenkalken und Tonschiefern wie Puddingsteinen den Tatsachen entsprechen. Wir können diese den Santa Rosa-Schichten des Paläozoikums, jene den Permkalken gleichsetzen. Zu bemerken ist, daß sich zu den Puddingsteinen an einzelnen Stellen hellgelbe, leicht rötlich gefärbte Sandsteine gesellen. Die leichten Bodenwellen, die das nach O sich öffnende Tal durchziehen, bestehen aus ihnen, ohne daß sich über die Lagerung genaue Aufschlüsse ergeben. Denn das waldige, nur hier und dort von Kulturländereien (Tabak, Zuckerrohr und Bananen neben Mais) eingenommene Gebiet ist von einer lehmigen gelbgefärbten Verwitterungsdecke überzogen, die nur an Bachrissen Einblick in den Untergrund gestattet[86]).

Von dem Weiler Chicamán (1490 m) verläßt unser Weg den Camino real in nordöstlicher Richtung, um sich an den hier nach N zurücktretenden Hängen des waldigen Gebirges in fast gleichbleibender Höhe entlangzuziehen. Nur die Täler der zum Chixoy nach SO fließenden Bäche bedingen Abstiege in tiefere Lagen. Man bleibt von Chicamán aus zunächst immer in den dunkelgrauen, sehr festen Kalken, die stellenweise tonhaltiger sind und zur Ausbildung eines gelben Lehmbodens Anlaß geben. Man kreuzt dann einen Bach (1480 m), an dem Kalke anstehen und bis über den Weiler Chipáj

(1500 m) weiter folgen. Bei dem nächsten Bach (1440 m) stehen Sandsteine und Tonschiefer an, dann wieder Kalk und abermals Tonschiefer, schließlich treten Kalke auf, die bis La Laguna (1580 m) folgen. Sie umgeben die Nachbarschaft der Hütten von El Pinál (1580 m), wo sie löcherige Verwitterungserscheinungen zeigen, während bei Laguna eine Reihe von Dolinen sichtbar werden. Von hier aus senkt sich der Weg in die breite Talmulde des Rio Soche, wobei man in 1420 m wieder Tonschiefer, bei 1360 m Kalke der genannten Art trifft. Letztere finden sich ebenfalls bei der Finca San José El Soche (1360 m)[87]). Von hier beginnt der Anstieg zu einem spornartigen Ausläufer des bisher immer nördlich sich hinziehenden Ge-

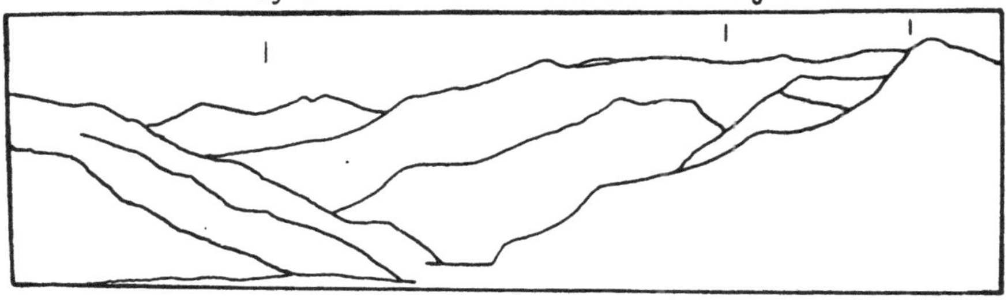

Fig. 12. Das Chixoy-Tal zwischen Chixoy und La Unión. Blick von Tiritiból gegen Südwesten.

birges, der völlig von Wald und Gestrüppdickicht überzogen ist. Ein tiefgründiger gelber bis gelbbrauner Lehmboden läßt das Anstehende nirgends hervortreten. Erst auf der Cumbre de Tiritiból (1840 m) sieht man wieder einige Kalkfelsen aus dem Boden ragen. Diese Kalke folgen auf dem ganzen weiteren schmalen Urwaldpfad, der von dem Weiler Tiritiból (1320 m) hoch am Abhang des prachtvollen Engtales des Rio Chixoy sich hinzieht. In den Kalken steigt man steil zur Zona Reina hinab, die man bei Lancetillo (750 m) erreicht und damit in das Kalkgebiet des Tieflandes gelangt, das geologisch der Ixcoy-Kalkformation angehört. Die hellen Kalke dieses Gebietes zeigen deutlich den Gegensatz zu den dunkelgrauen bis blaugrauen Kalken zwischen Uspantán und Tiritiból. Wie am Cerro Putúl ist auch hier weiter östlich der Nordabfall des Gebirges schroff und steil.

Die geologischen Verhältnisse des südlichen Abfalles der Cuchumatanes sind teils von Sapper, teils von Dollfus und Montserrat beschrieben worden, so daß auf jene Arbeiten hier verwiesen sein mag[88]).

Zusammenfassende Bemerkungen über den Gebirgsbau der Altos Cuchumatanes.

Fassen wir das lückenhafte geologische Tatsachenmaterial über das Gebirge zusammen, so müssen wir es in seiner Gesamtheit als eine mächtige Scholle in dem Verbande der Kettengebirge von Guatemala auffassen. Die steilen Abbrüche nach allen Seiten heben dieses Gebiet aus dem Verbande der Kettengebirge des nördlichen Mittelamerika heraus. Ob es sich an diesen Rändern um Brüche längs Verwerfungen, ob um Abbiegungen in Form von Flexuren handelt, so namentlich am Nord- und Ostabfall, läßt sich durch die bisherigen geologischen Erkenntnisse nicht erweisen. Sicher ist nur das eine, daß die Cuchumatanes durch Störungen gegen ihre Umgebung abgegrenzt sind. Die Steilheit der gewaltigen Scholle spricht für diese Annahme. Ihr haben sich frühere Beobachter wie K. Sapper und neuerdings Ch. Stevens[89]) zugeneigt, und jedem Betrachter des Gebirges von Chiantla oder Jacaltenango aus wird sich dieser Eindruck zuerst einprägen. Sapper nimmt im S eine große Verwerfung an, für die ich direkte Beweise weiter westlich im Tale des Rio Huista erbringen konnte (s. S. 137) und die sich in die Chiapas-Senke fortsetzt. Die Verwerfung im N, auf die wir noch zurückkommen werden, entspricht aber nicht dem Nordabfall des Gebirges, sondern liegt noch südlich desselben. Stevens bezeichnet das ganze Gebirge als einen Horst, läßt also allseitig das Vorland abgesunken sein. Er beruft sich dabei auch nur auf den Eindruck der Steilabfälle im S und W, ohne geologische Beweise beibringen zu können. Darüber hinaus will er in der Senke von Huehuetenango einen Longitudinalgraben sehen, was ebenso hypothetisch ist. Das Innere des Gebirges ist, wie unsere Routen ergeben haben, von mannigfachen Störungen betroffen worden. Die älteren, paläozoischen Sedimente in Form der permischen Tonschiefer sind überall stark gestört. Wo sichtbar, zeigt sich zwischen ihnen und den hangenden Todos Santos-Schichten eine Diskordanz. Das steht im Einklang mit den sonstigen Beobachtungen über die Grenze von Paläozoikum und Mesozoikum in Guatemala. Ersteres ist immer gefaltet und weist zahlreiche Brüche auf. Bemerkenswert in unserem Gebiet ist, daß das Niveau der permischen Schiefer eine Neigung nach O zeigt. Denn die Grenze zwischen ihnen und den mesozoischen Bildungen liegt im W und SO in 1800 bzw. 1750 m (Rio Yulaixcab, Rio Chel), weiter östlich und nordöstlich in 1100 m ü. M. (Rio Xacbál, Rio Zotzíl). Und nach den Geröllfunden in den nördlichen Gehängeflüssen des Cerro Tzumál zu urteilen, müssen sie auch hier noch mindestens bei 1700 m vorhanden sein. Ob sie sich um dieses Massiv ringförmig nach O hin fortsetzen, ist ungewiß. Bruchbildungen in den genannten Schiefern sind besonders im N des Tals des Rio Puente Grande vorhanden, wo mit ihnen vergesellschaftet Diabasgänge auftreten.

In den mesozoischen Formationen der Todos Santos-Schichten und Ixcoy-Kalke treten Längsfalten mit östlicher bis nordöstlicher Streichrichtung hervor, daneben wieder erhebliche Bruchbildungen. Bei der mangelhaften stratigraphischen Gliederung des Gebietes und den ungünstigen geologischen Beobachtungsmöglichkeiten komplizieren gerade sie die Erkenntnis des Gebirgsbaues im einzelnen außerordentlich. Als sichere Bruchlinie kennen wir die große west-östlich streichende Längsverwerfung, die bei San Mateo Ixtatán ihren Anfang nimmt, um sich im Tal des Rio Puente Grande bzw. Amelco bis zum Tal des Ixcán fortzusetzen. Als Querverwerfung mit nord-südlichem Streichen ist mit ihr jene des Yulachú-Tales bei El Quetzál verbunden. Bei Betrachtung der Karte mag der Gedanke auftauchen, ob die Täler des Ixcán und Xacbál nicht ebenfalls auf Verwerfungslinien zurückzuführen sind. Nachweise hierfür haben nicht erbracht werden können. Vielmehr sprechen alle Beobachtungen dafür, daß diese Täler in ihrer heutigen Ausbildung durch Erosion entstanden sind. Dagegen ist es wahrscheinlich, daß der Abfall des Hochplateaus zum Quisíl-Tal einer Längsverwerfung entspricht, wie denn von Sapper bereits west-östlich streichende Verwerfungen bei Tzibáj und Yulcá bemerkt worden sind und auch auf dem Wege von Palóp nach dem Quisíl-Tal dicht vor dem Abstieg zu letzterem ein nördliches Einfallen der Kalke von mir beobachtet wurde.

Ungewiß bleibt noch die Tektonik des Nord- und Westrandes der Cuchumatanes. Im N kennen wir die Verhältnisse nur längs des Weges von Ixtatán nach Comitán, im O fehlen Beobachtungen über das Gebiet zwischen Rio Xacbál und Putúl vollkommen, und es ist nur der Eindruck des Steilabfalls zum Rio Putúl, der mir auch dort das Vorhandensein einer nord-südlich verlaufenden Störungslinie wahrscheinlich werden ließ. Ob wir es aber in beiden Fällen mit Verwerfungen oder nicht eher mit Flexuren zu tun haben, muß dahin gestellt bleiben. Für beide Umstände würden die stratigraphischen Verhältnisse sprechen, insofern wir die Kreidekalke des nördlichen Hochlandes sich in den Kreidekalken der Vorlandzonen fortsetzen sehen.

Ein zweiter wichtiger gebirgsbildender Vorgang, und zwar wohl der wichtigste, sind Hebungen ganz gewaltigen Ausmaßes. Der beste Beweis für sie ist das Auftreten der alttertiären Sepur-Schichten auf dem Hochplateau in 3370 m Meereshöhe bei Chemal und in 1770 m am Cerro Putúl im O des Gebirges. Wir haben hier analoge, wenn auch noch großartigere Erscheinungen als sie durch Sapper aus Chiapas bekannt geworden sind, der Jungtertiär in 2200 bis 2400 m Meereshöhe antraf[90]). Verfolgen wir das Alttertiär weiter nach O in Guatemala, so finden wir es in der Alta Verapaz, wo es mit einer Ausnahme bei Sechinacté (1100 m) in mittleren Lagen zwischen 400 bis 700 m Meereshöhe ruht. Wir erhalten damit auch einen Hinweis auf das Alter dieser Hebungsprozesse, das in das jüngere Tertiär zu verlegen ist. Damit in Übereinstimmung stehen die Untersuchungen von E. Böse in Chiapas, der sie in das Pliozän verlegt hat[91]). Wir haben uns mit diesen Hebungen auch die Brüche vergesellschaftet zu denken, auch Senkungen, wobei wir gerade an die Zona Reina denken, alles Verhältnisse, wie sie auch in Chiapas nachgewiesen worden sind.

Somit haben wir uns die Cuchumatanes als eine gewaltige gehobene Scholle vorzustellen, die im W und S stärker als im O und NO gehoben wurde, wodurch eine Abdachung nach O und NO verbunden war. An den Rändern im S und W waren diese Vorgänge mit Brüchen verbunden, im N und O aber wahrscheinlich mit Biegungen in Form von Flexuren. Im Inneren zerstückelten Längs- und Querbrüche das Gebirge und zerlegten es in einzelne Teilschollen. Die Hebungen haben sich in junge geologische Vergangenheit fortgesetzt, wie uns die jungen Flußterrassen bewiesen haben. Durchweg sind ihrer zwei in den meisten Tälern anzutreffen, zu denen sich mehrfach noch eine dritte hinzugesellt. Die Jugendlichkeit dieser Hebungen wird uns auch durch das unausgeglichene Längsprofil der Täler vor Augen geführt, am eindrucksvollsten vielleicht in den nach W sich öffnenden Tälern des Westabfalls. Hier haben wir nicht nur im Tal von Acatán drei mächtige Talstufen entwickelt, über die der Fluß hinwegstürzt, sondern auch in dem nördlich davon liegenden Cajtaví-Tal sind ganz ähnlich Absätze zu sehen. Als ein Senkungsgebiet inmitten des Gebirges ist der Talabschnitt zwischen Rio Amelco und Yula San Juan anzusehen, wo in breiter Talaue erhebliche Schottermassen abgelagert wurden, die noch nicht völlig von den Flüssen ausgeräumt werden konnten. Aber auch dort zeigt die Ausbildung der unteren Flußterrasse in diesen Schottern, daß die jüngste Hebung nach ihrer Ablagerung stattgefunden hat.

Schwierig zu deuten ist das Auftreten der verschiedenen Terrassen in eng benachbarten Tälern besonders im N des Cerro Tzumál-Massivs. Eine Erklärung muß hier so lange ausstehen bleiben, bis einmal die genaue geologische Aufnahme hier vorgenommen worden ist. Vielleicht handelt es sich um Teilschollen, die in verschiedenem Rhythmus gegeneinander gehoben worden sind.

Stevens hat darauf hingewiesen[92]), daß auf dem Hochplateau in 3200 m Meereshöhe ein Trockental aufträte mit steilen Talhängen und einer Alluvialebene, ohne leider näher diesen Ort zu bezeichnen. Er folgert aus der nord-südlichen Erstreckung des Tales, daß es einstmals von einem größeren Fluß nach S entwässert worden sein muß, und konstruiert hieraus eine frühere Entwässerung des Hochplateaus nach S, als es noch in einem tieferen Niveau lag. Ich habe dieses Tal nicht kennen gelernt, glaube aber, daß es sich um eine ähnliche Oberflächenform handeln wird, wie sie am Rio Seco auf dem Wege Chancól—Quisíl-Tal zu finden ist. Auch hier haben wir ein nord-südlich verlaufendes, mit niedrigen, aber steilgeböschten Talwänden eingefaßtes Trockental, in dem verlassene Strudellöcher und Kolke auf die ehemalige Arbeit des fließenden Wassers hinweisen. Auf kurze Strecken rinnt noch ein Bächlein oberirdisch. Ehe man an den Rest eines alten, weit nach S sich erstreckenden Tales denkt, ist doch eher dem Karstcharakter der Hochfläche Rechnung zu tragen. Ein Absinken des Grundwasserspiegels ist für solche Gebiete bekanntlich eine häufig zu beobachtende Tatsache. In viel größerem Maßstab treffen wir solche Oberflächenformen bei San Juan Ixcoy, wo eine Anzahl von Nebentälern ungleichsohlig als Hängetäler ins Haupttal münden und beweisen, daß sich in diesem der Grundwasserspiegel gesenkt haben muß.

Alles weist darauf hin, daß die Hauptentwässerung der Cuchumatanes seit jeher nach N und NO gerichtet war. Es sind Abdachungsflüsse, die die schräggestellte Scholle zergliedert haben, vielleicht hier und dort tektonischen Leitlinien folgend. Die erheblichen Tiefenverhältnisse der Täler deuten auf eine kräftige Erosion hin, die uns einerseits aus der energischen Hebung der Cuchumatanes im S und W erklärlich wird, andererseits aber auch aus dem Wasserreichtum herzuleiten ist, den diese dem Passat zugekehrte Seite empfängt. Beide Momente zusammen haben das weite Rückschreiten der Flüsse veranlaßt, so daß die Wasserscheide zwischen Usumacinta- und Grijalva-System heute dicht am Westrande liegt.

Die heutigen Großformen des Gebirges sind durch die Abtragung.

hervorgerufen. Sie hat die ursprünglich zusammenhängende Kalkdecke des Hochplateaus so sehr aufgelöst, daß ihre Reste als einheitliche Decke heute nur noch auf den W und S beschränkt geblieben sind. Nur an zwei Stellen sind gewissermaßen als Restklötze bzw. -gipfel einige Teile weiter östlich erhalten geblieben, der Cerro Yaxcalanté mit seinen Dolomiten und der Cerro Tzumál, der vielleicht aus ebensolchen bestehen mag. Als zweites größeres Kalkgebiet finden wir die Erhebungen und Senken von Chajúl, Cotzál und der Sierra de Uspantán, die von der Erosion abgesehen vom Rio Cotzál wenig in Angriff genommen worden sind. In den übrigen Gebieten aber im Bereich des Ixcán und Xacbál ist die Zerschneidung so erheblich gewesen, daß sie den kristallinen Sockel schon erreicht hat.

An den Rändern haben wir es im S mit unbedeutenden Bächen zu tun, die nur bei Aguacatán und Chiantla etwas tiefere Gehängetäler geschaffen haben. Im W dagegen ist die Zerschneidung kräftiger und greift in den Tälern zwischen Concepción und Nentón weit nach O vor. Die Nähe der Erosionsbasis in der Chiapas-Senke und das dadurch bedingte steile Gefälle mögen die kräftige Zerschneidung hervorgerufen haben, zu der auch wieder die Hebung des ganzen Gebirges hinzukommt.

Die Cuchumatanes sind also nach unseren bisherigen Feststellungen eine gewaltige, schräg nach NO und O geneigte Scholle des Faltengebirges, die durch junge, sehr intensive Hebungsvorgänge geschaffen wurde. In sich ist sie durch zahlreiche Brüche zerstückelt und in Teilschollen zerlegt. Die Abtragung hat weitgehend auflösend gewirkt und nur noch in Resten die alte Schollendecke erhalten. Durch unsere mangelhaften stratigraphischen Kenntnisse, durch ungünstige Beobachtungsverhältnisse, wie sie tropischen Waldgebirgen eigen sind, und die noch ausstehende geologische Kartierung bleiben alle weitergehenden Schlüsse über den Gebirgsbau und die Tektonik hypothetisch und bedürfen späterer Überprüfung. Erst wenn hier klarer zu sehen ist, wird es auch möglich sein, einer genaueren morphologischen Untersuchung der Cuchumatanes sich zu widmen.

Anmerkungen.

69) Thomas Gage, The English-American etc., 1648 (ed. London 1928), S. 150, 171f. — deutsche Ausgabe Leipzig 1693, S. 233, 235f. — Isagoge Histórico apologética general de todas las Indias etc., ed. Madrid 1892: „en muchos montes altísimos como son los Cuchumatanes" (S. 35), die für vulkanischer Entstehung gehalten werden; „aquellos montes de los Cuchumatanes, que están entre las Provincias de Quezaltenango, Soconusco y Chiapa

(S. 369); vgl. auch S. 370. — Fr. Francisco Ximenez, Hist. de la Prov. de S. Vicente de Chiapa y Guatemala (ed. Biblioteca Goathemala, Guatemala 1930), lib. IV. cap. 62 (Tomo II. S. 189 u. 191), wo schon das Hochplateau des Westens erwähnt ist, lib. IV. cap. 78 (T. II. S. 252), lib. V. cap. 40 (T. II. S. 433f.).

[70]) Fuentes y Guzmán, Recordación Florida, lib. I, cap. 2. (Biblioteca Goathemala, T. VI. S. 6), vgl. die Karte in Bd. III (Guatemala 1933) S. 88.

[71]) Isagoge Histórico, ed. Madrid 1892, S. 316.

[72]) F. Termer, Aufgaben u. Ziele landeskundlicher Forschung im nördl. Mittelamerika. (Verhandl. d. physikal.-medizin. Ges. zu Würzburg, N. F. Bd. 56, S. 85, Anm. 1).

[73]) J. L. Stephens, Incidents of Travel in Central America, Chiapas, and Yucatan, London 1854, S. 368ff. — Gustav Bernouilli, Reise in d. Rep. Guatemala 1870. (Pet. Mitt. 1873, S. 373ff., 1874, S. 281ff., 1875, S. 324ff.). — F. Carlos Manó, Primer, segundo, y tercero Informe presentado á la Secretaría de Fomento. Guatemala 1883. — K. Sapper, Pet. Mitt. Erg.-Heft 113; ders., Sobre la Geografía Física etc. Guatemala 1897; ders., Pet. Mitt. Erg.-Heft 127. — Adrian Recinos, Monografía del Departamento de Huehuetenango, Guatemala 1913. — F. Termer, Mitt. Geogr. Ges. Hamburg, Bd. 38 (1927) S. 9ff.; Bd. 39 (1928) S. 17ff. — Ch. Stevens, Confirmations morphologiques de mouvements tectoniques très récents en Amérique centrale. (Bull. Société belge de Géologie etc. Bd. 37 (1927), S. 91—98). — Josef Lentz, Aus dem Hochlande der Maya, Stuttgart 1930, S. 370ff.

[74]) F. Termer, Geologie von NW-Guatemala (Ztschr. Ges. f. Erdkde., Berlin, S. 269ff.).

[75]) K. Sapper, Geogr. Ztschr. 20 (1914), S. 82.

[76]) Nach Angabe zweier Indianer in El Quetzál soll im Tal des Rio Puente Grande bei La Vega Kohle vorkommen. Eine anderweitige Bestätigung konnte ich nicht erhalten.

[77]) K. Sapper, Pet. Mitt. Erg.-Heft 127, S. 47f.

[78]) Ders., ebendort.

[79]) F. Termer, Zur Ethnologie u. Ethnographie des nördl. Mittelamerika. (Iberoamerikan. Archiv, Bd. IV (1930), S. 391, 393).

[80]) F. Termer, Mitt. Geogr. Ges. Hamburg, Bd. 39 (1928), S. 22.

[81]) F. Termer, ebendort, S. 23f.

[82]) F. Termer, s. Anm. 11, S. 357f.

[83]) Reisen der Herren Dr. Bernouilli u. R. Cario von Retaluleu in Guatemala nach Comitán in Süd-Mexico, im Sommer 1877. (Pet. Mitt. 1878, S. 410—413, bes. S. 412).

[84]) K. Sapper, Pet. Mitt. Erg. Heft 127, S. 47.

[85]) K. Sapper, Mitt. Geogr. Ges. Hamburg, Bd. 36 (1925), S. 45.

[86]) A. Dollfus u. E. de Mont-Serrat, Voyage Géologique dans les républiques de Guatemala et de Salvador, Paris 1868, S. 224f.

[87]) Robert Burkitt, Explorations in the Highlands of western Guatemala. (The Museum Journal, March 1930, Philadelphia) gibt als Meereshöhe 1100 m an, was zu niedrig ist. Ebenso bei Tiritibol 1230 statt 1320 m.

[88]) K. Sapper, Pet. Mitt. Erg.-Heft 127, S. 45ff.; Dollfus u. Mont-Serrat, op. cit. S. 224ff.

[89]) Ch. Stevens, s. Anm. 73, S. 92: „Au Nord de Chiantla, ce plateau se

marque par un abrupt d'environ 1000 mètres, qui fait immédiatement penser à l'existence d'une faille normale très importante."

[90]) K. Sapper, Pet. Mitt. Erg.-Heft 127, S. 74. — Vgl. auch die hohe Lage des Oligozäns (3400 m ü. d. M.) in Costa Rica. Sapper, K., Pet. Mitt. Erg.-Heft 151, S. 63ff.

[91]) Emil Böse, Reseña acerca de la Geología de Chiapas y Tabasco. (Instituto Geológico de México, México 1905, S. 57ff.)

[92]) Ch. Stevens, s. Anm. 73, S. 92f.

Kapitel VI.

Das vulkanische Gebirge von Süd-Guatemala.*)

Der ganze Süden der Republik wird von vulkanischen Gebirgen erfüllt, die ihren Anfang an der mexikanischen Grenze nehmen und sich fortlaufend nach Honduras, Salvador und ins südliche Mittelamerika fortsetzen. Einen einheitlichen Namen trägt diese Südkordillere nicht, auch Namen für einzelne Teilabschnitte sind kaum vorhanden. Nur der auffällige nord-südlich gerichtete Zug im O der Hauptstadt Guatemala wird als Sierra de las Nubes bezeichnet.

Wir haben bei den vulkanischen Bildungen in Guatemala drei Formen zu unterscheiden: das vulkanische Massengebirge, gekennzeichnet durch langgestreckte west-östlich bzw. nordöstlich gerichtete Kettenzüge; die rezenten Vulkane, die als mehr oder weniger gut erhaltene Einzelberge dem Massengebirge aufsitzen, und die Auswurfsprodukte, die in unmittelbarer Nachbarschaft der Ausbruchszentren oder in weiterer Entfernung von ihnen abgelagert worden sind. Da es sich bei ihnen oft um kleinere Vorkommen handelt, die verstreut in den Senken und Becken von Mittel-Guatemala angehäuft wurden, ist es schwierig, sie auf einer geologischen Karte mittleren oder gar kleineren Maßstabes einzutragen. So kommt es, daß man ohne Kenntnis der Landesverhältnisse sich nur schwer einen Begriff von der Bedeutung dieser Hüllgebilde machen kann und ihren Einfluß auf den morphologischen Formenschatz des Landes und auf die Zusammensetzung der Böden oft unterschätzt.

Im folgenden werden nur die Massengebirge und Lockermassen behandelt werden, da die Vulkane durch Sapper in zahlreichen Veröffentlichungen eingehend beschrieben worden sind und über die neuesten vulkanischen Ereignisse von F. Termer in verschiedenen Aufsätzen bereits berichtet worden ist[93]).

*) Vgl. zum folgenden das Panorama auf Tafel 31.

1. Das vulkanische Massengebirge.

Schon an der pazifischen Abdachung von Chiapas bei Escuintla (nicht zu verwechseln mit dem gleichnamigen Ort in Guatemala) beginnen in der Sierra Madre vulkanische Massen aufzutreten, die sich deckenartig dem kristallinen Grundgebirge auflagern. Waibel hat darauf hingewiesen, daß diese Decken keine erhebliche Mächtigkeit besitzen[94]). Nach Guatemala leiten diese Bildungen sich in die Breite ausdehnend über. Ihre Mächtigkeit schwankt. Bald sind es nur verhältnismäßig dünne Decken, bald bedeutende Gebirge, die dem Untergrunde aufsitzen. Wie dieser beschaffen ist, läßt sich bei der weiten und zusammenhängenden Ausdehnung der jungvulkanischen Bildungen nicht angeben. Wo wir Einblicke gewinnen, handelt es sich immer nur um kleine Fenster. Hierbei läßt sich folgendes feststellen. Im W von Guatemala und in der Nähe der rezenten Vulkanreihe ist der Untergrund durch Granite gekennzeichnet. Auch in Ostguatemala deuten die spärlichen Vorkommen solcher Fenster darauf hin. In den nördlich davon sich hinziehenden Rückengebirgen, die vom Cerro Cotzíc über den Cerro Calél und Cerro Quiché bis zum Valle de las Vacas sich hinziehen, tritt außer Granit noch Sedimentäres hervor, das ausschließlich durch Massenkalke und Dolomite vertreten ist. Diese sind häufig durch Kontaktmetamorphose zu kristallinen Kalken umgewandelt. Man beobachtet etwa bei Cabricán eine deutliche Kontaktzone zwischen den Kalken und dem benachbarten Andesit des Cerro Tuichámen oder bei Chichabáj nordwestlich von Tecpán eine grusartige, dunkelgefärbte, teilweise pulverige Masse, die zwischen dem reinen Kalk und dem Andesit eingeschaltet ist und einen bituminösen Geruch besitzt. Der Kalk ist stellenweise tonhaltig, sonst aber außerhalb der Kontaktzone massig und leicht kristallin und wird hier wie bei den meisten anderen Vorkommen gewonnen und an Ort und Stelle gebrannt[95]). In dem Kalkbruch „La Pedrera“ bei der Stadt Guatemala findet sich ebenfalls eine hellere und dunklere Art des Massenkalkes, erstere von den Arbeitern als „piedra hembra“, letztere als „piedra macho“ bezeichnet. Allerdings ist dort nicht ein so schwarzes umgewandeltes Produkt zu beobachten wie in Chichabáj, obwohl die dunkle Varietät in der „Pedrera“ auch stark bituminösen Geruch besitzt. Teilweise sieht man an der neuen Automobilstraße von Guatemala-Stadt nach Chinautla die hier weiter nach W reichenden Kalke brekziös ausgebildet. Fossilien*) scheinen nicht vorhanden oder sehr selten zu sein (s. S. 144). Auf den Kalken lagern bei Guatemala-Stadt vulkanische Lockermassen, die bei der technischen Aufbereitung in dem dortigen modernen Kalkwerk verwertet werden.

Als ganz vereinzelt muß der von mir gemachte Fund eines Kalksandsteins bezeichnet werden, der zwischen Granit und Andesit oberhalb von Totonicapán ansteht und stark zersetzt ist. Er ist mir von anderen Stellen nicht bekannt geworden.

Überblicken wir nunmehr in großen Zügen das Verhältnis von jungvulkanischen Bildungen und Unterlage, so finden wir die größte Mächtigkeit der ersteren in der pazifischen Küstenkordillere, wo nur vereinzelt die Granitunterlage hervortritt (Tajumulco, Atitlán-Vulkan). In dem nördlich davon gelagerten Gebirgszug vom Cerro Cotzíc bis zum Valle de las Vacas nimmt die Mächtigkeit der Andesite ab, die hier aufgesetzte Rücken und kleinere Übergußtafeln aufbauen. Vielmehr ragt ihre Unterlage in Form von Graniten und kristallinen Bildungen wie Sedimenten, die wir der Kreide zurechnen (s. S. 144), verhältnismäßig hoch. Es finden sich folgende Meereshöhen des Kristallinen (diejenigen der Kalke s. S. 145): bei Huitán 2800 m, Cumbre del Aire bei Sija 2600 m, Cumbre de Santa Maria Tecúm zwischen Totonicapán/Quiché 2700 m. Weiter im O treffen wir Granit erst am Rio Pixcayá, wo er bei Carrizál bis 1500 m Höhe reicht. Aber in diesem Gebiet fehlen die jungvulkanischen Decken. Hier tritt die Unterlage frei zutage und enthüllt uns ein Gebirge aus Kristallinem, Granit und verstreuten Kalkvorkommen. Wir werden nicht fehlgehen, in dieser Verbindung die Hauptmerkmale des ganzen genannten Kettenzuges zu suchen, der sich in die Sierra del Espíritu Santo nach NO fortsetzt. Bei dem Fehlen geeigneter Aufschlüsse läßt sich über die Mächtigkeit der Andesite kein klares Bild gewinnen. Es hat aber den Anschein, als wenn sie örtlich erheblich wechselt. Im SO der Republik Guatemala lassen sich noch weniger Angaben hierüber machen. Zudem ist mir dieser Teil des Landes nicht näher bekannt geworden.

Abseits von den zusammenhängenden Massenergüssen stehen Einzelvorkommen in Form von Gängen, die in der Sierra Madre, d. h. der Zentralkordillere, verschiedentlich auftreten. Sie sind der Sierra de Chuacús ebensowenig fremd wie der Sierra de Zacualpa. Auch hierbei handelt es sich um Andesite. Ihre weiteste Verbreitung

*) Landeseinheimische bezeichnen oft als „Fossilien" rezente Schnecken, die durch kalkhaltiges Wasser einen Kalküberzug erhalten haben!

nach N allerdings scheinen sie in Chiapas zu erreichen, wo sie noch auf die Mesa Central hinübergreifen. In Guatemala gewinnt man den Eindruck, daß sie die Motagua-Senke und das Cuilco-Tal nicht nach N überschritten haben, sondern nur im Bereich der Verebnungsfläche von Westguatemala westlich von Joyabáj auch in der Zentralkordillere auftreten*).

Eine genaue petrographische Gliederung der jungvulkanischen Massen steht noch aus. Wenn auch über größere Gebiete hinweg einheitlich Andesite vorhanden sind, so weichen sie doch stellenweise voneinander ab, wobei sich vielerlei Übergänge zwischen sauren und mehr basischen Varietäten aussondern lassen. Eine Gruppierung nach bestimmten, lokal zu umgrenzenden Provinzen ist auf Grund der bisherigen Funde und Bestimmungen nicht möglich. Dennoch sei auf folgende Vorkommen hingewiesen (Bestimmungen der Proben durch Opielok).

Dazit nordwestlich von Cuilco, etwas weiter westlich Andesit; bei Cabricán nordöstlich; bei Las Escobas am Wege von Jilotepeque nach Mixo Viejo; bei Xenajcój westlich von S. Juan Sacatepequez, in der Nachbarschaft Andesit.

Vitrophyr findet sich am Cerro Sija und nördlich von Momostenango.

Saure Andesite sammelte ich am Volcancito de Cantél, bei Totonicapán, auf der Cumbre de Xehuyú nördlich von Chimaltenango und bei Pampujilá südlich von S. Lucas Tolimán. Ein saurer Glimmerandesit bildet den Gipfel des Cerro Cristalino am Westufer des Atitlán-Sees.

Basische Andesite fanden sich bei Olintepeque, wo sie an der sogen. Piedra negra anstehen, und bei Totonicapán.

Olivinführenden Pyroxenandesit sammelte ich bei S. Martín Jilotepeque.

Mehrfach zeigen sich die Andesite chloritisiert, so bei Cajolá und Totonicapán.

Propylit in größerer Ausdehnung traf ich unterhalb der Cumbre de Tuichán gegen Tajumulco-Dorf zu.

Rhyolith ist mir im Massengebirge am Cerro Cotzíc in der Nähe von Los Pozitos bekannt geworden.

Die Ausbildung dieser Andesite ist gewöhnlich diejenige fester Felsbildungen, die von zahlreichen Klüften durchsetzt sind. Lokal

*) Die Trachyt- und Diabas-Gänge nördlich des Rio Negro gehören nicht in diesen Rahmen hinein.

sind sie durch Quarzausscheidungen gefüllt, so in der Nähe der warmen Quellen von Momostenango und San Bartolo Aguas calientes. Vereinzelt trifft man auf bankige Absonderung, so bei San Antonio (Dep. San Marcos), Palestina und Cantél, am Wege von San Francisco El Alto nach Momostenango, zwischen Cerro Calél und San Pedro El Valle am Fahrweg von Quezaltenango nach Huehuetenango, ferner an einigen Stellen des Küstengebirges der Boca Costa und Costa Grande.

Die vorherrschenden Formen der jungvulkanischen Massenergüsse sind breitgerundete Rücken, die dem Streichen der Kordilleren entsprechend von W nach O verlaufen. Sie wölben sich über ihrer Unterlage auf und zeigen, wo diese genügend zutage tritt, einen deutlichen Absatz zu ihr. Unregelmäßiger wird das Bild dort, wo zu den Längsrücken sich Querrücken entwickelt haben, so besonders in der Umgebung der Becken von Quezaltenango und Totonicapán. Damit verbinden sich häufig isolierte Erhebungen (Cerro Kuxliquén bei Totonicapán) (s. Taf. 31), die sich durch ihre Kuppenform auszeichnen. Als Tafelberg ist der Cerro de Sija gestaltet, dessen breite Plateaufläche sich von dem Cerro Calél weit nach S vorstreckt.

Die Übergußtafeln treten an Häufigkeit demgegenüber zurück. Am bedeutendsten ist eine solche zwischen dem Cerro Calél und San Francisco El Alto entwickelt, die von N her leicht ansteigend mit jähem Abfall zur breiten Senke des Rio Nimá (oder Rio Sija) abbricht. Stufenartig übereinandergelagerte Tafeln sieht man südlich des Motagua-Tals zwischen Chichicastenango und San José Poaquíl am Abhang des Gebirges ausgebildet. Im östlichen Guatemala verlieren die jungvulkanischen Massengebirge ihren einheitlichen orographischen Charakter. Sie lösen sich dort in eine Vielzahl kurzer Rückenerhebungen und Einzelberge auf, von denen erstere bald ostwestlich, bald nordsüdlich streichen. Die Sierra de las Nubes, die ich leider nicht mehr eingehender bereisen konnte, ist ein solcher nordsüdlich sich hinziehender Höhenrücken.

Zu der Ausgeglichenheit der Formen, besonders der Rücken, trägt die tonige Verwitterungsdecke bei, die in den höheren Gebirgspartien überall vorhanden ist. Sie hat im Durchschnitt eine Mächtigkeit von 1,50 bis 2 m und ist von brauner bis gelber Farbe. Rötliche Färbung beobachtet man in jenen Hochgebieten nur leicht angedeutet und auf einzelne lokal enger umgrenzte Gebiete beschränkt. Selbst die höchsten Partien der jungvulkanischen Gebirge tragen Wald. Wo er gelichtet ist, und gerade in den letzten 30 Jahren ist die künstliche Entwaldung in den Altos von Westguatemala schnell fortgeschritten, siedelt sich auf dem vom Kulturland nicht mehr benutzten Gelände Büschelgras an (pajón), das gruppenartig beieinanderstehend neben sich nur eine niedrige Rasendecke duldet. Diese „pajonales" überziehen größere Teile der heute kahlen Höhenrücken der jungvulkanischen Gebirge. Wo in Dellen oder flachen Mulden sich Gehänge ausbilden, beobachtet man gelegentlich ein stufenartiges Absitzen oder Absacken des Gehänges. So ist es auf den mattenartigen Grasflächen inmitten der Nadelholzwälder an der Cumbre Maria Tecúm (Weg Los Encuentros—Totonicapán) in rd. 3300 m Seehöhe wie auf den Pajonales der Cumbre von San Francisco El Alto in rd. 2800 m Höhe der Fall. Hier handelt es sich zweifellos um ein Bodengekriech auf künstlich entwaldeten Flächen. Die Hangböschungen schwanken zwischen 10 bis 20° Neigung. Die Höhe der Stufenabsätze beträgt rd. 5 bis 10 cm, die Tiefe der Stufen fand ich bei San Francisco El Alto zu 1,50 m. Besonders gut sind Rasenstufen bei Paloguá auf der Hochfläche östlich des Cerro Calél entwickelt. Diese selbst ist durch flache Quellmulden leicht gegliedert (s. Mitt. Geogr. Ges. Hamburg, Bd. 39 [1928], Taf. 20) und bis auf kleine Waldinseln künstlich entwaldet worden. Über niedriger Grasnarbe wuchert das Büschelgras. An den Abhängen der Quellmulden sind stellenweise die Stufen angelegt. Man ist auch hier zur Annahme von langsamen Bodenversetzungen geneigt. Ich glaube aber, daß zu den Gleitbewegungen noch ein anderer Umstand hinzukommt. An allen Stellen, an denen ich die Rasenstufen in der hier beschriebenen Form sah, wird von den Indianern heute Schafhaltung betrieben. Sie ist für die Eingeborenen der höheren Gebirge in West-Guatemala eine wichtige Beschäftigung. Daneben weiden sie auf den Höhen Ziegenherden. Immer sind es die mattenartigen, waldfreien Flächen, die als Weiden benutzt werden. So ist es sehr wohl möglich, daß durch die Tiere der nachgiebige Boden abzusacken beginnt. Verstärkt wird die Bodenbewegung durch das Zerreißen der Rasendecke und des Wurzelfilzes; dazu tritt die Aufweichung des tonigen Bodens in den Regenzeiten, und schließlich gesellt sich in den Trockenzeiten der Wind als abtragender Faktor hinzu, der kleine Erdteile abbröckeln läßt, zumal auf jenen kahlen Höhen über 2500 m die Windbewegung über Tags recht lebhaft zu sein pflegt. Wir dürfen aber auch nicht vergessen, daß in der winterlichen Trockenzeit nachts fast regelmäßig die Temperatur den Gefrierpunkt erreicht, im Dezember und Januar um einige Grade ihn unterschreitet, so daß sich Frostwirkung auf den ausgetrockneten Boden einstellt. Sie lockert an den von Rasen freien Bodenpartien das Erdreich auf und trägt dadurch zur Abtragung der Stufen bei. Man beobachtet auch, wie in den feuchten Perioden die Erosion die Stufenflächen angreift, in die sie kleine Schluchten einschneidet.

Daß bei Paloguá die Stufen so besonders gut ausgeprägt sind, findet seinen Grund darin, daß sich an dieser Stelle auf einem mit einer Kapelle besetzten Wiesenplan alljährlich die Indianer der Umgegend mit ihren sämtlichen Schaf- und Ziegenherden zum Feste des Heiligen Antonius versammeln, um vom Pfarrer die Herden segnen zu lassen. Zu Hunderten strömen sie mit ihren Tieren herbei, und es entwickelt sich dann auf der Hochfläche einige Tage ein lebhaftes Treiben, zumal ein Jahrmarkt damit verbunden ist. Wenn es noch eines Beweises dafür bedarf, daß die Rasenstufen ihre Anlage den Tieren verdanken, so ist es der, daß man sie besonders an jenem Abhang beobachtet, an dem bei den Festlichkeiten die Mehrzahl der Herden sich aufzuhalten pflegt.

Außerdem glaube ich noch einen anderen Grund für die Ausbildung von Rasenterrassen anführen zu können, der für Paloguá in gewisser Weise zutrifft. Etwas abseits von dem Wiesenplan (die hellen Flächen auf der Abbildung auf Taf. 20 der Mitt. Geogr. Ges. Hamburg, Bd. 39 [1928]) findet man die Stufen wieder. Sie sind hier aber höher, bis zu 30 cm und nicht so breit. Die Beobachtung des Geländes zeigt, daß es sich um früheres Kulturland handelt, das jetzt als Ödland aufgelassen ist. Die Lösung des Rätsels findet sich leicht. Nur wenig entfernt von Paloguá an einem der Quellbäche des Rio Pacarnate liegen zwei alte Mühlen, von denen eine in indianischem Besitz war. Beide sind stillgelegt. Die Erkundigung ergab, daß bei Paloguá vor Jahren Weizen gepflanzt wurde, wobei der indianischen Sitte der Altos gemäß das Erdreich längs des Gehänges mit dem altspanischen Holzpflug oberflächlich aufgelockert wird. Aus diesen Gehängestreifen können nach Aufgeben des Landes Hangstufen entstehen, die dann denselben Abtragungserscheinungen unterliegen, wie sie die auf die Tiere zurückgehenden Stufen zeigen.

Die Frage nach den Vorgängen, die die Massengebirge schufen, ist nicht einwandfrei zu beantworten. Neben der Förderung der magmatischen Produkte aus Spalten, wobei diese sich über denselben zu Rücken auftürmten, können auch zahlreiche einzelne Ausbruchspunkte vorhanden gewesen sein. Sie sind heute nicht mehr festzustellen. Die weitreichenden gewaltigen Lockermassen sind vielleicht teilweise mit jenen Massenausbrüchen verbunden gewesen. Wir kommen hierauf noch zurück. Neben den geschaffenen Vollformen stehen größere Hohlformen, die wohl auch mit der Bildung des jungvulkanischen Massengebirges verbunden gewesen sind. Der Nachweis ihrer tektonischen Entstehung im einzelnen ist jedoch schwierig. Wohl die größte derartige Hohlform nimmt der Atitlán-See ein.

Er ist schon früher zusammenfassend behandelt worden (Mitt. Geogr. Ges. Hamburg, Bd. 40 [1929], S. 9—19). Zwischen dem Nord- und Südufer besteht ein morphologischer Gegensatz. Bei jenem handelt es sich um jungvulkanisches Massengebirge, bei diesem um rezente vulkanische Bildungen. Sie gruppieren sich um den V. de San Pedro (3024 m ü. M., 1500 m über dem Seespiegel), die Doppelvulkane Tolimán (3153 m ü. M., 1600 m über dem Seespiegel) und Atitlán (3525 m ü. M., rd. 2000 m über dem Seespiegel) und am weitesten nach O um den Cerro San Lucas (im Indianischen „Liquilic-huí" genannt, soviel wie „breiter Kopf") (2194 m ü. M., 635 m über dem Seespiegel) (s. Taf. 32). Letzterer, mit dichtem Wald bedeckt, ist noch nicht näher untersucht, so daß es noch nicht feststeht, ob es sich um einen mit Krater versehenen Vulkan oder um eine Massenerhebung handelt.

West- und Ostufer sind gleich, weichen aber vom Nord- und Südufer morphologisch ab. Wir befassen uns hier mit dem Südufer nicht, zumal die betreffenden Vulkane durch Sapper genügend beschrieben worden sind[96]). Das Nordufer ist ein Teil des jungvulkanischen Massengebirges, dessen Achse vom Cerro Quiché nach Tecpán streicht. Von dieser Achse, die bei Los Encuentros leicht eingesattelt ist (2530 m), breitet sich nach dem See eine leicht nach S abgedachte, von Parralleltälern zerschnittene Hochfläche aus. Sie wird von kürzeren Rücken andesitischer Bildungen überragt, die teils west-östlich, teils nord-südlich gestreckt sind. Die Oberfläche bei Sololá, bei Semetabáj und nördlich dieses Dorfes nehmen vulkanische Lockermassen und Tuffe ein, die auch stellenweise in den zum See sich öffnenden Tälern abgelagert und von den Flüssen in steilwandigen Schluchten zerschnitten sind. Mit steilen Böschungen fallen die Höhen zum See ab. Sie lassen im nordwestlichen Abschnitt zwischen Panajachél und San Marcos deutlich einen Hangabsatz hervortreten, der rd. 250 m über den Seespiegel sich erheben mag. Im nordöstlichen Abschnitt des Ufers zwischen Panajachél und Santa Catarina Palopó fehlen diese Absätze. Ich habe sie nicht näher untersuchen können, nehme aber an, daß es sich bei ihnen um Granite handelt.

die das Ufer dort begleiten. Durchgehende Uferterrassen oder Bruchstücke von solchen zeigt das Nordufer nicht, ebensowenig die anderen Ufer. Wenn am Tolimán-Vulkan gegen das Dorf Santiago Atitlán drei mächtige terrassenartige Absätze hervortreten, so handelt es sich dort um Lavaströme, die übereinandergelagert sind.

Das Westufer zeigt gewisse Besonderheiten. Es bildet eine Bucht, in die wie ein Vorgebirge der Gipfel des Cerro Cristalino vorspringt. Südlich von ihm greift sie tiefer ein, ist hier aber schon teilweise landfest geworden. Seewärts breitet sich ein Flachstrand aus, der von flachem Wasser bedeckt ist. Die hinter der Bucht sich erhebenden Höhen bilden eine tischebene Platte, auf der das Dorf Santa Clara liegt (2100 m). Fast senkrecht, nur von einigen Schluchten zerfurcht, steigt die Platte auf, deren Oberfläche rd. 500 m über dem Seespiegel liegt[97]). Ihrem Aufbau nach setzt sie sich von unten nach oben in folgender Weise zusammen: vom Seespiegel bis 240 m Granit, darüber um weitere 280 m Andesit und auf diesem eine dünne Decke von vulkanischen Tuffen. Der Cerro Cristalino zeigt denselben Aufbau. Sein spitzer Gipfel besteht aus Andesit. Ein Krater ist nicht vorhanden. Unmittelbar am Seeufer ist der Granit des Berges von Aplitgängen durchsetzt, die nach SW streichen (s. S. 134).

Am Ostufer sind ähnliche Oberflächenformen vorhanden. Der Granit scheint dort zu fehlen, vielmehr werden die steilen Abstürze der Hochfläche bis zum See herab von Andesiten gebildet. Auch diese Fläche ist von Tuffen bedeckt. Einzelne Rücken und Kuppen aus Andesit ragen über die Fläche südlich des Weilers Agua escondida auf (s. Taf. 32 links vom Co. San Lucas).

Setzen wir die einzelnen Flächenstücke des vom W über N nach O zu verfolgenden Plateaus zueinander in Beziehung, so zeigt sich, daß sie etwa in einem Niveau liegen, das sich nach O abdacht. Die Höhen betragen im W 490 m, im N (Semetabáj) 390 m, im O 350 m über dem Seespiegel. Man gewinnt den Eindruck, daß es sich hier um Stücke einer einst zusammenhängenden Fläche handelte, die durch Bruchbildung zerstört wurde. Für letztere sprechen die steilen Abstürze der Ufer, die sich auch unter dem See in gleich schroffer Weise fortsetzen, so daß schon nahe dem Nordufer erhebliche Tiefen gemessen worden sind. Wir besitzen noch keine ausreichenden Tiefenmessungen des Sees. Schon Alonso Ponce berichtet aus dem 16. Jahrhundert von Versuchen, die zur Feststellung der Tiefe unternommen wurden[98]). Aus der Neuzeit liegen nordamerikanische Messungen vor, die längs einer Linie San Lucas—Panajachél ausgeführt worden sind[99]). Sie ergaben, daß längs dieser Linie meistens Tiefen von 300 m und mehr gelotet wurden. Die größte Tiefe betrug 322 m. Schon Dollfus und Montserrat haben den Gedanken geäußert, daß der See durch Abdämmung der im S sich auftürmenden Vulkane entstanden ist[100]). Diese Ansicht ist von späteren Forschern, darunter auch von Sapper, wieder geäußert worden. Ihr gegenüber steht die schon vor Dollfus und Montserrat erhobene Behauptung, daß der See einen gewaltigen Krater erfüllte[101]). Anderson sah im Atitlán-See ebenfalls einen gewaltigen Krater, was er u. a. aus der nach S geneigten Lagerung der Lockermassen und Tuffe auf der Hochfläche von Santa Catarina schloß[102]). Dr. Wallace Atwood soll 1932 ebenfalls zu dem Schluß gekommen sein, das Seebecken als eine Caldera anzusehen, doch ist mir eine Arbeit hierüber nicht bekannt geworden[103]).

Abgesehen von den gewaltigen Dimensionen, die das Seebecken einnimmt und die diese „Caldera" in die Gruppe der Riesenkrater stellen würden, finden sich auch sonst keine geologischen Beweise für eine alte Kraterbildung. Wohl aber deuten die Steilabbrüche der Ufer auf Bruchbildungen oder Absenkungen hin. Aber ehe wir nicht bestimmtere Angaben über das Tiefenrelief besitzen, bleiben alle morphologischen und tektonischen Überlegungen ohne jede feste Grundlage. Besteht die Möglichkeit, daß wir es beim Atitlán-Becken mit einem Senkungs- und Bruchgebiet zu tun haben, so müßten sich Anhaltspunkte über die frühere Entwässerung des Gebietes gewinnen lassen.

Hierzu ist folgendes zu bemerken. Im W und O des Sees greifen die pazifischen Abdachungsflüsse, wie Rio Nahualate (im Oberlauf Rio Chojoché) und Rio Madre Vieja rückwärts bis zur Achse des Gebirges aus. Sie durcheilen zunächst tiefe Barrancos in Tuffen und brechen unmittelbar am Abfall zum Küstentiefland in engen Felsentälern durch die vulkanische Küstenkette hindurch. Im N des Atitlán-Sees bemerken wir zwei Flüsse, den Rio Quixcáp und Rio Panajachél, als die einzigen nennenswerten Zuflüsse, die der See erhält. Der Panajachél entspringt ebenfalls auf der Hauptwasserscheide, der Quixcáp etwas unterhalb von ihr bei Nahualá. Die heutigen Talformen zeigen tiefe cañonartige Schluchten, die beim Panajachél in Tuffen angelegt sind. Taltiefe und -breite stehen in einem gewissen Mißverhältnis zu den heutigen Flüssen, die nur in den Regenzeiten wasserreicher sind. Im Panajachél-Tal sind zwei Niederterrassen ausgebildet, beide in Tuffen (15 m und 30 m Terrasse), die im Tal eine Mächtigkeit von über 100 m erreichen. Darüber sind in Resten noch zwei weitere Terrassen zu bemerken, deren oberste der Plateaufläche von Semetabáj (1950 m, also 390 m über der Talsohle) entspricht. Die andere liegt schätzungsweise 200 bis 250 m über dem Talboden. Auch hier ist der Eindruck der, daß der heutige Rio Panajachél mit seinem kurzen Lauf von der Quelle bis zur Mündung in den See kaum diese Erosionsarbeit geleistet haben kann. Man ist versucht, in dem heutigen Fluß den durch den Atitlán-See unterbundenen Oberlauf eines älteren größeren Küstenflusses zu sehen, der sich im heutigen Rio Mocá weiter nach S fortsetzte. Aus diesen Überlegungen ist zu ersehen, wie wichtig eine Auslotung des Sees zur Lösung dieser Fragen sein würde. Als sein Nebenfluß ist der Quixcáp anzusehen. Somit wäre das frühere Gewässernetz dieses Teils des Atitlán-Gebietes ähnlich dem des Rio Nahualate und Rio Madre Vieja angeordnet.

Noch eine andere Erscheinung des Sees ist zu erwähnen. Schon der Padre Ocaña weist auf die Schwankungen des Seespiegels hin, der bald steigt, bald fällt[104]). Auch heute ist das gleiche zu beobachten. Auf dem hier beigegebenen Panorama vom Jahre 1934 (s. Taf. 32) ist zu sehen, wie der Seespiegel gestiegen ist und einen Teil des Deltas des Rio Panajachél im Vordergrunde unter Wasser gesetzt hat. In den Jahren 1925 bis 1929, als ich wiederholt dort weilte, konnte man trockenen Fußes an dem Uferstreifen entlang gehen. Solche Schwankungen sind nichts Ungewöhnliches. Sie entsprechen den niederschlagsreicheren und -ärmeren Jahren. Wichtiger dagegen ist die Tatsache, daß der See seit rd. 30 Jahren dauernd fällt. 1905 lag der Spiegel um 8 m höher als 1925. Den Beweis kann man gut an den Verhältnissen beim Hotel von Tzanjuyú beobachten (Taf. 29). Damals reichte der See bis dicht an die Terrasse des Hauses heran. Heute muß man tief hinabsteigen, um den Landungssteg der Boote zu erreichen. Dasselbe ist am Südufer zu bemerken. Die Isla del Gato bei Santiago Atitlán tauchte um 1910 ca. stärker aus dem See auf und erhielt damals ihre heutige Ausdehnung. Auf der Karte bei Fuentes y Guzmán aus dem 17. Jahrhundert ist der „Peñol“, also der heutige Cerro de Oro, noch als Insel gezeichnet[105]), und wenn man heute von seinem Gipfel die Ufer verfolgt, so bemerkt man etwas nordöstlich von ihm einen niedrigen Hügel, der in junger Zeit erst landfest geworden sein kann. Weitere Beweise für das Sinken des Spiegels sind am Nordufer bei Tzanjuyú und Buenaventura in Form von alten Ufermarken zu sehen, die rd. 10 m über dem gegenwärtigen Niveau liegen. Fuentes y Guzmán zeichnet ferner warme Quellen oder Fumarolen (sumideros) am Südufer zwischen Santiago und San Lucas, die heute nicht mehr bestehen, und am Nordufer gab es Fumarolen noch zu Anfang des 20. Jahrhunderts bei Tzanjuyú, Panajachél und Santa Catarina, die durch das Fallen des Sees erloschen sind. Die Ursachen für diesen dauernden Rückgang dürften rein lokaler Natur sein. Denn der in rd. 60 km Entfernung liegende Amatitlán-See zeigt diese Erscheinungen nicht. Die Ursache beim Atitlán-See werden wir also in den unterirdischen Abflußverhältnissen zu suchen haben, die in den letzten Jahrzehnten eine Verstärkung erfahren haben müssen. Das Auftreten wasserreicher Quellen bei den Fincas Santo Tomás und Santa Teresa südlich der Senke von San Lucas spricht hierfür. Schon immer ist seit dem 17. Jahrhundert bei den Anwohnern die Meinung verbreitet gewesen, daß der See unterirdisch nach der pazifischen Abdachung hin entwässere.

In den vulkanischen Massengebirgen finden sich häufig Stellen ehemaliger Fumarolentätigkeit, kenntlich an den zersetzten Gesteinen und reichlichen Absätzen von Kieselsäureausscheidungen, unter denen Halbopal oft begegnet. Während die Fumarolen selbst mit Ausnahme der Vulkanzone an der Küste erloschen sind, gibt sich der ehemalige Vulkanismus um so mehr noch an den warmen Quellen zu erkennen, die namentlich in Westguatemala vorhanden sind, wo sie oft als Bäder benutzt werden. Zwei Analysen der im N von Momostenango gelegenen Thermen, die eine von 45, die andere von 36° C ergab folgende Resultate nach Untersuchung durch die „Facultad de Ciencias Naturales y Farmacia“ in Guatemala.

I. Schwefelwasserstoff führende Therme

II. Schwefelwasserstoff freie Quelle mit folgenden Bestandteilen:

Kieselsäure	0,162 g pro Liter
Eisen- und Tonerdeoxyd	0,025 ,, ,, ,,
Kohlensaurer Kalk	0,130 ,, ,, ,, *)
Magnesia	0,020 ,, ,, ,,
Nitrate	0,000 ,, ,, ,,
Nitrite	in Spuren
Organische Materie	0,008 ,, ,, ,,

Bei den meisten von Indianern und Mischlingen benutzten Quellen ist es der Schwefelgehalt, der ihre Heilwirkung hervorruft.

Als fremdartige geologische Bildungen innerhalb der Massengebirge von Südguatemala finden sich vereinzelt Braunkohlenvorkommen.

*) Der hohe Kalkgehalt deutet auf das Vorhandensein von Kalken als Liegendem der jungvulkanischen Massen hin.

Sapper erwähnt sie in Verbindung mit jungen Alluvionen[106]). Mir selbst ist eine Stelle westlich von San Juan Sacatepequez bei dem Weiler Xenajcój bekannt geworden. Die Fundstelle liegt in einer Bachschlucht, die in ihrem oberen Teil muldenartig erweitert ist. Der Barranco beginnt schnell sich vertiefend am westlichen Ende der Mulde und führt in nordwestlicher Richtung zum Tal des Rio Pixcayá. Das Profil zeigt zuoberst unter der Verwitterungsdecke zersetztes Jungeruptives von rd. 40 m Mächtigkeit, das östlich der Mulde von Tuffen mit organischen Resten bedeckt ist. Unter dem festen Material folgt eine wenig mächtige Schicht von Tuffen und Tuffbrekzien, danach eine Lage von Dazit. Er bildet den Untergrund der Mulde, während weiter abwärts im Barranco Andesit ansteht. In der Mulde und auf dem Dazit lagert die Braunkohle in zwei Flözen, zuoberst als dünne Bank von Schieferkohle, zuunterst von ihr getrennt durch eine Tuffschicht als erdige brüchige Braunkohle mit einer Mächtigkeit von 2 m. Etwas unterhalb der Mulde am Barrancoansatz ist das anstehende jungeruptive Gestein durch Fumarolenwirkung weitgehend zersetzt. Die Stelle ist dadurch interessant, daß sie uns zeigt, wie einst in der Mulde ein See vorhanden gewesen sein muß, in dem die Braunkohlenbildung ihren Anfang nahm, wie dann aber dieser See durch den Barranco angezapft wurde. Die Lage der Fumarolen in dem Tal legt die Vermutung nahe, daß es sich vielleicht um eine vulkanische Spalte handeln könnte.

Für solche Spalten liegt ein gutes Beispiel aus dem westlichen Guatemala am Nordhang des Vulkans Pecúl bei Zuníl vor (s. Mitt. Geogr. Ges. Hamburg, Bd. 39 [1928], S. 1ff. u. Taf. I—IV). Von seinem nach NO durch eine mit Solfataren besetzte Schlucht geöffneten Krater stürzt der Berg steil zum Samalá-Tal ab. Bevor man aber beim Abstieg sich diesem nähert, hat man noch eine Schlucht zu queren, die von dem Chimiyá-Bach durchflossen wird und als Hängetal in das Samalá-Tal mündet. Wo der Pfad von Zuníl nach dem Pecúl den Bach kreuzt, liegen eine Anzahl von Fumarolen und ein kleiner Schlammvulkan; insgesamt zählte ich 1926 und 1927 sechs tätige Öffnungen. Die Temperatur, mit den mir zur Verfügung stehenden primitiven Hilfsmitteln gemessen, ergab an den Austrittsstellen 60 bis 93° C. Unter den Absätzen war an einer Fumarole besonders reichliche Schwefelbildung zu bemerken, die für die Fumarolen des Gipfels noch stärker ausgeprägt war.

Unterhalb dieser Stelle biegt der Bach scharf nach NW ab und tritt in eine enge Schlucht ein, die in Andesit angelegt ist. Dort muß er versickern, denn im Samalá-Tal war zu meiner Zeit kein Wasserlauf zu beobachten, der sich über das Hängetal hinweg zum Samalá hinabgestürzt hätte. Vielmehr liegt an dieser Stelle der Geysir (s. Mitt. Geogr. Ges. Hamburg, Bd. 39 [1928], Taf. 4, Abb. 1) mit seinem mächtigen Sinterkegel. Das Wasser des Chimiyá muß durch das neben Andesit aus vulkanischen Brekzien und Lockermassen bestehende Gestein hindurchsickern, dabei die Fortsetzung der Fumarolen-Spalte benutzend. In der unteren Chimiyá-Schlucht soll sich eine Nische oder Höhle befinden, aus der vor einiger Zeit die Indianer des Dorfes Zuníl Quecksilber holten, mit dem auf dem Markt von Quezaltenango Handel getrieben wurde. Die Eingeborenen haben den Fundplatz niemals verraten, vereitelten auch noch während meiner Anwesenheit alle Annäherungsversuche des Fremden, so daß bis heute über diese interessante und für Guatemala einzigartige Stelle Näheres nicht in Erfahrung zu bringen gewesen ist. Seit 1923 ca. nahm das Angebot von Quecksilber durch die Indianer so sehr ab, daß man ein Versiegen der Quecksilbermine wohl mit Recht vermutet hat[107]).

Das Chimiyá-Tal selbst ist als Spalte aufzufassen, die sich in etwa südöstlich-nordwestlicher Richtung erstreckt. Sie bietet eine gewisse Parallele zur Spalte von Xenajcój, die nur älter und durch Erosion stärker angegriffen ist.

2. Die Lockermassen vulkanischer Herkunft.

Durch die schöne Studie von J. Lentz sind wir über Wesen und Formenschatz sowie die Abtragung der Lockermassen in Guatemala eingehend unterrichtet worden. Seine mehrjährige Anwesenheit im Lande befähigte den Verfasser, sich eingehend diesen Problemen zu widmen, so daß wir dieses wichtige geographische Element der Republik vortrefflich kennen gelernt haben. Es genügt daher, hier nur auf wenige Punkte hinzuweisen.

Wenn man sich die Verbreitung dieser Gebilde vor Augen führt, so zeigt sich, daß sie auf die zwischen den Kordilleren der Sierra Madre und des vulkanischen Küstengebirges eingeschalteten Senken, Becken und Täler beschränkt sind. Nördlich davon handelt es sich nur um kleine, nicht sehr mächtige Vorkommen, sei es im Bereich der Altos Cuchumatanes (Nebáj, San Juan Ixcoy, Soloma) oder an vielen anderen Senken des zentralen Kettengebirges, die dort äolisch zur Ablagerung kamen. Südlich an der pazifischen Abdachung finden sie sich in einer oberen Zone in den Tälern der größeren Küstenflüsse, die etwa zwischen 1500 bis 1200 m Meereshöhe liegt. Weiter abwärts treten die Ablagerungen der rezenten Vulkane an ihre Stelle, die sich deutlich in ihrem Habitus von den Lockermassen des Hochlandes unterscheiden. Es ist klar, daß die Küstenflüsse mit ihrem steilen Gefälle stark abtragend auf diese Massen gewirkt haben, so daß sie an der pazifischen Küste heute zurücktreten. Um so mächtiger sind sie in den zentralen Hochländern in den Quellgebieten der größeren Flüsse. So ist ihre größte Mächtigkeit in der Nähe der Wasserscheiden in den großen Senken des zentralen Hochlandes zu finden.

Das Material ist durch vorherrschende Bimssande und Bimslapilli ausgezeichnet. Lokal finden sich quarzreichere Sande, so bei Momostenango. Wo Aufschlüsse vorhanden sind wie in den tiefen Barrancos oder den Bachrissen und künstlichen Einschnitten der Hochbecken, werden zwischen den Massen schmale, durch ihre gelbe Farbe hervortretende Bänder sichtbar, die sich als verfestigte Aschen zu erkennen geben. Andernorts werden auch tonige Leisten bemerkbar. Man erkennt daran, wie in zeitlichen Intervallen die Massen zur Ablagerung gelangten. Krustenbildungen treten in den Altos weniger hervor. Häufiger finden sie sich in den tiefer gelegenen, mehr trockenen Binnengebieten und nehmen außerhalb unseres Gebietes, besonders im östlichen Salvador und in Westhonduras größere Flächen ein. Das Bindemittel ist vor allem Kieselsäure, die zur Ausbildung einer harten Kruste führt, als „talpetate“ landesüblich bekannt. Ihre Bildung wird durch das tropische Wechselklima und den niederschlagsarmen Charakter dieser zentralen Binnengebiete erleichtert, zumal die Verdunstung bei dem porösen Material dort beträchtlich ist. In den feuchteren Hochlandsgebieten von Westguatemala ist als Verwitterungsboden ein tonig-sandiges Erdreich ausgebildet. Überhaupt wechselt der Boden seiner chemischen Zusammensetzung nach in Guatemala auch in den Lockermassengebieten erheblich, was teils aus den klimatischen Unterschieden, teils aus der mineralischen Zusammensetzung derselben erklärlich ist[108]).

Die zeitliche Entstehung dieser Lockermassenablagerungen verteilt sich natürlich über einen größeren Zeitraum. Sie muß jünger sein als die Bildung der Massenergüsse, da die Lockermassen sich auf denselben bzw. in den in sie eingeschnittenen Tälern angesammelt haben. Ich glaube daher nicht, daß wir sie schon in das Spättertiär verlegen dürfen, sondern daß sie eher in der diluvialen Epoche und folgende Zeiten anzusetzen sind. Hierfür bieten die Funde von Resten des

Mastodon einen gewissen Anhaltspunkt, die aus diesen Tuffen in Guatemala bekannt geworden sind. Schon Fuentes y Guzmán erwähnt solche Funde aus dem Valle de Petapa, der anonyme Verfasser der „Isagoge histórico" von San Jerónimo bei Salamá, Domingo Juarros aus der Nähe von Chiquimula, und Dollfus und Mont-Serrat kannten Funde aus dem Tal von Guatemala-Stadt[109]). In Westguatemala sind Funde bei Quezaltenango und Huehuetenango bekannt geworden, und 1925 wurden eine Anzahl von Mastodonten-Knochen beim Bahnbau südlich von Chiquimula geborgen. Die Fundstelle bei Quezaltenango konnte ich besichtigen. Dort wurde in den Lockermassen 1923 ein Abzugsgraben angelegt, wobei man in rd. 6 m Tiefe einen Mastodonzahn fand (Bestimmung durch Prof. Stromer in München). Zur genauen Altersbestimmung reichen diese Funde nicht aus, zumal nach den neueren Ergebnissen über Mastodontenfunde in Nord- und Südamerika feststeht, daß diese Tiere noch in recht jungen Zeiten in Amerika lebten, vielleicht sogar noch zur Zeit der Anwesenheit des Menschen dort vorhanden waren[110]). Auffällig ist in unserem Gebiet jedenfalls die Tatsache, daß die wenigen ihrem Fundplatz nach sicher bekannten Reste oberflächennahen Schichten der Lockermassen entstammen. Die gesamte Mächtigkeit der Ablagerungen spricht für die lange Zeitperiode ihrer Entstehung ebenso wie für die starke explosive Tätigkeit der Vulkane, die wir doch wohl als Förderer dieser Massen ansehen dürfen.

Morphologisch wichtig werden die Massen durch ihre Terrassenbildungen in den Tälern, worauf schon Lentz hingewiesen hat. Fast überall, wo sie in den Tälern von den Flüssen und Bächen zerschnitten wurden, sind deutlich zwei Terrassen ausgeprägt, die durchschnittlich in 15 bis 20 und 30 m liegen. Lokal ist in Westguatemala auch eine dritte oberste Terrasse in 50 bis 60 m Höhe vorhanden. Diese Bildungen lassen sich auch in Westhonduras verfolgen (Rio Copán, Rio Mejocote, Rio Yiguite) und sind auch in Salvador anzutreffen (Rio Victoria, Rio de las Cañas, Rio Titihuapa). Es sind also weitreichende junge Krustenbewegungen im nördlichen Mittelamerika vorhanden, deren Nachweis im südlichen Mittelamerika (Nicaragua, Costa Rica) gelungen ist, deren Verknüpfung mit den Terrassen im N aber noch aussteht.

Es sei hier eine Übersicht über das Auftreten der Terrassen in Guatemala und Westhonduras angefügt.

Gebiet	2 Terrassen	3 Terrassen
Westguatemala		Rio Naranjo
		Almolonga
		Zuníl
		Cantél
		Totonicapán
	Sija	Cuilco
	Olintepeque	Tectitán
	Quezaltenango	Tacaná
	S. Cristobal Totonic.	
	S. Bartolo A. C.	
	Tumayác	
	Momostenango	
	Sa. Maria Chiquimula	
	Chichicastenango	
	Semetabáj	
	Panajachél	
	Sa. Cruz Quiché	
	Sajcabajá	
Ostguatemala	Joyabáj	
	Mixco Viejo	
	Chinautla	
	Rio Guastatoya	
	Rio Motagua	
	Quiriguá	
	Rio Zacapa	
	Jocotán	
	Camotán	
Westhonduras	Rio Copán	
	Copán	
	Santa Rita	
	Rio Maipuca	
	Rio Yiguite	
	Rio Mejocote	

Hieraus ergibt sich, daß der äußerste W von Guatemala einen dreifachen Rhythmus von Hebungen zeigt, was übereinstimmt mit den Feststellungen von Waibel in Chiapas. Im O verschmälert sich diese Zone, sich beschränkend auf das vulkanische Küstengebirge, und endet bei Totonicapán. Der übrige Teil des Landes zeigt einen zweifachen Rhythmus.

Wenn auch zukünftige Reisen das Bild in manchem ergänzen und abrunden werden, namentlich in den von mir nicht besuchten Gegenden, so zeigt sich doch deutlich, daß das Gebiet stärkster Hebungsintensität in die westlichen Altos fällt. Waibel hat mit Recht vermutet, daß die Hebung im SO von Chiapas besonders stark gewesen ist und, wie jetzt hinzugefügt werden darf, wohl im westlichen Guatemala ihren Höhepunkt erreicht hat.

Auf die morphologischen Kleinformen in den Lockermassen kann hier nicht näher eingegangen werden. Lentz hat sie ausführlich behandelt. Es sei nur darauf hingewiesen, daß die Rasenstufen, die er beschreibt (a. a. O. S. 18f.), nach meinen Beobachtungen weniger als Bodenversetzungserscheinungen durch Abtragung als eher durch Weidepfade zu erklären sind. Überall, wo ich sie in den Lockermassengebieten sah, handelt es sich um Gegenden, in denen jahreszeitlich Weidewirtschaft betrieben wird, und zwar in den feuchten Perioden des Jahres. Oder aber es handelt sich um Gegenden, in denen in früherer Zeit eine ausgedehntere Viehzucht herrschte als gegenwärtig. Das ist z. B. bei San Andreas Sajcabajá der Fall, wo im 17. Jahrhundert Thomas Gage größere Viehhazienden traf[111]). Weitere Beispiele finden sich in den Werken von Fuentes y Guzmán und Pelaez angeführt[112]). Wenn Lentz die Rasenstufen an altindianischen Tumuli für auffällig hält, so habe ich selbst häufig beobachtet, wie das Vieh gerade auf ihnen grast. Mehrfach fragte ich die Indianer der betreffenden Gegenden nach ihrer Meinung über die Entstehung der Stufen; fast immer erhielt ich zur Antwort, daß das Vieh sie austräte. Sekundär werden sie natürlich durch die verschiedenen Kräfte der Abtragung weiter ausgebildet.

Anmerkungen.

[93]) Zeitschrift f. Vulkanologie, Bd. X ff.

[94]) L. Waibel, Die Sierra Madre de Chiapas. (Mitt. Geogr. Ges. Hamburg, Bd. 43 [1933], S. 31f.)

[95]) F. Termer, Zur Ethnol. u. Ethnogr. des nördl. Mittelamerika. (Iberoamerikan. Archiv, Bd. IV [1930], S. 358f.)

[96]) A. Dollfus u. E. de Mont-Serrat, Voyage géologique usw., Paris 1868, S. 463ff. K. Sapper, Die mittelamerikanischen Vulkane. (Pet. Mitt. Erg.-Heft 178 [1913].) — Ders., Los Volcanes de la América Central, Halle 1925.

[97]) Der Steilabfall hat schon immer die Aufmerksamkeit der Reisenden erweckt. Vgl. Diego de Ocaña, Descripción de la Laguna de Atitlán. (Anales

Soc. de Geogr. é Hist. de Guatemala, T. IX [1932/33], S. 300: „...caminando a la parte de Poniente desta laguna. Por sus orillas, desde S. Juan a S. Pablo, vamos por distancia de algunas cuadras arrimados a un paredón, que parece está hecho a mano, y cortado de alto a bajo con hacha, como un muro muy alto, y todo esta fachada está pregonando, que allí hubo fuego; porque todo este frontispicio, que es una maravilla, y causa pavor a los que se detienen a verlo, es una agregación, como de piedra pomez, sin mezcla de tierra, o otra piedra del tamaño de confites de cacao, de nueces, de huevos, y de la cabeza de un hombre, y mayores; tan colorada y encendida, que parece ha servido aquello de horno por muchos años; ...“) Auch Tempest Anderson fiel die Steilwand auf, die er wie Ocaña für den Rest eines alten Kraterwalles hielt. T. Anderson, The Volcanoes of Guatemala. (Geogr. Journal, vol. 31 [1908], S. 482.)

[98]) Alonso Ponce, Relación breve y verdadera usw., Documentos inéditos T. 57, Madrid (1872), S. 444.

[99]) C. Juday, Limnological Studies on some lakes in Central America. (Transactions of the Wisconsin Academy of Sciences, Arts and Letters, vol. 18, Part I, S. 214—250).

[100]) Dollfus u. Mont-Serrat, a. a. O., S. 95, 106, 463.

[101]) Diego de Ocaña, a. a. O., S. 298ff.

[102]) T. Anderson, a. a. O., S. 482f. — K. Sapper, s. Anm. 96, S. 259.

[103]) Webster McBryde, Sololá. A Guatemalan Town and Çakchiquel Market-Center. (Studies in Middle America, Middle American Research Series Publ. No. 5, New Orleans 1934, S. 64 Anm. 2)

[104]) Diego de Ocaña, a. a. O., S. 300.

[105]) Fuentes y Guzmán, Recordación Florida. (Bibl. Goathemala, vol. 7 [1933], Karte bei S. 60.)

[106]) K. Sapper, Pet. Mitt. Erg.-Heft 127, S. 68.

[107]) Herr Gustavo Kaehler in Quezaltenango hatte die Freundlichkeit mir zu berichten, daß vor vielen Jahren ein Deutscher namens P. Riedel die Quecksilbermine der Indianer von Zuníl entdeckt hatte. Sie lag in der Nähe eines Wasserfalls. Herr Riedel gewann das Quecksilber dadurch, daß er Stahlflaschen unter die Stelle setzte, wo dasselbe hinuntertropfte, und diese sich füllen ließ. Er brachte eine beträchtliche Menge davon nach Quezaltenango, bis ihm auf Grund einer Beschwerde der Indianer von Zuníl der Präsident Manuel Estrada Cabrera die weitere Ausbeutung untersagte. Von den damaligen Ausbeutern der Mine, P. Riedel und Jesus Esquivél, ist keiner mehr am Leben.

[108]) L. Castellanos u. E. Deger, La división de las tierras del país etc. (Revista Agrícola, vol. 11, Guatemala 1933, S. 343ff). — E. Deger, Tierras alíticas y sialíticas en Guatemala (ebendort vol. 11 [1933] S. 659f.) — Ders., La constitución física de nuestras tierras y su mejoramiento (ebendort vol. 12 [1934] S. 1ff.)

[109]) Fuentes y Guzmán, Recordación Florida, ed. Madrid 1882, I. S. 302; Isagoge histórico, ed. Madrid 1892, S. 98; Domingo Juarros, A statistical and commercial History of the Kingdom of Guatemala, London 1823, S.45; Dollfus u. Mont-Serrat, Voyage géologique, Paris 1868, S. 285 u. Anm. — Vgl. auch K. Sapper, Pet. Mitt. Erg.-Heft 127 (1899), S. 69. — Wappäus, Mittel- und Südamerika, Leipzig 1863—70, S. 288 re.

[110]) A. S. Romer, Pleistocene vertebrates and their bearing on the problem of human antiquity in North America. (The American Aborigines. ed. D. Jenness, Toronto 1933, S. 49—83); M. Uhle, Späte Mastodonten in Ecuador. (Proceedings 23th intern. Congress of Americanists, New York 1930, S. 247 bis 258).

[111]) Th. Gage, The English-American. (Broadway Travellers, London 1928, S. 177). Dtsch. Ausg. Leipzig 1693, S. 240.

[112]) García Pelaez, Memorias para la Historia del antiguo reyno de Guatemala, T. 1—3, Guatemala 1851—1852.

Kapitel VII.

Das pazifische Küstentiefland.

Von Chiapas her begleitet die vulkanische Küstenkette ein allmählich zum Stillen Ozean abfallendes Vorland wechselnder Breite. Zwischen 40 bis 60 km schwankend in den westlichen Teilen, verschmälert es sich in den östlichen auf 30 km und weniger, bis in Salvador Hügelzüge gelegentlich bis dicht an die Küste heranreichen. Seewärts in seiner gesamten Ausdehnung wird es von einer flachen Lagunenküste begleitet, brackwasserhaltigen und mit Ebbe und Flut schwankenden langgestreckten Rinnen, die durch niedrige Strandwälle gegen das Meer abgeschlossen sind. Im östlichen Abschnitt, den man an einer Linie Escuintla—San José beginnen lassen kann, schließen sich diese Lagunen zu einem fortlaufenden Streifen zusammen, den Canal de Chiquimulilla, der von Iztapa bis zur Mündung des Rio de los Esclavos reicht. Mangrovedickichte säumen die Ufer dieser Gewässer ein, hinter denen sich tropischer Küstenwald erhebt. Durch ihn streben die zahlreichen Abdachungsflüsse ihren Mündungen in den Lagunen oder ins offene Meer zu.

Langsam ansteigend erhebt sich dahinter ein flaches Land, gegliedert durch die parallelen oder spitzwinklig ineinander mündenden Flußtäler, das nur von niedrigen Bodenwellen und Hügelzügen unterbrochen wird. Mit 100 m Meereshöhe wird eine zweite Zone erreicht, ein zerschluchtetes Bergland, das seinerseits in die Abdachung der Küstenkordillere überleitet. Einzelne Sporne erstrecken sich von dieser bis in die Berglandzone hinab. Überblickt man vom Schiff aus bei einer Fahrt an der Küste die pazifische Abdachung von Guatemala, so treten deutlich die übereinander geordneten Höhenzonen hervor, um so leichter erkennbar, als sie bestimmten kulturgeographischen Zonen entsprechen und diese ihnen jeweils einen bestimmten Landschaftscharakter verleihen. Unterbrochen wird die großzügige Anordnung bei Escuintla durch ein isoliertes Hügelland mit scharfen eigentümlichen Gipfelformen, zackigen Graten, kastenartigen und turmförmigen Bergen, die Hügel von Mirandilla und Siquinalá.

Das gesamte pazifische Vorland in Guatemala wird von Ablagerungen vulkanischer Produkte oder festen Bildungen dieser Art aufgebaut. Wo sich Aufschlüsse in den Tälern bieten, zeigen sie eine Wechsellagerung von festen Laven, Schlacken und Lapillimassen, Sanden und Geröllen sowie Konglomeraten vulkanischer Bestandteile, die verkittet sind. Landesüblich nennt man letztere „cascajo“, ein Ausdruck, den K. v. Seebach mehrfach verwendet, ohne ihn genauer zu erklären. Wenn Bennett ihn auf schwammige poröse Gesteine anwendet, so entspricht das nicht ganz den Tatsachen[113]). An den Abhängen der Vulkane, wo sie bis in das Tiefland hinabreichen, treten feste Laven andesitischer Herkunft häufiger auf, vermischt mit verhärteten Schlammströmen (z. B. am Südhang des Fuego bei San Andrés Osuna) und vulkanischen Brekzien. Bimssteintuffe, wie wir sie aus dem Hochland kennen lernten, fehlen den tieferen Lagen. Sie beschränken sich auf die höheren Zonen, wo sie die Täler der Küstenflüsse bei ihren Durchbrüchen durch die Küstenkordillere erfüllen (Rio Aguná unterhalb von Pochuta und oberhalb davon im Tal des Rio Xayá bei Acatenango). Das Hügelland von Mirandilla zeigt eine andesitische Tuffbrekzie, die fest verkittet ist und zu eigentümlichen Abtragungs- und Verwitterungsformen neigt, ähnlich den Andesitbrekzien der Sierra de Patuca in Mexico, die Wittich beschrieben hat[114]). Die niedrigen isolierten Rücken und Kuppen des Vorlandes zeigen sich meist aus „cascajo“ aufgebaut.

Als typisches Profil mag ein Aufschluß im Gebiet der Finca San Francisco Miramar in der Costa Cuca angeführt sein. Zuoberst lagert eine Decke von rötlichem Lehm 4 m mächtig, dann folgen 3 m zersetzter gelblich-rötlicher Tuffmassen, darunter fester Tuff unbekannter Mächtigkeit mit zahlreichen Lavabrocken und Blöcken sowie Auswürflingen. Die Mächtigkeit der Lehmdecke an der pazifischen Küste von Guatemala habe ich nur selten höher als 5 m beobachtet.

Die Entwässerung geschieht durch Abdachungsflüsse, von denen die größeren ihre Quellgebiete im Hochland besitzen. Diese durchbrechen in tiefen Felsentälern die Küstenkette und bilden die Sammeladern für die vielen kleineren Bäche und Flüsse, die am Abhang derselben entspringen. Die klimatischen Verhältnisse, die durch ausgiebige Regenzeiten und eine niederschlagsarme ausgedehnte Trockenzeit gekennzeichnet sind, spiegeln sich in dem Verhalten der Flüsse wieder. In den Trockenzeiten als verhältnismäßig wasserarme Rinnsale fließend, schwellen sie in den feuchten Perioden zu reißenden Gewässern an, die in den lockeren Materialien stark erodierend wirken, ständig an der Vertiefung und Verbreiterung der Täler arbeiten und im flachen Vorland oftmals verheerende Überschwemmungen hervorrufen. Laufveränderungen sind keine Seltenheit (z. B. Nicán, Rio Cenizas bei San Andrés Osuna), und nicht selten sind Überschüttungen der Umgegend mit Flußsedimenten, die Kulturland unbrauchbar machen. Im Umkreis tätiger Vulkane kommt es nach Ausbrüchen zu Anstauungen von Flüssen. So haben seit 1929 die Glutwolkenablagerungen des Staukegels Santiago am Santa Maria den Rio Nimá mehrfach aufgestaut, bis dieser mit plötzlicher Schwelle das Hindernis hinwegräumte und verheerend das Vorland überflutete. Ähnliches geschah bei dem Fuego-Ausbruch 1932, wo die Schuttmassen den Rio Guacalate einengten und dadurch in der folgenden Regenzeit zu gefährlichen plötzlichen Anschwellungen oberhalb von Concepción Anlaß gaben. Nehmen die Schwellwasser nach heftigen Platzregen gewöhnlich rasch wieder ab, so sind sie um so anhaltender bei längeren Regenperioden (temporales), bei denen im Tiefland große Verwüstungen nicht nur an Kulturländereien, sondern auch an Wegen und Bahnbauten eintreten.

Das Ausmaß der Abtragung bei solchen Verhältnissen ist sehr bedeutend. Daher sind fast alle Täler als tiefe Schluchten eingeschnitten. Hundert und mehr Meter steile Abfälle zur Talsohle sind keine Seltenheit. Die Riedel zwischen den benachbarten Tälern sind breite flächenhafte Stücke oder schmale Sporne und Rücken, deren Böschungen infolge des Lockermaterials stets steil erhalten bleiben. Insofern wiederholt sich der Charakter der Barrancolandschaft des Hochlandes auch in diesen Küstentälern. Die dichte Vegetation der ursprünglichen Formationen und die sekundären Kulturformationen lassen eine flächenhafte Abtragung nicht zu. Es kommt nur zu Hangrutschungen und Abgleiten kleinerer Bodenschollen. Eingeleitet werden diese Vorgänge in den Regenzeiten durch eine starke Durchtränkung der Oberflächenschicht. Besteht sie aus lockerem Boden, wie Sanden und Granden, und ist das Gehänge geneigt, so spült das reichlich eingedrungene Sickerwasser eine Rinne unterirdisch aus, bis es am Gehänge unter der lockeren Decke sprudelnd heraustritt. Bei und unmittelbar nach schweren Regengüssen im pazifischen Tiefland habe ich mehrfach an Gehängen in Wegeeinschnitten eine Reihe solcher Austritte beobachtet. Ähnlich wie hier sind die Verhältnisse in den Tuffgebieten des Hochlandes, wo die Bimssteintuffe gelegentlich zu denselben Vorgängen Anlaß geben. Ihr selteneres Auftreten mag mit der größeren Konsistenz der Bimssande und Lapillilagen zusammenhängen. Wo die Oberflächenschicht aber lockerer ist, beobachtet man an geneigten Hängen unterirdische Spülkanäle des Sickerwassers, die an den Gehängen in Nischen enden (s. Taf. 30 Abb. 1). Sie finden sich in den Tieflandsgebieten weniger. Aber im Hochlande gehören die Gehängenischen und Hangtrichter zu charakteristischen Erscheinungen der Abtragung. Der Spülkanal im Jugendstadium verläuft noch größtenteils unterirdisch unter der Decke, zeigt hin und wieder aber Öffnungen in ihr. Im weiteren Verlauf der Ausbildung schreitet vom Gehänge nach rückwärts das Einschneiden vor und gleichzeitig wird die Decke durch Einbruch mehr und mehr zerstört, bis schließlich der Spülkanal als freie Erosionsrinne ausgearbeitet ist. Das Endergebnis sind große Hangtrichter mit mehreren rückwärts eingreifenden, oft ganz schmalen, aber tiefen Rinnen, die ein typisches Bild der raschen Abtragung in der Tufflandschaft darstellen. Im Küstentiefland schafft aber das viel lockerere Material Voraussetzungen für eine schnellere Zerstörung der unterirdischen Spülrinnen. Da aber die Vegetation hier viel dichter ist als im Hochland, bleibt der Wurzelfilz erhalten, und so spült das Sickerwasser zwar das Lockermaterial fort, rinnt jedoch noch eine Zeit unter dem Filz weiter. Auch hierfür lassen sich oft in der Regenzeit Beobachtungen anstellen. Während der Regengüsse sieht man unter der Bodenvegetation die gleichen sprudelnden Spülwasseraustritte wie in den lockeren Materialien.

Nun gibt es im Tiefland aber auch größere Gebiete, in denen der Boden von gelbbraunen und rötlichen Lehmen zusammengesetzt ist. Dort sind die Kleinformen der Abtragung flächenhafte Abgleitungen und Zerschneidung der Hänge in Erosionsrillen, und die Hänge zeigen mehr ausgeglichene Formen als in den porösen Lockermaterialien. Die Bodenfeuchtigkeit erhält sich lange und so bewahrt die zähplastische Beschaffenheit des Lehmbodens die Kleinformen länger als das Lockermaterial. Sieht man doch bei ihm schon bald, nachdem die Sonne dem Regenguß gefolgt ist oder die besonders morgens lebhafte Verdunstung ihr Werk begonnen hat, kleine Körnchen sich an den Wegeinschnitten vom Untergrunde ablösen und der Schwerkraft folgend in die Tiefe rieseln, wo sie sich zu kleinen Schuttkegeln anhäufen.

Von den Mengen des Abtragungsmaterials kann man sich nur

schwer eine richtige Vorstellung machen. Messungen des in den Flüssen mitgeführten Schwemmaterials fehlen immer noch, trotzdem so viele Plantagen im pazifischen Tiefland Wasserkraftanlagen besitzen und die Feststellung der Sinkstoffmengen eine praktische Bedeutung besäße. Ja, nicht einmal bei der Anlage des Staudammes im Samalá-Tal zur Gewinnung elektrischer Kraft für die Altos-Bahn in den Jahren 1924—28 hat man hierauf Gewicht gelegt, sehr zum Nachteil der Anlage. Denn schon bald nachdem man den Staudamm in Tätigkeit gesetzt hatte, füllte sich der Stausee derart mit Sinkstoffmengen des Rio Samalá an, daß künstliche Baggerungsmaßnahmen getroffen werden mußten, um eine Versandung der Anlage zu verhindern. Etwas mehr als Jahresfrist hatten dazu bereits genügt. Aber auch sonst kann man nach jedem Regenguß im pazifischen Tiefland beobachten, wie alle Gewässer von großen Mengen der Sinkstoffe braunrot gefärbt wie eine dicke Suppe dahinströmen.

Es ist selbstverständlich, daß die Wassermenge jahreszeitlich entsprechend den Regen- und Trockenzeiten schwankt. Darüber hinaus aber ändert sie sich gerade in einer so bedeutenden Kulturzone, wie sie die pazifische Abdachung ist, mit der zur Gewinnung von Neuland einhergehenden Entwaldung. Als Beispiel für die monatliche Schwankung innerhalb von zwei Jahren möge die Finca San Andrés Osuna (710 m ü. M.) am Südabhang des Fuego-Vulkans dienen, wo Messungen an der Wasseranlage der Kraftstation vorgenommen wurden. Die mittlere Jahressumme der Niederschläge beträgt hier rd. 3824 mm.

Das Wasser der Sammelanlage (toma) wird an den südlichen Abhängen des Fuego-Vulkans entnommen im Gebiet der Finca Çaylán in der Nähe des Kaffeehaines La Esperanza. Die Messungen wurden dadurch etwas ungenau, daß die Nachbarplantage Los Diamantes gelegentlich derselben Anlage Wasser entnahm, was auf San Andrés Osuna nicht genau zu kontrollieren war.

10. Januar 1927	500	l/sec	26. April 1927	300	l/sec
17. Januar 1927	470	,,	15. Mai 1927	290	,,
24. Januar 1927	460	,,	15. Juni 1927	375	,,
15. Februar 1927	420	,,	15. Juli 1927	390	,,
15. März 1927	360	,,	1. August 1927	450	,,
7. April 1927	290	,,	15. August 1927	435	,,
12. April 1927	**270**	,,	29. August 1927	460	,,
19. April 1927	285	,,	**6. September 1927**	**490**	,,

4. Oktober 1927	460 l/sec	15. Februar 1928	390 l/sec
25. Oktober 1927	450 ,,	15. März 1928	350 ,,
2. November 1927 ..	460 ,,	15. April 1928	320 ,,
22. November 1927 ..	460 ,,	20. Mai 1928	400 ,,
19. Dezember 1927 ...	450 ,,		

Interessant ist aber außer der üblichen Schwankung mit den Jahreszeiten die Feststellung, daß vor 1920 am Ende der Regenzeit fast stets 600 l/sec gemessen wurden, seitdem aber die Wassermenge zurückging. Man geht wohl nicht fehl, die Ursache hierfür in den Abholzungen zu suchen, die auf der oberhalb von San Andrés Osuna gelegenen Plantage Çaylán zur Anlage neuer Kaffeehaine vorgenommen wurden.

Für die Unterschiede der Abtragung im Hochland und im pazifischen Tiefland wichtig ist in diesem Zusammenhang folgende Feststellung. Im Hochland wirkt sich die Entwaldung in einer verstärkten Erosion und flächenhaften Abtragung aus, da das gewonnene Kulturland dort vorwiegend zum Maisbau der Indianer verwendet wird und dieser bei seinen primitiven Methoden (z. B. Häufeln) mit baldiger Aufgabe desselben und der Gewinnung von Neuland verbunden ist. Ödland tritt daher an die Stelle der Felder, das sich nicht wieder mit Wald bestockt, sondern von Rasen und Büschelgras eingenommen wird. An der pazifischen Abdachung aber wird das Neuland für Plantagenkulturen und zwar hauptsächlich für Kaffeeanbau benutzt. Der Kaffeestrauch ist nicht nur ein Tiefwurzler gegenüber dem flachwurzelnden Mais, der also das Erdreich mit seinen Wurzeln stärker und bis in größere Tiefen zusammenhält, sondern die Kaffeehaine werden noch durch Schattenanpflanzungen zu dichten Waldparzellen ausgestaltet, die das Erdreich vor Abtragung schützen. Und dieser Schutz wird noch mehr verstärkt durch eine dicke Schicht von Laub und kriechenden Bodenpflanzen, die trotz wiederholten Ausjätens (limpia) schnell nachwachsen. Daher beobachtet man in den Kaffeehainen mit Ausnahme von Bachrissen oder Wegeeinschnitten kaum erhebliche Zerstörungen der Bodendecke durch Abtragungserscheinungen. Es bedarf schon außergewöhnlicher Umstände wie etwa der Dauerregen (temporales), um diese Regel zu durchbrechen.

Wenden wir uns den Großformen der pazifischen Abdachung zu, so fallen am Abhang des Küstengebirges deutlich zwei breite Absätze auf, die besonders im W im Bereich der Zone des Chuvá, der Costa Cuca hervortreten, weniger deutlich aber auch in der Costa Grande zu bemerken sind. Im O von Escuintla ist mir das Gebiet unbekannt geblieben. In der Zone des Chuvá liegt die obere pazifische Terrasse bei Pensamiento, wo ihr der „Sombrero", ein Aussichtspunkt in ca. 1400 m ü. M., angehört. Die untere zieht sich in etwa 1100 m ü. M. hin. Beide sind durch Flußtäler zerschnitten, ihr Niveau jedoch gut zu verfolgen. Aufgebaut sind sie in diesen westlichen Teilen aus festen Laven und vulkanischen Lockermassen, tragen oft eine mächtige Lehmdecke. In der Costa Grande treten die beiden Terrassen namentlich bei San Pedro Yepocapa hervor. Vom Dorfe Acatenango nach S blickend (s. Fig. 13) beobachtet man gut das Niveau der oberen Terrasse, das hier in rd. 1500 m liegt (Cumbre de la Cruz oberhalb von Yepocapa). Die untere, etwa der Cumbre del Coyolár entsprechend, liegt in rd. 1050 bis 1100 m Meereshöhe. Beide sind hier in Bimssteintuffen angelegt, die die ebene Oberfläche noch deutlicher als im W erkennen lassen. In den tieferen Zonen treten die Terrassen nicht mehr so deutlich hervor. Vielmehr sind dort die Flüsse einfach in die Küstenabdachung eingesenkt.

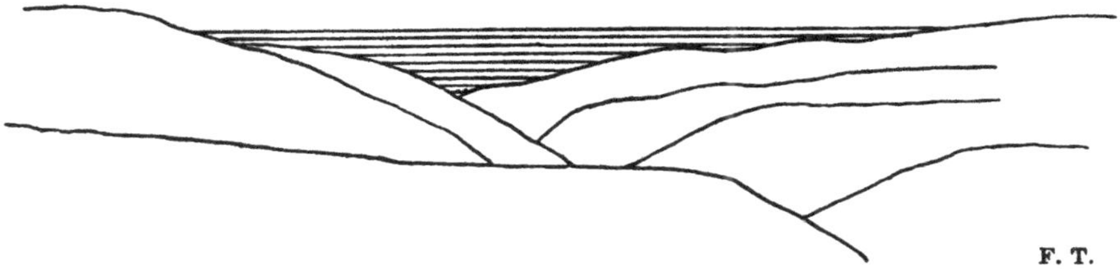

Fig. 13. Blick von der Paßhöhe oberhalb S. Pedro Yepocapa auf die obere Küstenterrasse. Am Horizont der Stille Ozean.

Wir dürfen die beiden Terrassen auf Hebungen zurückführen. Denn sie setzen sich nicht in das Gebirge hinein fort, wie wir es bei Abtragungsflächen voraussetzen müßten, sondern begleiten allein den Abfall des Küstengebirges. Daß diese Hebung in Guatemala sehr kräftig erfolgte, beweist die starke Tiefenerosion der Flüsse, während von einer Seitenerosion nur wenig die Rede sein kann. Die Erscheinungen sind ähnliche, wie sie Waibel aus dem südöstlichen Abschnitt der Küstenzone von Chiapas berichtet hat[115]), und zwar scheint das Ausmaß der Hebung in Guatemala noch bedeutender zu sein. Eine Gebirgsfußebene fehlt hier. Das flache Land unterhalb der Höhenlinie von 100 m ist ein Aufschüttungsgebiet, in dem die Abdachungsflüsse ihr Schwemmaterial ablagern. Daß die Hebung in der Gegenwart noch andauert und auch das flache Küstenland mit erfaßt, wird daran erkennbar, daß man bei Bodenprofilen (etwa Caballo Blanco 75 m ü. M.) in den jungen Alluvionen auch marinen Sanden begegnet, die auf das deutlichste die junge Hebung vor Augen führen. Auffällig ist, daß wir den doppelten Rhythmus der Hebungserscheinungen, den wir im Hochland kennen lernten, auch an der pazifischen Abdachung wiederfinden. Wie weit sich Anzeichen der Hebung an der Küste nach SO verfolgen lassen, ist noch nicht anzugeben. In Salvador, wo ich die Küste bei Acajutla, La Libertad und La Unión kennen lernte, beobachtete ich sie nicht. Eine genauere Untersuchung wäre hier sehr erwünscht.

Eine gewisse Ausnahmestellung im Formenschatz des pazifischen Tieflandes nimmt die Hügelzone von Mirandilla bei Escuintla ein. Sie ist wegen ihrer pittoresken Gipfelformen schon früher aufgefallen und beschrieben worden[116]). Es handelt sich um ein Gebiet andesitischer Brekzien, die durch einen schmalen Sattel zwischen San Andrés Osuna und Zapote (830 m ü. M.) mit den Ausläufern des Fuego-Vulkans zusammenhängt. Das Gebiet breitet sich zwischen den Fincas Peñon bei Siquinalá, San Andrés Osuna und Mirandilla aus. Es ist eine hufeisenförmig gelagerte Hügelgruppe, die nach S geöffnet ist. Die Nordseite wird von bewaldeten, steil nach S abfallenden Andesitlaven und Brekzien eingenommen, über die der Rio San Andrés (Rio San Rafael) in einem Wasserfall zur Tiefe stürzt. Im O steigen wild zerklüftete Zacken empor, die Peña Partida und Los Pilones genannt werden. Sie fallen allseitig steil ab und zeigen an ihren Wänden das bloße Gestein. Im W erhebt sich auf einem schmalen, nach S streichenden Rücken isoliert der klotzförmige Peñon (auch Peñon de Obispo oder Peñon de Siquinalá genannt), dessen Gipfel von der internationalen Eisenbahnkommission zu 786 m ü. M. gemessen wurde (Taf. 28 Abb. 2). Weithin ist er von allen Seiten und vom Meere her sichtbar und bildet eine der charakteristischsten Landmarken des pazifischen Tieflandes. An seinen Steilwänden sieht man die fest verkittete Brekzie aus Lavatrümmern, die aber von einigen Andesitgängen geringer Mächtigkeit durchsetzt wird. Gelegentlich finden sich in dem Material Pyrite, was die schon von Fuentes y Guzmán aufgestellte Behauptung stützt, daß in diesem Gebiet Metalladern vorhanden wären.

Die Abtragung hat die Massen zu schroffen Kuppen und kastenartigen aber auch spitzen Gipfeln zerschnitten. Am Peñon de Obispo ist ein enges Felsentor ausgenagt, das den schmalen Rücken völlig durchbricht. Wittich hat die gleichen Formen aus Mexico beschrieben[117]). Der Schutz durch Vegetation ist an den Steilhängen nur schwach, zumal hauptsächlich nur Kletterpflanzen an den Wänden sich angesiedelt haben. Immerhin ist das Material außerordentlich fest verkittet, so daß es verhältnismäßig widerstandsfähig ist.

Die Frage nach der Entstehung des ganzen Gebietes ist bei dem heutigen stark abgetragenen Zustand schwer zu lösen. Die hufeisenförmige Anordnung ist ein Ergebnis der Erosion, die den breiten Kessel schuf. Ebenso sind die heutigen Gipfel Restformen der Verwitterung und Abtragung. Wir werden annehmen dürfen, daß die Tufflandschaft ursprünglich sich weiter ausdehnte. Daß sie nur ein Ablagerungsgebiet von Auswurfsprodukten des Fuego-Vulkans wäre, wird dadurch unwahrscheinlich, daß in den Tuffbrekzien Gänge auftreten. Auf mich machte der Peñon de Obispo aus der Ferne gesehen oft den Eindruck eines Necks, bis ich die anderen Gipfel bei Mirandilla sah, die mit ihren kofferförmigen Umrissen reine Erosionserscheinungen sind, was auch den Peñon als Erosionsgebilde deuten ließ. Aber die Gänge deuten wieder mehr darauf hin, daß wir es hier mit einem besonderen vulkanischen Gebilde zu tun haben, das in auffälliger Weise genau südlich der Geschwistervulkane Acatenango-Fuego liegt. Es ist nicht unmöglich, daß wir es mit den letzten Resten, der Ruine eines dritten Vulkans zu tun haben. Der Peñon de Obispo kann dann sehr wohl als Neck gedeutet werden, auch wenn er heute am äußersten Westrande des Gebietes liegt. Anzeichen dafür, daß die Hügellandschaft gehoben wäre, haben sich nicht feststellen lassen.

Anmerkungen.

[113]) Vgl. Benett in Ann. Ass. American Geographers, vol. 16 (1926), S. 77.

[114]) E. Wittich, Bergfenster und Naturbrücken in Mexiko. (Mitt. über Höhlen- u. Karstforschung. Jahrg. 1935, S. 9.)

[115]) L. Waibel, Die Sierra Madre de Chiapas. (Mitt. Geogr. Ges. Hamburg, Bd. 43 (1933), S. 68f.)

[116]) Fuentes y Guzmán, Recordación Florida. Tomo II, Lib. 2, cap. 4 (ed. Biblioteca Goathemala, Guatemala 1933, Bd. II, S. 88): „. . . el Peñol de Mirandilla . . . me es casi inexcusable describir éste más que prodigioso, y notable promontorio, que formándose, toda la inmensa mole de su corpulencia, de peña viva, suba á tanta elevación de estados, su admirable eminencia, que caso se deja descubrir de todas las demás partes de esta costa; por que solo él se señorea, y pisa la lisa tabla de el territorio de el Sur; no tiene yerva, ni breñaje, que cubra la rudeza de su materia, ni da espacio á alguna corta siembra de provecho, si bien sus roturas, y quiebras, se arraigan algunos desmedrados arbolillos silvestres; pero no tanto, digno de perdurarse, le descubre la ponderación humana, así en lo crecido de su aspecto, y materia tosca de su composición,

ni menos en la figura con que le dió traza la sabiduría de la Naturaleza, de un estupendo y perfectísimo cofre, en que toda la capacidad de su prolongada cima, se mira hendida, y taladrada, de tal arte, que de una parte á la otra la pasan los rayos de el Sol..."

[117]) E. Wittich, a. a. O. S. 9.

Orts- und Sachverzeichnis.

Aufnahme G. Hurter.

Abb. 1. Becken von Quezaltenango gegen Südosten. Der Rio San Miguel strömt in den Lockermassen mäandernd nach links (O), wo ein Umlaufberg erhalten ist. Im Hintergrund die wolkenverhangene Küstenkordillere, vor der im Becken rechts einige Staukuppen und links der Volcancito de Cantél aufragen.

Aufnahme Fr. Termer

Abb. 2. Landschaft des pazifischen Tieflandes bei San Andrés Osuna. Vor der Vorhügelzone des Fuego-Vulkans breitet sich das pazifische Tiefland aus. Der Peñon de Siquinalá im Hintergrund, von dem nach links die Höhen in die Hügellandschaft von Mirandilla überleiten. Im Vordergrund die Kaffeeplantage San Andrés Osuna mit Viehweiden (potreros).

Abb. 1. Atitlán-See. Hotel von Tzanjuyú nach einer Aufnahme vom Jahre 1904.

Aufnahme Fr. Termer

Abb. 2. Atitlán-See. Hotel von Tzanjuyú im Jahre 1927. Der Seespiegel ist um ca. 8 m gefallen.

Aufnahme Fr. Termer

Abb. 1. Abtragungsformen im Hochland (ca. 2500 m ü. M.). Bildung von Spülrinnen mit Hangtrichter und teilweise unter der lockeren Bodendecke liegenden Spülkanälen. Bei Los Encuentros.

Aufnahme Fr. Termer

Abb. 2. Abtragungsformen im Hochlande (ca. 2000 m ü. M.). Hangzerfurchung in verlehmten Lockermassen, Rachelbildung. Bei Chiché.

Panorama vom Gipfel des V. Sar
(Auf

Co. Kuxliquen Co. Quiché
von S. Cristobal Becken von Cantél Co. Santo Tomás V. Zunil

Becken von Almolonga Tal des R. Samalá Gipfel des Sa. María.
V. Co. Quemado Am Horizont V. Acatenango und Fuego
davor V. Tolimán und Atitlán

auf das Hochland von Guatemala.
eber).

Panorama des Atitlán-Sees von den Ufer

(Aufnahme P

(Bildmitte Richtung

chen Godinez und Semetabaj.

n).

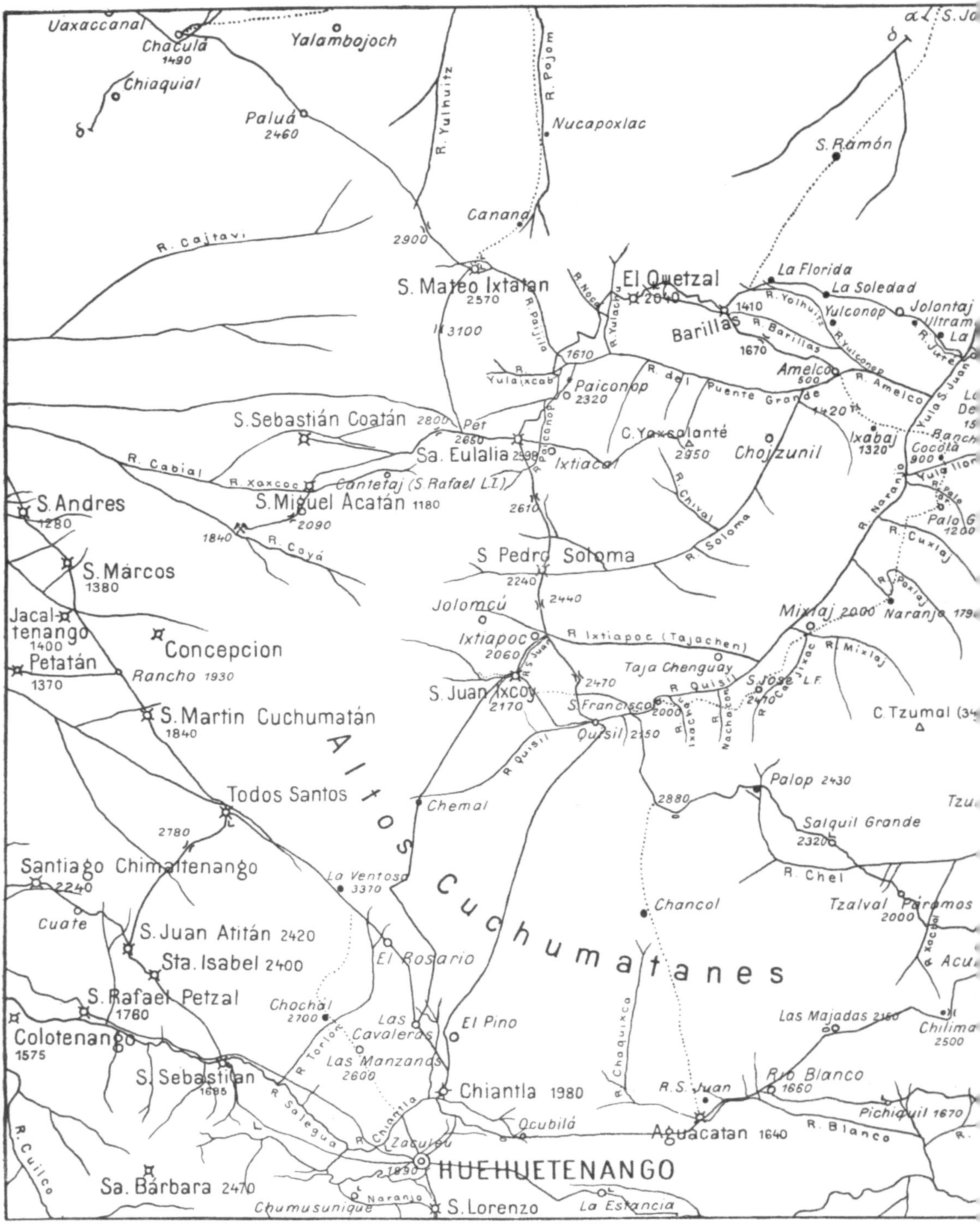

Flüsse
Wege

M = ca. 1:408000

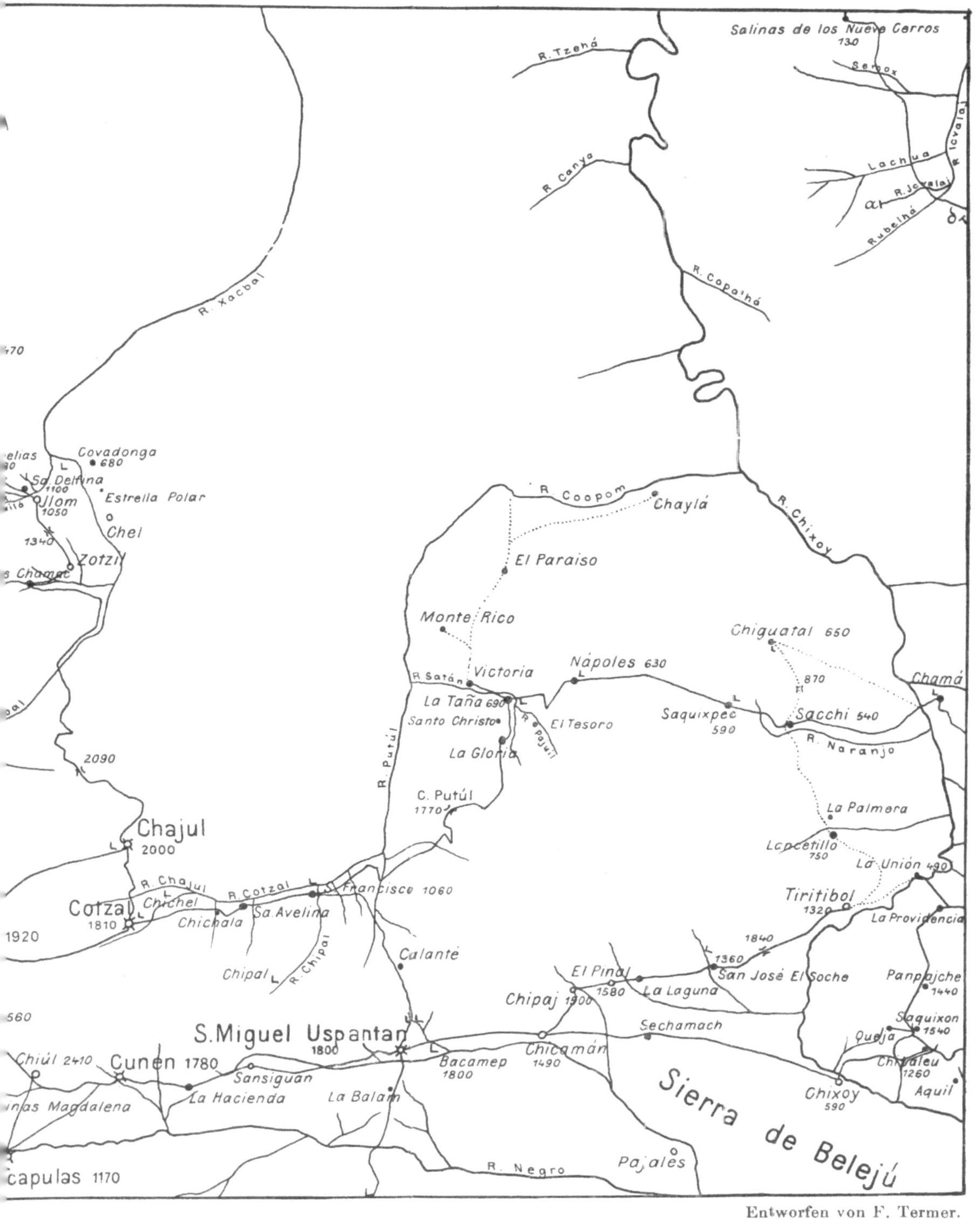

Entworfen von F. Termer.

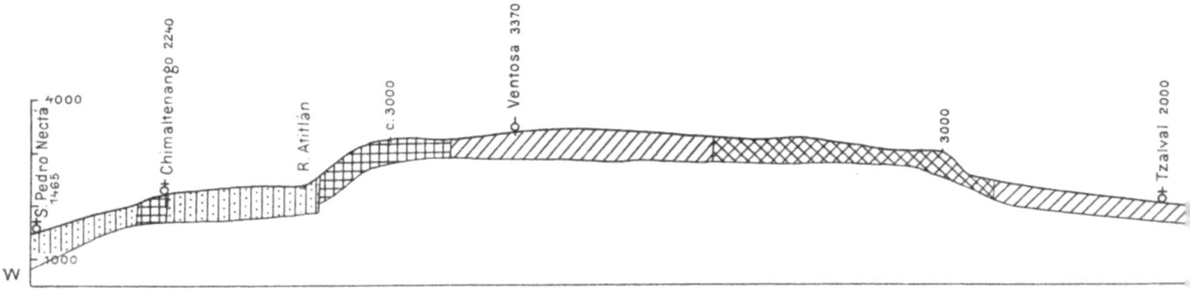

Profil S. Ped

Santa Rosa Schichten
permische Kalke
Todos Santos
Ixcoy Kalke

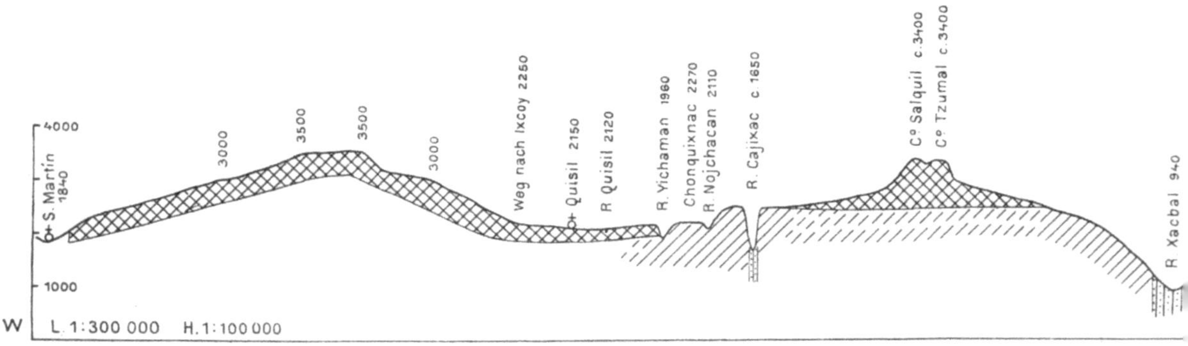

Profil S. Martín - Cha

perm. Schiefer
Todos Sar

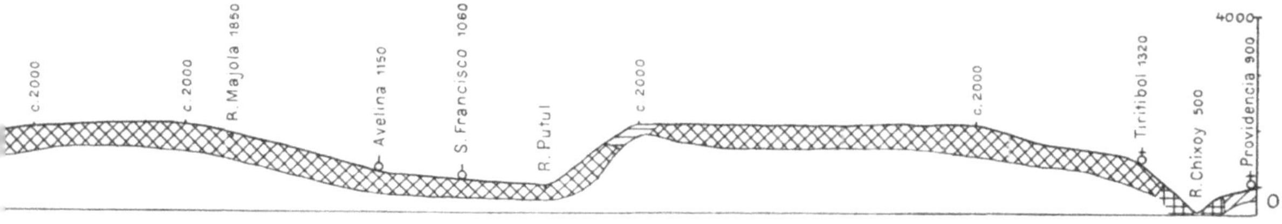

- Providencia

ältere tertiäre Bildungen (Sepur-Schichten)

vulkanische Tuffe

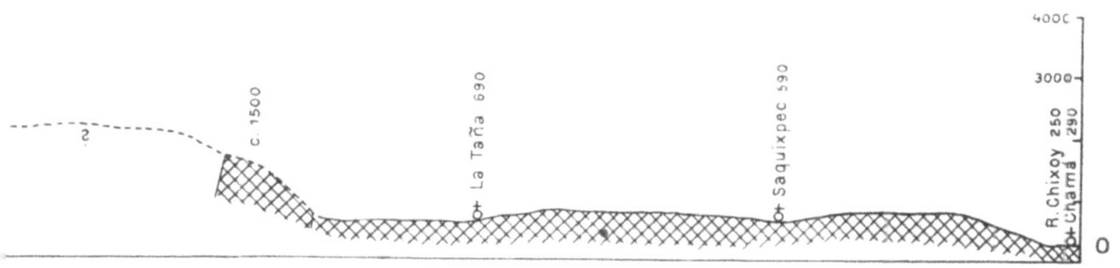

Verapaz)

Ixcoy Kalke

Bei Fragen zur Produktsicherheit wenden Sie sich bitte an:
If you have any questions regarding product safety,
please contact:

Walter de Gruyter GmbH
Genthiner Straße 13
10785 Berlin
productsafety@degruyterbrill.com